食品雕刻示范与实训

主编　刘彤

天津出版传媒集团

天津科学技术出版社

图书在版编目(CIP)数据

食品雕刻示范与实训/刘彤主编. --天津：天津
科学技术出版社，2021.7

ISBN 978-7-5576-9430-2

Ⅰ.①食… Ⅱ.①刘… Ⅲ.①食品雕刻 Ⅳ.
①TS972.114

中国版本图书馆 CIP 数据核字(2021)第 121861 号

食品雕刻示范与实训

SHIPIN DIAOKE SHIFAN YU SHIXUN

责任编辑：吴　顿
责任印制：兰　毅

出　版：天津出版传媒集团
　　　　　天津科学技术出版社
地　址：天津市西康路 35 号
邮　编：300051
电　话：(022)23332377(编辑室)
网　址：www.tjkjcbs.com.cn
发　行：新华书店经销
印　刷：三河市佳星印装有限公司

开本 710×1000　1/16　印张 13　字数 250 000
2021 年 7 月第 1 版第 1 次印刷
定价：50.00 元

前　言

　　食品雕刻，其实在烹饪中只是一个简单的配角，是要求简单起到衬托作用的，就像是绿叶对于花朵一样。所进行的摆盘也是比较简单的，一些随意雕刻的花瓣、绿叶，在菜肴的盘子边进行简单的装饰，就能够让菜肴变得更加简单清晰，具有一种简洁的美感，不仅有着一定的实用性，也有一定的装饰性。所雕刻的一些简单的鸟兽鱼等，并不用要求有多么精美，多么逼真，只需要简单神似就可以了。简单地进行雕刻艺术的创造，不仅能够节省原材料，还能够进行装饰。一个简单的胡萝卜就能够做成很多的食品雕刻作品，降低成本也能够提高品质。对于普通人来说，这些简单的雕刻并不难，但是想要把雕刻做得更加形象生动，也是有一定的难度的，这对厨师来说不仅要求其有相关的美术艺术功底，还要求有纯熟的刀工。这些用作点缀装饰作用的雕刻作品，也应该朝着更加规范化的标准去发展。想要达到这种发展方向，不仅需要相关的食品雕刻工作人员进行不断的探索，还需要相关的食品机械制造商之间进行共同的研究，在此进行产业化的发展。比如，食品制造商就能够增强对模具的创造，这不仅是技术上的一种创新，还能够将食品雕刻推向更加简单快捷的发展上，能够让食品雕刻朝着更加标准和规范的方向去发展。

　　食品的原材料有很多，有一些食材的本身就有一定的光泽和颜色，能够在食品雕刻中起到重要的作用。而还有一些半成品，在进行创造的时候，也有非常广泛的延伸性。所以，在对食品雕刻进行设计和创作的过程中，要根据不同的原材料的不同长处，按照相关的合理的操作来扬长避短。在完成精美的作品创作的同时，还能够突出作品的可食用性。还有一点值得注意的是，食品雕刻不仅仅是简单地起到欣赏作用的，和菜品之间要进行相关的统一，不能够出现喧宾夺主的情况，淹没了菜品本身的特点。而且，所进行的食品雕刻要和使用的场合进行统一，要保证整体的风格是一致的。如果食品雕刻是用在橱窗中当作模型进行展示的，也要注意和餐厅的设计相统一，不能够因为作品的美观而忽视了整体的美感。食品雕刻对于技术人员的要求是比较高的，对当前的一些厨师技能培训的学校来说，更应该要符合市场发展的要求，其进行教学的过程中应该要更加严格。根据不同学生的不同特点来进行合理的指导。而相关的学生也要具备相关的素质基础。首先，要具有一定的美感和雕塑技巧；其次，还要对能够进行食品雕刻的材料进行了解，掌握其本身所有的特征和性能；最后，也就是最重要的一点，就是还要有烹饪的技能。但是在目前来看，能够全方位掌握以上这些技能的人才还是比较少的，所以，在这方面的人才培养也是非常重要的。

食品雕刻在我国的烹饪艺术中是比较重要的，不管是古代还是现在，都在宴席中有着非常重要的作用。其不仅能够对菜肴起到美化的作用，还能够烘托出宴席的气氛。当前食品雕刻技术中还存在着很多问题，也没能够形成相关的理论体系，所以对其进行研究是比较重要的。

目　　录

第一章　食品雕刻概述

第一节　雕塑和食品雕刻的发展

一、雕塑的发展

雕塑是雕、刻、塑三种创制方法的总称。它是指用各种可塑材料（如石膏、树脂、黏土等）或可雕、可刻的硬质材料（如木材、石头、金属、玉块、玛瑙等），创造出具有一定空间的可视、可触的艺术形象，借以反映社会生活、表达艺术家的审美感受、审美情感、审美理想的艺术。雕、刻通过减少可雕性物质材料，塑则通过堆增可塑物质性材料来达到艺术创造的目的。圆雕、浮雕和透雕（镂空雕）是其基本形式。在同一环境里用一组圆雕或浮雕共同表达一个主题内容的叫组雕。雕塑的产生和发展与人类的生产活动紧密相关，同时又受到各个时代宗教、哲学等社会意识形态的直接影响。

食品雕刻工艺是在中国传统雕塑艺术上演变过来的，食品雕刻中许多技法都借鉴了木雕、石雕、玉雕、泥塑的工具和刀法。了解雕塑的发展历史，掌握雕塑的种类和制作要点，对提高食品雕刻作品的造型水平有极大的帮助。

（一）中国雕塑的历史演变

1. 商周雕塑

在商周时代的雕塑作品较注重于动物外形、饰物和人物的捏塑。其特点是形体小巧，带有浓厚的民族风情，但造型粗略。青铜器艺术代表了商周雕塑的最高水平，"司母戊大方鼎"就是这一时期典型的雕塑作品，该鼎身呈长方形，口沿很厚，轮廓方直，显现出不可动摇的气势。鼎的周围布满商代典型的兽面花纹。它凭借庄严的造型，庞大的体积，成为商朝贵族王权与神权艺术的最典型代表，同时也是研究中国古代历史的重要史料。此时的青铜作品虽然多具实用目的，但已初步具备了雕塑艺术的特性。一部分作品用夸张、异形、独特的纹饰，渲染了威严神秘的气氛，形成了庄重又华丽、形象又生动的艺术特性，反映了商周时期人们的审美观和对自然环境的理解。

2．秦汉雕塑

秦代的雕塑作品是在秦始皇统一六国，建立专制统治国家后，利用雕塑艺术为宣扬统一功业、显示王权威严的政治目的服务的。秦代雕塑作品追求写实逼真，风格特点浑厚雄健，朴实厚重，气魄宏大，体现出封建社会上升期的积极向上、朝气蓬勃的精神风貌和审美特征。其在建筑装饰雕塑、青铜纪念雕塑等方面都取得了辉煌成就。此时的雕塑在建筑装饰、陵墓装饰方面发展较快，形成雕塑史上的第一个高峰。最为壮观的是被称为世界"第八奇观"的秦始皇陵出土的兵马俑。兵马俑的发掘，给世人展示了秦代雕塑艺术的辉煌成就。其兵俑形态各异、栩栩如生；其马俑身材矫健、活灵活现。人物雕塑更注重面部的形象刻画，神态万千、精细逼真，秦俑坑发掘的铜马车更是雕塑艺术史上的奇迹，充分体现了主导那个时代的高大、雄健的风尚。

汉代雕塑在继承秦代庞大强壮的基础上，更突出了雄浑刚健的艺术特性。汉代雕塑作品的品种和数量相当丰富，呈现出的主体面貌浑厚简练、生动完整。这个时期，雕塑艺术的成就突出表现在大型纪念性石刻和园林的装饰性雕刻上，在形式上突出了石雕作品的雄浑之势和整体之美。其中"马踏匈奴"作品是整个群雕作品的主体，同时也是这些雕塑所讴歌的主题。整个作品风格庄重雄劲，寓意深刻，深沉浑厚，耐人寻味，是一种古代战场的缩影。雕塑的外轮廓准确有力，形象生动传神，刀法朴实明快，具有丰富的表现力和高度的艺术概括力，是我国陵墓雕刻作品的典范之作。

3．魏晋南北朝雕塑

这个时期是一个佛教思想与儒学思想碰撞交融的时期。统治者利用宗教大建寺庙，凿窟造像，利用直观的造型艺术宣传统治者的思想和教义，代表性的作品有龙门石窟、敦煌石窟、云冈石窟、麦积山石窟等。在石窟内雕塑大量的佛像，有石雕、木雕、泥塑、铸铜等，佛像雕塑遂成为当时中国雕塑的主体。这些石窟在发展中不断增加新的雕塑作品，因此在这个时期的雕塑作品特点为较注重细部的刻画，工艺技术更加熟练精细，雕塑作品的主题大都为宗教题材，雕塑形象具有神化倾向和夸张的特征。虽然宗教使雕塑艺术的题材单一化，但宗教精神的内在动力却也促进了当时大量雕塑精品的诞生。

4．隋唐雕塑

隋唐是中国封建社会的鼎盛期，也是文学艺术发展的鼎盛期。宗教艺术造型、陵墓的装饰雕刻艺术、肖像造型艺术等都进入前所未有的繁荣时期。宗教艺术造型在唐代有长足发展，其中比较有代表性的有龙门石窟、敦煌石窟等。经过隋和初唐的过渡阶段，融合了南北朝时北方和南方雕塑艺术的成就，又通过丝绸之路汲取了域外艺术的养分，使雕塑艺术大放异彩，创造出具有时代风格的不朽杰作。

5. 宋代雕塑

宋代时期以城市为中心的商品经济空前繁荣，市民阶层壮大起来，代表市民趣味的审美观念随之兴起。宋代的佛教雕塑作品在内容风格上都明显的世俗化，过去那些神圣不可及的面貌逐渐淡化，取代更新的是接近现实生活的题材元素。大足石刻就是我国石刻艺术中展现世俗题材方面的精品，是中国雕塑史上的一大奇观。宋代石刻多继承了唐代风格，创作手法上趋于写实风格，材料使用上则更加广泛。宋代的彩塑较为发达，在佛雕造像上较唐代有了较大的变化，此时的雕塑造型以观音菩萨居多。当时的雕塑大师用高超熟练的手法，把一块块普通的原料雕塑成多彩生动的作品，至今受到国内外游人的赞赏，从作品中得到无上的精神享受。

6. 明清雕塑

明清时期的世俗雕塑艺术多趋于装饰化和工艺化，大多强调实用性与玩赏性，体现出工艺品的特色。早期雕塑那种强烈的精神性功能则大大削弱了，不过这些装饰性、玩赏性的作品往往不受陈规限制，面貌各异，也是明清时期雕塑艺术的一个亮点。明清时期的雕塑有明显追随唐宋风格的痕迹，在名目繁多的寺庙里，供奉着各式各样的神像，其造像多为彩塑，即泥塑彩绘。从题材到表现手法日趋世俗化、民间化，形成了工巧精细、色彩亮丽的艺术风格，如泥彩塑弥勒佛。其作品造型一般精雕细凿、精致玲珑，但缺乏大气之作和大型之作，艺术上逐渐转向个人化、内聚性的风格。这一时期与市民群众及知识阶层有着较密切关系的各种小型的案头陈设雕塑和工艺品装饰雕刻，有着显著的发展，代表着这一历史时期雕塑艺术的新成就。

7. 现代雕塑

随着时代变化，人们接受新鲜元素较多，在雕塑作品上有了新的概念。现代，除了要发扬传统的雕塑外，还应结合西方雕塑特性，溶入中国元素，形成新时代的雕塑作品。在现代雕塑中，对光因素的利用与新科技能源观念进一步结合，抽象雕塑和写实性雕塑走向城市的每一个角落，成为大尺度纪念性和欣赏性艺术。

（二）雕塑的特性

1. 实体性

雕塑是以坚实的物质材料，直接塑造出来的实实在在的形体，不仅可视并且可以触及。这样的实体提供了可以多角度欣赏的品格。雕塑是在三度空间造型，有着明显的立体感，无论作品的体积大小，都要多角度设计，使之成为一种立体艺术。

2. 单纯性

由于雕塑是以实体性的形体造型为艺术语言，因而使它在题材选取上受到很大的限制，雕塑一般不适宜直接再现人物活动的环境，人物之间、事物之间复杂的关系和事件的发展过程。它只能选择那些最有概括性的最富表现力的瞬间形体动作与表情来塑造形象。这种形象的单纯性既是雕塑的长处，也是它的局限。

纯粹的雕塑一般以纪念性雕塑为代表。中国古代重视绘画艺术，纪念性人物和事件通常以绘画来表现而极少使用雕塑，如汉唐功臣和历代帝王像，都是画在壁画和卷轴画里。纪念性雕刻在帝王、士大夫染指绘画之前的西汉时代偶有创作。中国古代雕塑和绘画都孕育于原始工艺美术之中。雕塑作品表现体积感和空间感，轮廓线与线条的节奏感和韵律感。

3．材质美

雕塑材料的材质美，在雕塑艺术中占有很重要的一个方面，形成了雕塑的另一个显著特点。大理石的洁白如玉、青铜的浑朴凝重、木材的木纹肌理等与雕塑有机地结合在一起，产生一种相得益彰的特殊艺术效果。因此，在雕塑之初，根据作品的特定内容和要取得的艺术效果，选择适当的、富有审美表现力的物质材料，使它成为造型因素中的一个重要组成部分。中国古代雕塑达到了雕塑材质美的艺术表现形式。例如，霍去病的墓石兽采取"因势象形"的手法，充分利用岩石，令人很自然地联想到某种动物的形状，只需进行最低限度的艺术加工，使石兽的造型显出空间的自由而不拘泥于形似即可。加工的语言有圆雕、浮雕、线刻，可以根据岩石形状与动物形象的双重需要，加以多变性运用。这种圆、浮、线雕并施的语言，在汉唐陶俑、历代石兽以及佛教造像中均可见到。它们使中国雕塑在整体上表现更精炼，因而有时更具雕塑感甚至建筑感，如云岗北魏露天坐佛和龙门奉先寺唐代大佛，就是杰出的代表。

（三）雕塑的分类

1．按功能划分

雕塑按其功能，大致可分为纪念性雕塑、主题性雕塑、装饰性雕塑、功能性雕塑以及陈列性雕塑五种。

（1）纪念性雕塑

纪念性雕塑是以历史上或现实生活中的人或事件为主题，用于纪念重要的人物和重大历史事件，也可以是某种共同观念的永久纪念。一般这类雕塑多在户外，也有在户内的，如毛主席纪念堂的主席像。户外的这类雕塑一般与碑体相配置，或雕塑本身就具有碑体意识。例如《红军长征纪念碑》，堪称我国目前规模最大的雕塑艺术综合体。食品雕刻中纪念性雕刻有着特殊意义，表现比较正式、严肃，所以用处较少。

（2）主题性雕塑

主题性雕塑是某个特定地点、环境、建筑的主题说明，它必须与这些环境有机地结合起来，并点明主题，甚至升华主题，使观众明显地感到这一环境的特性。它可具有纪念、教育、美化、说明等意义。主题性雕塑揭示了城市建筑和建筑环境的主题。在敦煌有一座标志性雕塑《反弹琵琶》，取材于敦煌壁画反弹琵琶的飞天像，展示了古时"丝绸之路"特有的风采和神韵，也显示了该城市拥有世界闻名的莫高窟名胜的特色。这一类雕塑紧扣城市的环境和历史，可以看到一座城市的身世、精神、个性和追求。主题性雕塑是食品雕刻作品的"命题先生"，可根据不同档次、规模的宴席，不同客人的喜好而设计出不同的主题作品。

（3）装饰性雕塑

装饰性雕塑是城市雕塑中应用比较广泛的一个类型，这一类雕塑比较轻松、欢快，带给人美的享受，也被称之为雕塑小品。这里专门把它作为一个类型提出，是因为它在人们的生活中越来越重要。它的主要目的就是美化生活空间，它可以小到一个生活用具，大到街头雕塑。它所表现的内容极广，表现形式也多姿多彩。它创造一种舒适而美丽的环境，可净化人们的心灵，陶冶人们的情操，培养人们对美好事物的追求。我们平时所说的园林小品大多都是指这类雕塑。在食品雕刻中装饰性雕塑主要用于菜点装饰围边，也可为大型作品点缀之用。

（4）功能性雕塑

功能性雕塑是一种实用雕塑，是将艺术与使用功能相结合的一种艺术。这类雕塑可以被应用在私人空间中，如"台灯座"，也可以被应用在公共空间中，如"游乐场"等。它在美化环境的同时，也可以启迪思维，让人们在生活的细节中真真切切地感受到美。功能性雕塑的首要目的是实用，如公园的垃圾箱、大型的儿童游乐器具等。在食品雕刻作品中用于盛装菜点的雕刻作品，可被称为功能性雕塑。例如，用冬瓜雕刻瓜盅，在内部放入菜肴，既有观赏价值，又有食用价值。

（5）陈列性雕塑

陈列性雕塑又称架上雕塑，尺寸一般不大，有室内与室外之分，但它以雕塑为主体，充分表现作者自己的想法、感受、风格和个性，甚至是某种新理论、新想法的试验品。它的形式手法多种多样，内容题材更为广泛，材质应用也更为现代化。在餐饮中有的雕塑作品作为展示放在展台中供人欣赏，一是展示高超的技能，二是宣传餐饮文化，提高餐饮形象。

2. 按材质划分

雕塑按照材料和制作方法分类，可以分为木雕、石雕、玉雕、泥塑等。

（1）木雕

我国木雕艺术具有悠久的历史，在殷、周就已流行。到了战国时代，木雕的制作颇为盛行。由于木质材料易于腐朽和焚烧，所以木雕传世不多。木雕用的材料因地制宜，一般有黄杨木、红木、金木、白果木、龙眼木、樟木等。我国传统的木雕制作方法有以下几点注意事项：

①根据材料进行设计，充分发挥木头的自然形态和特点；②一般先要画出构图或做出泥塑的稿子，即便有经验的艺人也要细心研究和推敲，打好一个成熟的腹稿；③先打粗坯，如雕人物要初步雕出人物的动态、比例、形体以及空间体积等，把基本形态刻画出来；④利用各种不同形状的凿子，用由粗到细、由整体到局部、由简

而繁、逐步深入的方法，雕出形态生动、性格鲜明的形象。大型木雕，现在一般采用新的工艺：先做好泥塑，翻成石膏像，再以石膏像（模特儿）作依据，采用"点形仪"工具，在木材的前后、上下、四周找出点子（形体的部位）。用这样的方法雕刻出来的作品，形象正确，效果很好。

（2）石雕

石雕就是采用各种不同石料雕成的作品，它在历史上占有重要地位，不论中国或外国很早就有石雕艺术。石雕一般采用大理石、花岗石、惠安石、青田石、寿山石、贵翠石等作材料。花岗石、大理石适宜雕刻大型雕像；青田石、寿山石的颜色丰富，更适宜于小型石雕。石雕的制作方法多种多样，根据石料性质和雕刻者的习惯不同，大致可分为两种：

1）传统的方法

其构思、构图、造型以及雕刻都是由个人独自完成。而大型雕刻要在石料上画好水平线和垂直线，打格子取料，用简易测量定位的方法进行雕刻。

2）新的工艺

先做好泥塑，翻成石膏像，然后将石膏像（模特儿）作为依据，依靠点形仪在石料的上下、四周找出点子，再刻成石雕像。

（3）玉雕

玉雕总称玉器，有悠久的历史。我国在新石器时期已有玉佩出现，商朝的琢玉技艺就已经比较成熟。玉雕的材料有白玉、碧玉、青玉、墨玉、翡翠、水晶、玛瑙、黄玉、独玉等几十种。因为玉本身性质细致、坚硬而温润，或白如凝脂，或碧绿苍翠，色泽光洁而可爱，适合制作名贵的装饰品。玉雕艺人善于利用材料本身的花纹，因料设计色调和形态，通过精心构思创作出许多精美绝伦的玉雕珍品。例如，玉器制作的水胆玛瑙作品《旭日东升》，就是一件珍品。其中的水是在亿万年前火山爆发时，水蒸气被岩浆密封，冷却以后凝结而成的，因为它呈现胆状，所以称之为水胆。而水胆外面的岩浆随着岁月的流逝，密度不断增加，便形成了玛瑙，这在自然界是极为罕见的。北京玉器厂艺人就是利用水胆玛瑙的自然特点，雕刻出一轮红日从海面上喷薄欲出、浪花飞卷、仙鹤齐鸣的景象，有如天成，令人称绝。至于玉石的制作，一般人以为是用雕刀刻成的，其实不然。玉石的质地很坚硬，雕刀刻不进去，而是采取琢磨的方法，即在制作时，用各种形状的钻头、金刚砂和水，根据作品形状把多余部分琢磨掉。因此完成一件玉雕作品要耗费很长的时间。

（4）泥塑

泥塑的制作方法大致分两种：一种是近代从西欧传入的雕塑的制作方法；另一种采用我国传统泥塑制作方法。

1）西欧雕塑

从西欧传入雕塑的制作方法是，先要有一个雕塑铁架子，架子根据塑像的姿态、形体的比例大小，决定内部骨架的形状；在骨架四周扎上若干小十字架，它的作用是将泥巴相连成为一个整体，不至于塌落、便于塑造。架子做好后，根据预先做好的泥巴构图进行放大塑造。圆雕是立体的，要有一个整体观念。先把四面八方的泥堆好，由简而繁，逐步深入。第一步要注意每个角度的整体效果；第二步要分析形体结构是否准确，整体与局部的关系是否统一和谐；第三步着重形象的细致刻画，直到完成。泥塑因受气候影响易裂变形，难以永久保存，故泥塑完成后一般需要翻成石膏像。现在接触到的雕塑作品，大都是石膏做成的，往往喷上各种颜色，使它产生青铜、木材、石头等质感。关于翻石膏，有一套复杂的技术，这里就不介绍了。

2）中国雕塑

我国传统的泥塑制作方法则不同。在我国的寺庙里，许多神佛的塑像金碧辉煌，其材质是由木材、泥团、棉花、断麻、沙子、稻草、麦秸、苇秸、谷糠等构成。它的制作程序大体是这样的：第一步，根据神佛的题材、大小、造型，先搭好木制骨架，在骨架上捆上稻草或麦秸以增大体积，再用谷壳和稻草泥拌好的粗泥在骨架上用力压紧、糊牢；第二步，等粗泥干到七成的样子再加细泥（细泥用黏土、沙子、棉花等混合而成），把人物的神态充分刻画出来；第三步，等泥塑全干透后产生大小许多裂缝，再加以修补；第四步，等泥巴干透后，把表面打磨光洁，然后用胶水裱上一层棉纸，并加以压磨，使表面一层更平正、细致、坚固，再涂上一层白粉（白乳胶）；第五步，在白色的形体上，根据人物的需要上各种颜色，待全部颜色上好后，再涂上一层油，以保护彩色的鲜艳，到此就全部完成了。

以上述说的雕塑的分类，各具特色，每个种类在制作上都有自己的技巧性，这些技巧对于学习食品雕刻有很大的帮助，它们的特点可以在食品雕刻中找到一些共同点，这样才能有助于学习下一步的食品雕刻知识。

二、食品雕刻的发展

了解食品雕刻的起源，能够帮助学生在食品雕刻作品的制作中，体会出不同雕塑的工艺相同点。食品雕刻作品按照吉祥图案设计，遵循形式美原理，最终展现在餐饮的舞台上。雕刻作品的大小，适用于不同的场合，其作用也不相同，如果雕刻作品上佳，但寓意不当，会有相反的效果。

（一）食品雕刻的发展史

食品雕刻大约在春秋时已有。《管子》一书中曾提到"雕卵"，即在蛋上进行雕画，这可能是世界上最早的食品雕刻。其技后世沿之，直至今天。至隋唐时，又在酥酪、鸡蛋、脂油上进行雕镂，装饰在饭的上面。宋代，席上雕刻食品成为风尚，所雕的为果品、姜、笋制成的蜜饯，造型为千姿百态的鸟兽虫鱼与亭台楼阁。虽然反映了贵族官僚生活豪奢，但也表现了当时厨师手艺的精妙。至清代乾、嘉年间，扬州席上,厨师雕有西瓜灯,专供欣赏,不供食用;北京中秋赏月时,往往雕西瓜为莲瓣;此外更有雕为冬瓜盅、西瓜盅者,瓜灯首推淮扬,冬瓜盅以广东为著名,瓜皮上雕有花纹,瓤内装有美味,赏瓜食馔,独具风味。这些,都体现了中国厨师高超的技艺与巧思,与工艺美术中的玉雕、石雕一样,是一门充满诗情画意的艺术,至今被外国朋友赞誉为中国厨师的绝技和东方饮食艺术的明珠。宋朝孟元老《江京梦华录·七夕》:"又以瓜雕刻成花样,谓之花瓜。"清朝李斗《扬州画舫录》:"取西瓜,皮镂刻人物、花卉、虫、鱼之戏,谓之西瓜灯"。到了近代,扬州瓜刻瓜雕技艺有了发展,席上出现了瓜皮雕花、瓜内瓤馅的新品种(凡香瓜、冬瓜、西瓜均有之),作为一种特殊风味,进入名馔佳肴行列。西瓜皮外刻花,瓤内加什锦,又名玉果园,是在西瓜灯的基础上创新的品种,以糖水枇杷、梨、樱桃、菠萝、青梅、龙眼、莲子、橘子、青豆拌西瓜瓤丁组成。其实,食品雕刻和雕塑有很大关系,它借鉴了雕塑中的一些手法与技巧,把雕塑的艺术展现在烹饪原料上,使之成为中国烹饪的一个亮点,所以了解雕塑知识,也就是全方位的学习食品雕刻知识。

（二）食品雕刻的概念

食品雕刻就是把各种具备雕刻性能的可食性原料,通过特殊的刀法,加工成形状美观、吉庆大方、栩栩如生、具有观赏价值的"工艺"作品。食品雕刻是一门综合艺术,是绘画、雕塑、插花、灯光、音乐以及书画等综合艺术的体现,用这些形态逼真、寓意深远的食品雕刻作品点缀菜肴,装饰席面,不仅有烘托主题、增添气氛的作用,而且还有令人赏心悦目、增加食欲的作用。现代人生活质量提高了,不仅注重菜肴口味的多样化,而且对菜肴的色泽和造型也有了新的审美要求,这就要求雕刻人员必须具备很好的审美眼光和艺术造型能力。食品雕刻花样繁多、取材广泛,无论古今中外、花鸟鱼虫、风景建筑、神话传说,凡是具有吉祥如意、寓意美好的题材,都可以用雕刻艺术的形式表现出来。

中国烹饪历来讲究色、香、味、形、质、意俱全,烹制的菜品不仅要注重营养、味道、质感等,还要重视菜品的造型、色彩和意境等视觉审美因素。食品雕刻是在追求烹饪造型艺术的基础上发展起来的一种点缀、装饰和美化菜品的应用技术。食品雕刻是烹饪领域中不可缺少的一部分,具有举足轻重的地位,对点缀菜肴,美化宴席起着重要的作用。随着改革开放的步伐不断加快,各行各业都得到了迅猛的发展,食品雕刻以其独特的艺术风格、悠久的工艺历史和精湛的制作技术,赢得了人们的青睐和肯定。

（三）食品雕刻的目的和意义

食品雕刻是我国烹饪技术中不可缺少的重要组成部分,是菜肴美化工艺中的一颗璀璨的明珠,它是一种美化宴席、陪衬菜肴、烘托气氛、增进友谊的造型艺术,不论是国宴,还是家庭喜庆宴席,都能显示出其艺术的生命力和感染力,使人们在得到物质享受的同时,也能得到艺术的享受。一款精美的菜肴,如果陪衬着一个贴切菜肴的雕刻作品，会使菜肴更加光彩夺目，使人不忍下箸，如"火龙串烧三鲜""凤凰戏牡丹""天女散花""英雄斗志""渔翁钓鱼"等，这些菜肴和雕刻工艺浑然一体，使菜肴和雕刻在寓意与形态上达到协调一致。

菜点美感包括色、形、质三个方面，其表现形式是色和形，高超的刀工技术可以使菜肴造型形神俱备，巧妙的拼盘可构成美的形式，而食品雕刻的使用主要是辅助菜点，与菜点相配合，在一定的时间、场合产生美感，自身又具有独立的审美意义。食品雕刻造型形态表现大至人物、禽、兽，小至花草、鱼、虫，制作精细，方法多变，品种繁多，造型千姿百态，生动活泼，耐人寻味。掌握好这门古老而又充满活力的技艺，对掌握中国烹饪技术有着极其重要的意义，可以提高对菜肴造型美的认识，充分理解"烹制菜点的过程，实际上是一个创造美的过程"。学习食品雕刻技艺，可以提高专业人员的艺术修养，能够从绘画中吸取食品雕刻素材、丰富表现手法，进而应用于热菜装盘、冷菜装饰的实践中去，对全面提高烹饪技艺大有益处。

掌握食品雕刻技艺，对宣传、推广中华民族饮食文化的精华，有着重要的意义。中国烹饪对世界饮食具有深远的影响，在中西文化交流的今天，通过食品雕刻技艺可以进一步加深人们对中国烹饪的认识。在一年一度的全国各地烹饪大赛中，那些惟妙惟肖的食品雕刻作品对推广中华民族饮食文化起着举足轻重的作用，不少的参观者被精美的食品雕刻作品所震撼，常常与之合影、为之欢呼。在接待各国首脑会议的宴席中，有些宾客在宴后还会带走部分作品继续欣赏。可见，菜点中美的创造对宾客心理会产生重要的影响，这种心理决定着进餐行为，进而归结为对中国饮食文化的总体认识和评价。

（四）食品雕刻的作用

食品雕刻在作用上不同于木雕、玉雕、石雕等其他雕刻。它不单纯是工艺品，也不是孤立地供人观赏，而是与菜肴相结合，让宾客在观赏的同时也可食用，食品雕刻作品的应用是多方面的，通过食品雕刻作品的拼摆能够渲染主题、烘托宴席气氛。

1. 美化菜肴

食品雕刻作品的使用是多方面的，它不仅是美化宴席、烘托气氛的造型艺术，而且在与菜肴的配合上更能表现出其独到之处。它能使一款精美的菜肴锦上添花，成为一件艺术佳品，又能够和一些菜肴在寓意上达到和谐统一，令人赏心悦目、耐人寻味。菜肴对雕刻作品的使用是有选择的，它根据菜肴的内容和具体要求决定雕刻作品的形态和使用方法。

食品雕刻应用在凉菜上，一般是将雕刻的部分部件配以凉菜的原料，组成一个完整的造型，如"雄鹰展翅"，雄鹰的头是雕刻的，而身上的其他部位，如羽毛等，则是用黄瓜、火腿肠、酱牛舌、拌鸡丝、辣白菜等荤素原料搭配而成的，使雕刻作品与菜肴原料浑然一体。

食品雕刻应用在热菜上，要从菜肴的寓意、谐音、形状等几方面来考虑。如"荷花鱼肚"这款热菜，配以一对鸳鸯雕刻，则成了具有喜庆吉祥寓意的"鸳鸯戏荷"；再如"扒熊掌"配上一座老鹰雕刻，借其谐音，则成"英（鹰）雄斗志"，顿时妙趣横生；从造型上构思，一款"浇汁鱼"的盘边，配上一个手持鱼竿的渔童雕刻，即成"渔童垂钓"，使整个菜肴与雕刻作品产生谐调一致的效果。在具体摆放时，凉菜与雕刻作品可以放得近一些，热菜与雕刻作品则要远一些，如在雕刻作品的周围用鲜黄瓜片、菜花等进行围边，既增加装饰效果，又不相互影响。

在高档的艺术菜中，经常采用造型优美的花卉、动物、风光、器具等食品雕刻。例如，冷盘"大江山水"中的山是用卤牛肉、蛋黄糕等原料制成，再如热菜"绣球干贝"在盘子中狮子的雕刻与绣球干贝巧妙结合，形成了一幅狮子戏球的完美图画，从而升华了菜肴的意境，提高了菜肴的格调，使菜品上升为美味可口的艺术品。有些"什锦拼盘"和创新热菜，如"龙凤呈祥""二龙戏珠""凤凰扇贝""多彩蹶鱼"等如果不借助食品雕刻，用简单的刀法处理原料就很难做出龙头、凤凰头、孔雀头，整个菜肴就会失去完整性。因此，食品雕刻在菜肴中的补充作用不可忽视，合理使用能够使菜肴更加生动，色彩更加艳丽。一般来说，对需要点缀的菜肴，食品雕刻必不可少，缺少它会破坏菜肴形象；而不需要点缀的菜肴就不一定需要食品雕刻，用了能够使菜肴锦上添花，更为鲜明，但如不用，菜肴依然有其自身的形式，不会影响其完整性。

2. 烘托宴席气氛

食品雕刻作品除了可以美化席面以外，还能表达主人对客人的尊重和接待规格。食品雕刻常以不同的主题。体现在大型作品中，如婚宴常用"喜庆鸳鸯"作品，以心形双喜纹配以情意绵绵的一对鸳鸯和芙蓉花纹组成，象征新婚夫妻生活美满、比翼齐飞、百年好合。再如，不同年龄的人，其作品的主题又各有区别，雕刻以云中老龙呼唤海中小龙，象征父亲期望儿子早日成材，继承父亲的事业；用来为老人过寿的"吉庆多福"由仙童手拿双鱼，脚踏金元宝，背靠福寿纹组成，象征吉祥、欢庆、多福多寿；在儿童宴会中可以雕刻一些可爱有趣的卡通物件，无论对家长或孩子都能起到增进情感的作用；国宴常用一些高雅、能够体现民族特色的食品雕刻作品。

3. 丰富展台内容

展台是体现烹饪艺术的精粹，食品雕刻也在其内。展台设计要根据主题、规格、种类而定。作为单独展示食品雕刻的展台，要精心设计，作品与作品之间的协调性、整体的层次感，在设计展台时都要考虑，这样展台才能发挥作用。在食品雕刻的展台中，大型作品常为展台背景作衬托之用，如泡沫雕、糖粉雕、黄油雕、果蔬雕等按照层次摆放。例如，酒店盛大开业庆典酒会选用"腾龙飞翔""八骏马"等，象征事业蒸蒸日上，前途无量。可根据十二生肖在每年的宴席中雕刻相应的生肖，如龙年时，雕刻以龙为题材的作品，如"蛟龙出海""龙腾盛世"等；圣诞节可雕刻"圣诞老人""圣诞礼物"等；中秋节雕刻"嫦娥奔月"等。根据不同的题材雕刻不同的作品，能使就餐者心旷神怡、情趣盎然。

4. 树立专业形象

在专业学习中，每门基础课程都要在实践中得以印证，理论与实践相结合，环环相扣。食品雕刻在表现形式上具有特殊性，在学习过程中只有不断地提高艺术修养，才能在创作作品时发挥自己的潜能，开发灵感，不断练习，积累经验。

食品雕刻的表现形式百花齐放，不论是琼脂雕、冰雕、面塑雕、黄油雕、巧克力雕等，无论是用于陪衬菜肴还是美化台面，在造型上要求都很严格，这就要求雕刻者既要有美食家的风格，又要具有艺术家的风采，使食品雕刻真正成为烹饪技术中不可缺少的组成部分。

食品雕刻作品具有民族特色，蕴含着中华民族的智慧，也是一朵耀眼的奇葩。外国朋友把中国的食品雕刻誉为"东方饮食艺术的明珠"。食品雕刻作品要紧扣主题，精心构思，设计出具有高雅意境的画面，与主题相辅相成，突出自然美。无论是古色古香、高贵典雅，还是新颖别致、轻便灵活的风格，确定食品雕刻作品时都应与具体饮食活动的主题、环境气氛、具体的菜点造型等格调相一致。只有不断地参加雕刻实践和不断地总结实践经验，雕刻技艺才能日趋完美，达到较高的技术水准和艺术境界。

第二节 食品雕刻的分类

食品雕刻作品的表现形式不是千篇一律的，而是多种多样的，所以在食品雕刻中不同类型的作品有着不同的技法，也代表着不同的雕刻种类。

一、按原料的不同性质分类

食品雕刻广义上指的是以瓜果蔬菜为原料的果蔬雕刻，所以果蔬雕刻是食品雕刻更细化的名称，除果蔬原料外，对其他可食性原料进行的雕刻，同样也属于食品雕刻。例如，以牛油为原料的雕刻称为黄油雕塑；以面粉、小麦淀粉与糯米粉，或粘米粉与糯米粉搭配为原料的称为面塑、面雕；以硬质巧克力或软质巧克力为主要原料的称为巧克力模塑、浇铸；以砂糖、麦芽糖为主要原料的称为糖塑艺、糖画、皮糖、嵌糖模板等；以糖粉膏霜、胶糖团等为主要原料的称为糖粉雕、糖板；以面色、面团为主要原料的称为面包塑造；以糖条、面包、面条为主要原料的称为面包编织塑造；还有冰雕等。

（一）果蔬雕刻

果蔬雕刻是指选用质地细密、坚实脆嫩、色泽纯正的根、茎、叶、瓜、果等蔬菜进行的雕刻。果蔬雕刻因为选用新鲜的瓜果蔬菜为原料，所以在制作上应注意以下几个问题：

①洁净卫生这是果蔬食品雕刻的首要特性，它的这一特性始终贯串于食品雕刻的制作与存在之中；②易损性因所用的原料都是果蔬原料，一般以富含水分的脆性蔬菜和瓜果为主。果蔬雕刻取料广泛，成本低廉，色彩自然，但容易干燥和腐烂，只能作为一时观赏之用；③季节性强由于不同的蔬菜瓜果有不同的上市季节，而果蔬雕刻的操作方法往往要根据原料的品种适当选择，所以不同季节雕刻品的类型往往不同；④及时性一般的食品雕刻多是一次性使用，时间仅在数小时之内，展示时间短暂，不能重复利用和长期保存，这就要求技师必须现用现雕。食品雕刻是"短暂"的艺术或"瞬间"的艺术。

（二）黄油雕刻

黄油雕刻是最早源自西方的一种食品雕塑，常见于大型的自助餐酒会及各种美食节的展台。推出这种艺术表现形式，可以增加就餐的气氛，提高宴会的档次，营造出一种高雅的就餐环境。它是最近几年在中国发展较快的食品雕刻新形式。它以一种人造黄油——酥皮麦淇淋作为塑造原料，这种黄油具有含水少、黏性强、易储藏等特点，赢得了许多专业人士的青睐。

制作黄油雕刻的工具比较简单，大体上都是由竹片、木头、铁丝等制作成的。如果没有接触过黄油雕刻的人，有可能会以为其制作过程类似于果蔬雕刻，即由表到里去掉多余的部分，或者说是一个减料的过程。然而黄油雕刻总体来说应该是一个加料的过程。当然在某些细微之处也有一些减料的地方，大致应该是一个"塑"的过程。一件小型黄油雕作品，可以直接用手捏出来用于盘中装饰，然而，用于装饰展台的那些较大的作品，在制作之前，就必须根据作品的大体形态去做一个支架。这就像人体必须有骨骼一样，大型作品光靠黄油是很难长时间稳定的，特别是做有一定跨度的作品，更是非搭架不可，即使在冬天黄油很硬的时候，也不要抱有侥幸的心理。在做支架之前，还应先找一块干净的木板进行消毒处理，然后用一些干净的木条、铁丝或筷子等根据雕塑对象的形态做一个大致的骨架，并将其固定在木板上，最后连同木板放在一个转盘上，这当然是为了方便以后的操作。因为在制作的过程中需要不断地转动雕塑作品主体，以便于从不同的角度去观察、审视。第一道准备工序完成好后，接下来便是往骨架上添加黄油。可以先做一个大概的形状。有了基本形态后，就可转入具体部位的刻画。在这个过程中，要随时保持远看，特别是对于那些比较复杂的作品，因为在局部加减黄油过程中，经常可能出现局部与整体的关系遭破坏，造成比例不当的情况。因此，在制作过程中要灵活运用这一观察和制作的方法，也就是先从大体到细部，再从细部回到整体。此外，在制作时还要注意卫生，因为它不像果蔬雕作品那样可以冲洗，手上的一点灰尘都可能在黄油上显露出来。如果作品不能一次性完成，那么在休息时可以盖上干净、轻薄的塑料台布进行保护。作品在使用完后，可以将黄油拆除，收集起来妥为保存，以便下一次再使用。

（三）糖艺

糖艺是指将砂糖、葡萄糖或饴糖等经过配比、熬制、拉糖、吹糖等造型方法加工处理，制作出具有观赏性、可食性和艺术性的独立食品或食品装饰插件的加工工艺。糖艺制品色彩丰富绚丽，质感剔透，三维效果清晰，是西点行业中最奢华的展示品或装饰原料。糖艺造型是糖体经过不同方法加工之后的重新组合。造型必须以拉糖和吹糖等基本功为基础，巧妙的创意和合理的组织需要多年的实践和积累。造型水平的高低是综合考核操作者的核心部分。无论多好的零散糖艺制品，没有巧妙的创意和构思，也无法形成一件完美的糖艺制品。此处讲的造型是一个比较广义的概念，在拉糖和吹糖的技巧中很多细小的环节都与造型有关，要正确理解、区别对待。

在西方国家的高级酒店，糖艺制品和巧克力插件制品的制作已经发展到一定水平，这两项插件和新鲜水果的搭配使用，是西点装饰品中最完美的组合，使用比较普遍。与奶油裱花相比，奶油花从材质和质感上无法与之相提并论，高档的蛋糕很少使用奶油裱花的手法来装饰，在国际上裱花被当作西点师的一个小技能来对待。组合装饰才能充分体现出原料的材质美和造型美，给人以色、香、味、形、器的全面感觉，从中体现出饮食文化的特点而得到美的艺术享受。另外，使用具有艺术品位的插件更加方便、节时和省力，成品产生的艺术效果无法估量。糖艺品和巧克力作品在国际正规的大型西点比赛中，属于必做项目，是检验选手西点功力和艺术修养的最佳手段。糖艺主要是在高温环境下成型，从熬糖到出成品，"糖"需要经历多个化学反应和物理反应，而且会受到很多因素的干扰。操作者必须经过一段时间的科学培训和实践，才能掌握一些拉、拔、吹、沾等基本造型技法，才能感受到糖的"属性"。

糖艺以前在中国叫"糖活儿"，所用的原料主要是自己熬制的饴糖（也称转化糖），糖体为咖啡色，在常温下为块状，敲碎之后要慢慢加热，然后快速造型。熬制饴糖的主要原料是淀粉，操作者们都有自己独到的配方和熬制方法，他们熬制饴糖没有专用的设备和仪器，使用简单的土锅土灶，整个过程都凭借经验来判断，所以操作者必须不断总结经验。"吹"糖者也多为民间艺人，在寒冷的冬季或干燥的季节，身担火炉，走街串巷、沿街叫卖。他们将糖体加热到合适的温度，揪下一团，揉成圆球，用食指沾上少量淀粉压一个深坑，收紧外口，快速拉出，到一定的细度时，猛地折断糖棒，此时，糖棒犹如细管，立即用嘴巴鼓气、造型。整个操作过程必须经过苦练，手法要准确，造型要简洁、生动。这门技艺的传承方式也比较传统，一般是以家庭（或村）为单位。

糖艺这门手艺在我国北方比较常见，北方的气候凉爽干燥，有适合吹制糖人的环境。现今从事这门手艺的人很少，春节和庙会期间仍有人表演，属于民俗中比较传统的节目。"吹糖人"这一行走向冷落的原因很简单：一是用嘴巴吹出的糖人，虽然属于糖制品，但是只能观赏，不能食用，不符合卫生要求；二是糖制品极易溶化，不能存放相对较长的时间；三是选用材质的色彩单调、质感平淡。

另外，糖艺中还可使用蔗糖加入葡萄糖熬制，成品的质感不同于饴糖，调色后颜色丰富亮丽，而且增强了硬度，在空调环境中，经过妥善处理不受季节的影响，可根据需要随时加工，而且具有可食性和装饰性的明显特点，是烘托气氛提高食品档次的最佳陪衬品，多用于高档酒会和大型比赛。

（四）冰雕

冰雕又称冰艺。其作品体积由几十千克到几百千克不等，大型作品都是由十到二十块冰块组合而成，摆放场合多用于餐厅展示。在东北一些城市，冰雕作品也常常放在公园里供游人观赏。在餐饮中有些作品可根据宴会的主题而专做。一年四季都可用，而夏季效果更佳，因为夏季能使人感受到一种清凉和舒适。据说冰雕是由法国等西方国家开创而传入亚洲，雕刻的风格较西方化。现在我国东北和香港地区的冰雕已中式化，融入了中国的一些传统素材，以适应众人传统的审美观。冰雕的选材要求较高，冰块不可有裂痕和气泡，以色泽透明、类似水晶的质感为好。大型组合冰雕的制作与摆放，布局要合理，要注意平衡和冰块融化时水的流向，要注意操作安全，防止冻伤、砸伤。除了特定的主题宴会外，一般布局都采用高低错落、对称协调。雕刻的内容可以多加变化，中国传统吉祥物象、西方传统吉祥物象都可结合运用。果蔬雕刻的组合以果蔬原料的本身色彩组合搭配为上，染色则是万不得已，冰雕作品可点缀些鲜花绿草，搭配的灯光也可配上色彩。

二、按食品雕刻的形式分类

（一）整雕

整雕又称整体雕刻、立体雕刻，是用一大块原料刻成一个具有完整形体的作品，其特点是整体性和独立性强，形象逼真，无须其他物体的支撑和陪衬，独立表现其完整的形态，具有较高的欣赏作用。整雕的特点是完全在原料内部取形而进行雕刻。不需要其他物体的支持，从各个角度均可看出它是一个整体造型。整雕在构思、构图上最为关键，可以先构思好再选料，以避免不必要的浪费。在整雕操作中可采用雕、刻、切、削、掏、挖、旋等多种技法。用刀时手腕要用力，实而不浮，落刀准确，干净利索，但不要太狠，应留有余地。雕刻时要先从大体入手，确定好所雕物体分布的位置及各个部位的比例安排，进行不断调整，从整体到局部，从粗到细，还要注意相互之间的联系与整体形象的完整。要做到粗细得体，有虚有实，生动活泼。

（二）零雕组装

零雕组装是分别用一种原料或几种颜色不同的原料雕刻成某一物体的各个部件，然后集中装成完整的作品。这是一种普遍的使用方法，其特点是方便、快捷，缩短时间，作品表现色彩鲜艳，形态逼真。用来制作各种雕件的原料，从质地到颜色都可以很好地加以选择。零雕组装，为的是解决某些雕刻原料在体积、大小、长短等方面的不足和颜色上的单调，以使作品显得更加完整大气，色彩更加丰富多彩，从而增加了食品雕刻构图造型的艺术想象空间，为创作雕刻大件作品打下了基础。零雕组装，工艺步骤较多，对各个部位的零雕部件与整雕部件比例要适当，即大小、长短、高矮要比例协调。组装时，还要按所构思物象的特定位置准确组装，使作品更加完美统一，从而突出作品的艺术效果。

零雕组装的步骤是，先雕刻主体部件，再雕刻次要陪衬部件，然后雕刻装饰点缀部分，最后围绕主题构思形象进行组装，先装主体部分后装陪衬次要部分。其操作要领是，必须注意雕刻构思整体形象及各组部件在颜色和质地上的选择搭配及组合，同时还应注意各个组件之间的比例协调关系。例如，雕刻"群鹤戏舞"作品，首先选用一弯形青萝卜或象牙白萝卜作为主体部件的构思雕刻形体，将各种姿态的仙鹤的头、颈、身及长腿合理地布局在每根萝卜上，并逐一用雕刻刀雕刻出各仙鹤的身躯轮廓，再按各不相同姿态的仙鹤形象分别再单独雕刻出仙鹤的双翅，然后用牙签分别插入在不同姿态的仙鹤身上，用相思豆点缀双眼，用胡萝卜雕刻半圆片点缀仙鹤的丹冠，最后用南瓜雕刻祥云柱作为支撑，把各种姿态不一的仙鹤固定在云柱上即可。此作品主题突出、色彩搭配协调自然、层次分明，由雕刻组装件拼组而成，其构思实属零雕组装的典范。

（三）浮雕

浮雕是雕塑与绘画相结合的产物，它用压缩的办法来处理对象，靠透视等因素来表现三度空间，并只能从一面或两面观看。浮雕一般是附属在另一平面上的，因此在建筑上使用更多，用具器物上也经常可以看到。由于其压缩的特性，所占空间较小，所以适用于多种环境的装饰。近年来，它在城市美化环境中占有越来越重要的地位。浮雕在内容、形式和材质上与整雕一样丰富多彩。浮雕的材料有石头、木头、象牙和金属等。

浮雕的空间构造可以是三维的立体形态，也可以兼备某种平面形态；既可以依附于某种载体，又可相对独立地存在。一般来说，为适合特定视点的观赏需要或装饰需要，浮雕相对整雕的突出特征是经形体压缩处理后的二维或平面特性。浮雕与整雕的不同之处在于它相对的平面性与立体性。它的空间形态是介于绘画所具有的二维虚拟空间与整雕所具有的三维实体空间之间的所谓压缩空间。压缩空间限定了浮雕空间的自由发展，在平面背景的依托下，整雕的实体感减弱了，而更多地采纳和利用绘画及透视学中的虚拟与错觉来达到表现目的。与整雕相比，浮雕多按照绘画原则来处理空间和形体关系。

浮雕在食品雕刻中就是在原料的表面上，表现出画面的雕刻方法。根据加工方法的不同浮雕可分为以下四种。

1. 凸雕

凸雕又称阳纹浮雕。其雕法分为两种，一种是在原料表面刻出向外突出的图形，如"南瓜盅"。制作时先在原料表面上设计好图案，然后用刀将图案上空白的地方挖掉一层，使绘制图案凸现出来；另外一种是以西瓜为原料，将图案刻成似拉开的纸花离开盅体而悬挂，如"凸形瓜灯"。

2. 凹雕

凹雕又称阴纹浮雕。它是在原料表面刻出向里凹进的图形，以平面上的凹状线条或图形表示物象形态的一种表现方法。例如，"西瓜盅"，先将雕刻图案画在瓜皮上，然后用刻线刀将画在瓜皮上的图形戳去一层，使图案凹进瓜皮表面。瓜盅是食品雕刻中较受欢迎的作品，它不仅可以用于花台展示，还可以作为菜品的盛器。在雕刻瓜盅时，应先设计布局，根据瓜盅的结构特点和造型要求，从整体布局、主体布局、装饰点缀三个方面进行构思。

3. 镂空

雕镂空雕刻就是将原料剜穿成为各种透空花纹图形的雕刻方法。例如，"西瓜灯"，瓜灯与瓜盅相比，瓜灯的技术难度要高于瓜盅，其步骤繁多。一般选用西瓜为原料，先在西瓜表皮画出图案，其中图案的造型为花纹图案和瓜环扣图案，形成一种"宫灯"造型，再用刀具将图上不要的部分剜去成透空状，去掉内瓤，摆在另外雕好的灯台上或吊起，里面点上彩灯泡或蜡烛即成。

4. 模扣

模扣是指用不锈钢片或铜片弯制成的各种动物、植物等的外部轮廓的食品模型。使用时，可将雕刻原料切成厚片，用模型刀在原料上用力向下按压成型，再将原料一片片切开，或配菜，或点缀于盘边，若是熟制品，如蛋糕、火腿等，可直接入菜，以供食用。

第三节　食品雕刻的学习要求

一件令人满意的食品雕刻作品，在设计与制作中需要付出艰苦的努力。特别对于初学者来说，应正确看待食品雕刻与美学知识，认真学习食品雕刻基础知识，为下一步学习做一个良好的铺垫。在食品雕刻作品的制作中应该有几点学习要求。

在学习食品雕刻中，会出现一些技术性问题，这是很正常的现象。只有把理论基础知识打扎实，才能创作出一件满意的食品雕刻作品。

一、培养良好的兴趣

在专业学习中，技术掌握的多少其实一部分跟兴趣有关，因为食品雕刻的独特性，在餐饮行业的舞台中，受到许多人的关注，在追求食品雕刻技艺时，首先心理素质要好，学习任何一门技术，不但要有兴趣，而且还要坚持，才能有所收获。学好食品雕刻是个漫长、渐进的过程，刚开始学习时，给自己定下的目标不宜过于远大，尽可能是容易实现的目标；这样目标实现后，自信心就会提升，兴趣也会随之而来，一步一个脚印、脚踏实地。人的潜力是很大的，但大多数人并没有有效地开发这种潜力，这其中，人的自信是很重要的一个方面。无论何时何地，做任何作品，有了这种自信，就有了一种胜利的把握，而且能够快速地摆脱失败的阴影。相反，一个人如果失掉了自信，那他就会一事无成，而且很容易陷入永远的自卑之中。

二、苦练扎实的基本功

学习食品雕刻看起来容易，做起来难，要想取得成绩，贵在坚持，要坚持练习雕刻的手法，努力做到基本动作准确，因为食品雕刻作品的风格不一，代表着不同的流派。在食品雕刻行业里许多雕刻大师都形成了自己独特的刀法，在作品表现上有突出的亮点。那么对于刚刚学习食品雕刻的初学者来说，掌握好基本功才是关键所在。往往这一过程，就决定了日后雕刻作品的精细程度，良好的习惯是需要培养的，基本功需要苦练，从生硬到熟练，从慢到快，从粗糙到细腻。熟练、精湛的雕刻技能是合理使用原料，做到物尽其用，不浪费。如果进入工作岗位，雕刻手法不熟练，不但影响出菜速度，而且还会造成原料浪费。学习的过程应当多用脑思考，无论是用眼睛看，还是动手做，都在锻炼基本技能，提高创作技能。

三、虚心学习，层层进取

经过一个阶段的练习，取得了一些成绩后，会有快乐感，自信心也随之增加。但学习是一个渐进的过程，每一次的成绩是为了更好的学习，提高技艺。食品雕刻作品的表现从小到大，从易到难，从基本形状、花卉到龙凤、人物等，每个学习者都有自己最喜爱的作品，要想把每一件作品都完成得很好，就要不断学习，取他人之所长。所以在食品雕刻技艺中，会雕刻花、鸟不一定会雕刻兽类，会雕刻骏马不一定会雕刻麒麟，在每个类型的作品中要学会"举一反三"，一步步地提高自己的技术水平。如果想增加自己的心理素质，可以经常参加比赛，在比赛中发现新问题，提高自己，同时也能通过技术交流，扩大学习范围。

四、提高艺术素养

通过欣赏大量绘画、雕塑、工艺品、建筑艺术和民间美术等作品，既可了解中国古代辉煌的艺术品，又扩大了知识领域，同时提高艺术素养和审美能力，陶冶情操，拓宽认识。对于艺术作品欣赏越多的人，其审美能力也逐渐在增强。在进行创作时，要求必须具有较高的思想情操、较多的审美经验、较深的生活积累、较强的艺术才能和娴熟的艺术技巧。在欣赏一些艺术作品时，不是被动地接受艺术带来的感染，而是主动积极地调动自己的思想认识，通过想象和理解，去丰富艺术形象，从而对艺术作品进行"评价"。间接地吸取一些经验和创作素材，扩大自己的视野，拓展自己的艺术思路。优秀的艺术作品还潜移默化地成为雕刻者提高创作表现力和设计想象力的榜样。可见，不断丰富自己的直接食品雕刻经验和间接感受艺术氛围，是不可忽视的重要细节。在设计食品雕刻作品时，要按照一定的美学原理，结合中国特有的文化，加上独特的雕刻技能，进行合理的创作。同时生活中要善于深入观察、掌握生活的内在本质和外在形象特征，对素材进行分析、选择、调整、提炼和加工，将其综合成为一个具有艺术感染力的艺术形象，将自身的思想、情感、理想巧妙地融入艺术创作中。

五、培养坚强的毅力

俗话说："干一行，爱一行。"在食品雕刻中付出辛苦的努力，是为了获得更多的收获，当一件满意的作品展现在众人面前时，心里有种强烈的自豪感。当然作品展示是暂时的，为了更好地创作优秀的作品，不断取得进步，特别是在雕刻大型作品时，需要足够的耐心来完成，这就需要坚强的毅力。过硬的技术需要时间的积累，每次成功与失败，都是学习中的进步。在食品雕刻学习的过程中，出现问题和难题是正常的，每一次雕刻后，都要认真总结经验教训，这样会让作品变得更加协调，进步会更快，经验也会更丰富。要想提高技术能力就要在困难中经受磨炼，温室里的花朵经不起风吹雨打，舒适的环境培养不出坚贞不屈的勇士。只有勇于拼搏、知难而上的人，才能成为有毅力的人。

第四节　食品雕刻的造型艺术规律

一、食品雕刻的艺术形式

食品雕刻有类似国画的大写意、半工半写、工笔三种形式。从雕刻的外在形态看，又分粗、中、细三种。这三种形式分别为块面抽象式、民间具象式、宫廷精细式。

（一）块面抽象式

块面抽象式是指用规则或不规则的几何体组成的具有抽象特点的形象。它力求形状美、意象美，不求具体物象造型工整，多是以曲线或直线来表现形象的一种抽象的雕刻方法。这种雕刻有它独特的艺术语言，它隐物象于朦胧模糊之中，使人有清醒中朦胧、朦胧中清醒的感觉，从中获得艺术的新意。或者把物象夸大变形，或大刀阔斧，给人以痛快淋漓之感。它求神似而不求形似，妙就妙在似与不似之间，露与不露之中。它既奇特又明快，别有新意。有时可反映出古朴庄重的情趣，有时可表现出窈窕神奇的现代风情，有时又显现出独具魅力的意境。

（二）民间具象式

民间具象式雕刻从外在形态看不粗不细，造型多取自自然实物及民间的艺术形象，风俗传统画对它的影响很大，故而造型自由多变。无论花鸟鱼虫、人物风光，因人因地而异，各有各的造型特点。例如刻一匹骏马，有人以骏马的写生稿为基础进行雕刻，有人则以真的马匹为模特儿雕刻成品，观者一看便知都是骏马，各有各的传神之处。总之，他们追求的是一个"像"字，换句话说，雕刻者追求自己心目中的形象，并使他人明白雕刻的内容。这种形式的雕刻品叫作具象式。

具象式雕刻比较活泼，趣味性强，不拘一格，民族风格浓郁，是最常用的一种食品雕刻形式。这种雕刻比较容易制作，它是制作者"随心所欲"的产物。因为没有拘束感，制作者创作兴趣就比较高，只要掌握基本的雕刻技法，就很容易找出自己心目中那个美好的形象来。这种形式的雕刻取材最广泛，内容也最丰富，它是最富有发展潜力的一种雕刻形式。

（三）宫廷精细式

宫廷精细式雕刻的特点是刻意模仿故宫的铸像、浮雕以及古代酒器上的图案形态，雕刻品大都是模仿一定的器物制成的，因此，形体趋向模式化。成品雕刻得很精致，大件成品雍容华贵，端庄典雅。它的缺点是操作时间长，不很实用。而小件雕刻品，因缺少活泼感，形象显得做作、呆板和雷同。宫廷精细式雕刻一般用于大型高档次宴会。因为从雕刻到贮藏非一日之功，耗工太多，所以平时使用得不偿失，但适用于力求精细的小件雕刻。此外，作为基本功的练习也是非常必要的。

食品雕刻的块面抽象式、民间具象式、宫廷精细式这三种形式，一般都单独使用，但为了增强雕刻品的效果，也可以根据实际情况灵活使用，将几种雕刻形式有机地结合起来，起到相辅相成的作用。

二、食品雕刻中的艺术规律

食品雕刻中所运用的图案，其主要特征是用程式化的造型来装饰美化菜肴，使菜肴增加实用性与艺术性。

（一）食品雕刻中图案的造型要程式化

图案是一种富于夸张的艺术形式，它来自客观的现实生活，但其造型特点是以出于自然又高于自然为目的的。它运用"程式化"这一特殊手段，对客观的现实生活加以改造美化，使之远远超脱了自然的原始面貌，从而达到更加理想的境界。因此说食品雕刻中图案造型是一种更理想化的艺术形式，而这种艺术形式的体现就在于"变化"中。

所谓食雕艺术形式之"变化"，就是"变形"。用艺术美的规律改造平凡的自然规律，使变化出来的形象既"图案化"，又不失其生动性；既"理想化"，又不失其生活的真实感。

（二）食雕中的图案要具有强烈的节奏感和韵律感

烹饪中所运用的图案造型，都是具有一种韵味的艺术形式。节奏感是装饰艺术本身的一个鲜明特征，创作者要进行一番苦心经营和艺术推敲，使之在疏密、冷暖、大小等关系上，均要体现出强烈鲜明的节奏和韵味来。如一只昂首腾空的巨龙，其弯曲的身体所表现出的是那种令人感觉强烈的艺术节奏及韵味。

韵律是一种艺术魅力，作为造型艺术来说，它是在节奏约束下呈现出的运动姿态和趋向，也是情调在节奏中的反映。烹饪中的图案造型要体现出韵律感，要尽量使富有节奏的几条"主线"贯穿盘内，使较长的流畅曲线或直线，有节奏、有规律地穿插在图案形象之中，使之能反映出一定的情调来。影响和决定画面情调的主线，应贯穿始终，不可出现画面的零乱孤立。否则就较难体现出鲜明的韵律来。

（三）烹饪中的图案造型及艺术形式感、形式美要得到充分的体现

要获得一幅好的图案造型，需要经过长期的艺术实践和探索。它不是对自然的简单照抄，而是依据自然提供的原始形象，按照美的规律创作出来的。同时，它还往往以一种相对定型及重复的形式反映出来，这些艺术模式，给人留下深刻的印象和感受，则称之为"形式感"。我们在造型上追求的"形式美"是大家喜闻乐见的新颖形式，是反映生活，为食客服务的。新颖而富有艺术感染力的形式，绝不是臆想所得、信手拈来的，而是长期实践的结果。形式美的规律分析起来，不外乎三种类型，即直、圆、挺。这三种形式的线如果结合使用，可以得到协调统一的装饰效果。它表现出来的形式感的规律性，主要有下列几种情况。

1. 横平竖直

这是一种直线之间的组合形式法则。它运用了力学原理中垂直关系的稳定感，在图案造型上力图使一切竖线关系均服从于"竖直"（垂直）的形式感要求，一切横线关系均设法服从"横平"（水平）的形式感要求。它能给人以正直、庄重、严肃之感。

2. 纯直纯圆

这是一种直线与圆线结合的形式法则。"纯直纯圆"的形式安定性强，它能给

人以庄严、大方、饱满的感觉。

3．以圆易方

这是我国传统美术的典型用线形式法则。其主要特点是以圆滑、流畅、挺拔的曲线，来改造替换直的、方的线条形式，使每条曲线都蕴含着柔中带刚的对比关系。

（四）烹饪中图案造型的工艺性受材料的制约

烹饪中的图案造型是在限定的材料中进行独立的艺术创造。这就要求图案的设计要以自觉地服从客观材料为前提，不能离开食用材料而主观臆造。

（五）烹饪中的图案造型应具有浓厚的浪漫主义色彩和丰富的想象力

任何一种造型艺术对于表现生活来说都有一定的局限性，作为烹饪图案的造型应具有浪漫的色彩和夸张的意味，使整个作品更集中、更鲜明地体现艺术规律和法则。

三、食品雕刻过程中的制作工艺规律

食品雕刻作为一门艺术，在创作过程中，一定要遵守其法则，掌握其方法。笔者对绘画极为喜好，经反复观察，认为食品雕刻与绘画是同源的，在创作一件作品时，均须涉及主题、题材、风格、构图、形象、意境、色彩等诸方面。

（一）主题

主题就是创作的意图，它是通过作者对事物的观察、体验、研究、分析，然后利用可食原料进行加工改造的结果，也是作者在塑造艺术形象时所表现出来的中心思想。这一过程中国画叫"立意"，它要求作画要意在笔先。也就是说，下笔前，先要立意，食品雕刻也是如此。一件作品只要融进了作者的思想，就有了灵魂，显得生动活泼，活灵活现，即我们常说的"胸有成竹"。如许多吉祥的图案"喜鹊登梅""松鹤延年"等，也是通过某种自然物象的寓意、谐音等形式来表达人们的愿望和理想，主题也很鲜明。还有按人们的传统习惯，象征性地赋予自然物以某种性格。譬如：花类中牡丹代表富丽、华贵，荷花代表清雅、高洁，梅花代表铁骨耐寒，菊花代表奇姿傲霜，兰花代表幽雅、清香。鸟类中孔雀代表华丽、富贵，喜鹊代表报春庆福，鸽子代表超逸婉丽，鸳鸯代表情侣相伴。兽类中狮、虎代表勇猛威武，大象代表沉静、纯朴，马代表豪放、勇敢，牛代表服帖、忠诚。另外，龙代表威严、高贵，凤代表吉祥、华丽，金鱼代表幽趣悠游，蝴蝶代表多福、多情等。

（二）题材

题材就是雕刻的对象，创作的内容。题材与主题既有区别又有密切联系。创作时立意确定以后，接下来就要考虑选用什么样的题材来塑造形象，以充分表达主题。

怎样选取题材，这与社会思潮和个人喜好有关。如宴会主题是为老年人祝寿，雕者可以用"寿星"的题材来表达主题，若是欢迎某外国访问团来访，则可以用带有中英文欢迎意义的细雕展台来烘托气氛。

中国画一般分为人物、山水、花鸟三大类题材。食品雕刻适宜以花鸟、鱼虫、走兽、人物为题材。选用这些题材一定要注意其适应场合、对象和宴会的性质及目的。场合、对象很重要，因为世界上各民族的风俗、习惯、爱好不同，必须掌握此知识才能选题正确。如：法国人喜欢百合花、马兰花，尤其喜欢马（幸福的象征），不喜欢菊花、孔雀、仙鹤；日本人喜欢樱花、龟、鹤，不喜欢荷花。宴会的性质和目的各不相同，有的是迎宾，有的是祝寿，有的是贺喜，有的是庆祝节日，还有的是亲友团聚。在选用题材时也要与之相适应，才能相得益彰，合情合理。

（三）构图

构图是用造型艺术处理题材的重要手段。食品雕刻的每一件作品，在操作前都应有草图，或者脑中有图，按图施艺。构图的原则主要是：分宾主、讲虚实、有疏密、有节奏，既有统一，又有变化。实践证明，脱离了这个原则，制作出的作品就不会达到理想的效果，构图如果只追求统一而缺少变化，就会显得呆板。总的来说，就是要使整个食雕作品的每一部位、组装食雕的每一部分都给人一种和谐的、平衡的、稳重的美感。

分宾、主是构图中最重要一点，即我们常说的讲究主次。一组雕刻作品如果以花为主，叶就是宾，必须突出主体，不能平分秋色。若在蔬菜雕刻组装时不分花叶，乱装一气，花朵的大小、品种也无规律，陪衬物太多、太紧，就会有喧宾夺主之嫌，看起来有乱的感觉。艺术大师李可染谈中国画规律时说："似奇而反正，是中国字画结构的规律。"奇是变化，正是均衡。奇、正相反相成，好的构图要在变化中求统一。掌握好这个规律，创造作品就会得心应手。

（四）形象

形象在食品雕刻中是主干，没有形象，作品无从谈起。因此，形象必须真实，只有真实才有感情，才有神韵。当然艺术上的真实，不等于照相般的真实，它是生活真实的再加工，要剪裁，要夸张，要创意。要形象真实，就必须熟悉生活，了解物象，紧紧抓住物象的生理结构、生活习性和形象特征。不同的人对同一物象有不同的理解，雕刻出来的效果也有不同。有人雕成的鸽子轻盈超逸，有人的作品却显得呆滞笨重。前者是因为食雕者对鸽子的形象有了深刻的认识，知其特性，知其生理结构，这样雕刻的鸽子才有灵气，才有美感，才有神韵。

（五）意境

意境，即艺术的灵魂，既是客观事物精粹部分的集中反映，又是作者情感的抒发。我们通常说文如其人，其实食雕作品的意境也是作者对其作品意境理解的体现。欲有好的作品，则须将全部的身心投入其中，方会使作品有神采。一件艺术作品，作者不进入境界是不会感动人的。作者要想进入境界，不仅要抒发感情，同时必须全神贯注。西点大师王树亭，在塑造作品时总是把自己关在一间小屋里，或者是在夜深人静时操作，其目的也是避免有噪声来分散精神，使自己能进入境界。因此凡王树亭精心制作的艺术品，都有情有景，寓意深刻，非常感人。难怪凡看过他作品的同行或晚辈都赞叹不已，还有人不远千里慕名而来，登门求教。这足以说明情感的重要性。如果作品缺乏情趣，就会变得呆板。

食品雕刻的意境加工，简单地说不外乎两种手段，即求实和求意。

求实的加工手段，一般可将用摄影、写生手段所取得的形象，适当地加以取舍和修饰，对形象中的杂乱、残缺部分予以舍弃，对形象较完美的特征予以保留，按生理结构和习惯进行适当的艺术加工，使其成为既优美悦目，又忠实于自然形态的形象。当然，食品雕刻虽然源于自然界中形形色色的形象，但又不能也不可能照搬。我们研究食品雕刻的目的，就是要使所创造的形象尽量适合于工艺操作处理，进行删繁就简、去粗存真的艺术处理，使完成后的作品体态娴娜，形象生动。这种加工手段的最根本原则是：尽量模拟，力求真实，以达到惟妙惟肖，有时要达到以假乱真的程度。

求意的加工手段是根据作品造型的构思和作者情感的需要，以及在原料允许的情况下，对作品形象要高度概括，粗线条、抽象地表现物象的内涵意境。有时可大胆地改变其自然风貌，不拘泥于物象的本来面目，而采取简化、夸张、添加、装饰等手法，但不失物之"神""质"，保留物之固有特征，从而使作品形象备生新意，耐人寻味，同时以求意的手法显示作者的艺术修养。

求意的加工手段很不容易，因为内在深藏的东西是不能以简单的直观去表达的。如何把具体的感受和激情，生动而深刻地表现出来，这就要求作者对"物象"的生理结构、外表形态、属性习好等都有深刻的了解。只有抓住这些特征，才能有目的地进行简化、夸张、省略、附加和补充。在上述过程中，还包括构图知识、透视原理和点、线、面的运用，以及运用中涉及大小、疏密、轻重、虚实、主辅、简繁、聚散、浓淡、刚柔、纵横、开合等关系。当然，简化不等于简单，更不是简陋，而是在不失物象主题特征的前提下，删繁就简，对其杂乱而烦琐的部分进行规整简化，对一些非主要部分进行省略，进而使形象更典型集中，简洁明了，主题突出，神、质倍增。

夸张，不能失去比例，不能失去本身的特点，更不能面面俱到，无限地夸张。如果对形体的每个部位都进行夸张，实际上就等于没有夸张，变成了失真。所以在具体夸张中，要注意既夸张而又不失真。如果夸张时一味地无限变态，势必会破坏自然形态的比例关系，也就失去了美，同时也失去了夸张的意义。因此，夸张一定要突出物象有代表性的主要部位，使各部分有整体的统一。只有这样，才能使夸张鲜明和谐，生动可亲，从而增加形象的艺术感染力。例如：一朵牡丹花的美丽是由其花瓣自然和谐的组合和叶片的衬托而显露出来的。试想，如果每片花瓣都面面俱到、不偏不倚地组合起来，就会呆板虚假，反而显得不美。又如，塑造一只雄鹰，首先，要对雄鹰的外貌仔细观察、研究，更重要的是对雄鹰的性格有所了解，进而对雄鹰的突出部位进行重点描绘。比如可夸张雄鹰的雄悍，而那些无关紧要的细微部分，则可简化和省略。再如，塑造一尊寿星，就要突出寿星凸大的额头、长长的胡须和慈祥的笑眼，加上高大的拐杖，再伴以温顺的小鹿，集中表现出寿星的慈祥可亲。

添加装饰，不能强加，更不能生硬，而是要合情合理，让人可信。附加装饰就是根据被表现物象的不同特点，将其形象的主要特征有意识地组合在一起，从而出现一种新的优美式样，产生新的意境。有时可根据想象，使形象之间相互衬托，使完成后的作品显得清雅优美，更加丰满、瑰丽。

食品雕刻，不管用求实还是求意的手段加工，都应表现出物象内在的神韵和气质，要以朴实自然、内秀含蓄取胜，使作品的形象产生新意，达到"以形传神"的目的。否则作品就会形象粗糙、呆板或不伦不类，把本来优美的造型变成了僵化的"供品"，这样的作品就不能表现艺术的内容和创新的意义。

（六）色彩

色彩是形象艺术中先声夺人的有力的艺术语言，有"远看色彩近看形"之说，把色彩放在标准的第一位是有道理的（色、香、味、形）。色彩在食品雕刻中具有重要地位，一件色泽美观、色调和谐的作品，会使人赏心悦目，情绪愉快，进而引起食欲。这是因为由于长时间的饮食习惯，人们对色彩早已形成一定的条件反射，使之与情绪、味觉、食欲之间有着某种内在的联系。在人们的感觉中，赤、橙、黄为暖色，可以增加热烈的气氛，青、蓝、黑、紫为冷色，可以起到温和、质朴、清爽的感染力。

食品雕刻的用色，可算是一种装饰性的色彩，必须按照色彩学的对比协调来进行。实践证明，色彩对比强烈、鲜明的作品都会产生良好的效果。所以在装饰色彩上往往采取以繁衬简或以简衬繁的手法，即在单纯的底色上衬托多色的图像，或在一个淡雅的基础上配一点鲜明的色彩，使淡雅中带一点娇艳，将会十分醒目。总之，在食品雕刻的用色中，最忌五颜六色，大红大绿，主次不分，俗不可耐。

色彩对比在食品雕刻中应用广泛，几种色度、色相差别较大的颜色同时在一件作品中出现，或者在统一色中加进少量的对比色，就会产生一种清晰的感觉。例如：在白色的基调中出现小面积的褐色或黑色，在绿色的底衬上出现几点红色等，都会给平淡的色调带来生气。

如果在操作时，不从实际出发，一味玩弄色彩，或单纯追求大红大绿，甚至主次不分，不顾色彩的性质和规律，随意拼凑，就会适得其反，弄巧成拙。因此在食品雕刻的色彩运用上，同样要遵循源于生活又高于生活的原则。在具体运用色彩方面，要把绘画艺术和烹饪技术巧妙地结合起来，只有这样，才能真正塑造出形象逼真、色彩和谐、富有诗意的作品来，给人以美的享受。

第二章 食品雕刻与美学知识

第一节 食品雕刻与绘画

食品雕刻与绘画都属于造型艺术的范畴，两者相同的地方较多。绘画知识的应用，将影响食品雕刻过程中整体空间、局部细节的形象性，因此学好绘画基础知识，是食品雕刻的根基所在。

一、绘画知识

（一）绘画的概念

绘画是美术的一种最主要的艺术形式。绘画是在平面上表现立体，其表现的形象通常是一个视觉面上的物体外形的投影。绘画过程中是用刀、笔等工具，颜色、墨等物质材料，运用色彩、线条、明暗、透视、构图等基本手段，在二度空间内塑造可以直接看到的艺术形象，反映社会生活，表达作者思想感情和审美感受的艺术。

（二）绘画的分类

1. 绘画技法与材料

从绘画技法和材料上可将绘画分为中国画、油画、水彩画、素描、速写等。技法和材料不同，其作品在质感方面也会给人以不同的心理反应。中国画要求笔与墨合、情与景合，运用现实中无限丰富的景象，使其具有强烈的形象感染力；内容富有生气，新鲜而活泼，表现出生动、丰富的内涵，富有引人入胜的意境。绘画中的各种造型、色彩、明暗、线条等，充分运用到油画中可以非常具体、细致地表现对象的全部造型和视觉特征，即再现对象在具体的时间、空间里的光色关系、明暗层次、形体结构、空间感和质量感，使画面形象达到异常逼真的效果。水彩画颜料透明，又以薄涂保持其透明性，画面则有清澈透明之感，用水调色，发挥水分的作用，灵活自然、韵味无尽。

2. 描绘题材与内容

从描绘的题材与内容上一般可将绘画分为静物画、风景画、肖像画、风俗画和历史画等。不同的题材，表现不同的取景范围，静物画的构图，主要根据物象的组合与感受来确定是采用竖幅画面还是横幅画面，在这个空间中运用对比、节奏、平衡等因素，充分体现自己的感受和意图，表现出对象的特定气氛。风景画以远近比例关系确定位置，处理视平线和景物的关系，运用色彩透视规律。肖像画以人物表情为重点。风俗画以真实生活背景为题材。这些将为食品雕刻作品设计带来许多参考素材。

3．表现形式与功能

从绘画的表现形式和功能的角度，人们习惯把绘画分成年画、漫画、宣传画和插画等。年画是中国民间艺术的先河，同时也是中国社会的历史、生活、信仰和风俗的反映。每逢过农历新年时，在大门上都贴满了各种花花绿绿、象征吉祥富贵的年画。年画画面线条单纯、色彩鲜明，表现出一种热烈愉快的气氛，常见的年画内容，如"合家欢""春牛图""岁朝图"等，一般以神话人物、戏剧人物、历史故事作题材。漫画是用简单而夸张的手法来描绘生活或时事的图画。一般运用暗示、象征、变形、比拟、影射的方法，构成幽默的画面或画面组合，以取得歌颂或讽刺的效果。插画是运用图案表现的形象，本着审美与实用相统一的原则，尽量使线条、形态清晰明快，制作方便。在实际应用中，同一画种在不同的表现形式上，会发挥不同的作用，取得不同的效果。这种情况经常出现在食品雕刻中，如花卉类作品既可以用于菜点装饰，又作为大型雕刻的组件来用，还可以根据不同的主题雕刻搭配使用。在创作一件食品雕刻作品之前，应先用绘画的方式把大体轮廓表现出来，便于间接的修改，同时又可以在成型效果上有较大突破。

绘画的种类和形式非常丰富，从以上的分类可知，绘画的不同种类都有自己的表达方式和独特的艺术语言。每种绘画类型都可以影响学习食品雕刻设计制作的扩展能力。利用各种艺术的表现形式找出特征并运用在食品雕刻当中，这样作品的表现才会更加具有艺术感。

（三）绘画的主要造型语汇

1．透视

同样大小的物体越远越小，同样高低的物体，在视平线上方的，越远越低，在视平线下方的，越远越高，最后消失在视平线上。这种现象叫作透视现象。在绘画中，只有按照透视规律进行描绘，才能使在平面的画纸上所描绘的物象具有空间、立体的感觉。

（1）平行透视

一个正方形物体，其中只要有一个面与画面平行，画出的透视关系就是"平行透视"。其规律是物体与画面成垂直关系；与地面成平行关系的线，要消失在视平线上的一点，高于视平线的向下消失，低于视平线的向上消失；物体垂直于地平面的线永远垂直，只有近长远短的变化；物体与画面平行的线永远平行，也只有近长远短的变化。

（2）成角透视

当平放的方形物体的一个棱角对着视线时，出现了成角透视现象。成角透视规律是：有两个消失点，分别交集在视平线上的左右两边，画面上的垂直线永远垂直，只有近长远短的变化。

（3）圆的透视

透视圆形的弧度要圆顺均匀，近的半圆大，远的半圆小，两端不能画得太圆或太尖。确定两个大小不等的同心圆比例关系时，两个近边的距离大于两个远边之间的距离，两个圆左右两边的距离相等。

（4）圆形透视

客观物象（圆的切面）在视平线上下或视中线左右所产生的透视现象，称圆形透视。基本规律是圆形切面与视平线重叠时成一水平线，当远离视平线，越向上或越向下时，其呈现的椭圆面越倾向于圆。圆形切面与视中线平行重叠时成一垂线，当远离视中线，越向左或越向右时，其呈现的椭圆面越倾向于圆。"以方求圆"，只能在方形的透视图内，才能画准圆形切面及其透视关系。

2．比例

比例是指物体长度比较和分割关系。为了正确掌握物体的比例关系，往往应先确定整体比例，在此基础上再确定各部分的比例，物体的透视变形可以引起比例关系的明显改变，应当在理解透视规律的基础上去观察比较。

3．构图

构图是将绘画中的内容与形式，按照一定的主题与形式美法则，形成画面结构，把各局部或个别形象组成一个协调完整的艺术整体。构图水平的高低，一方面体现了作者对素材、题材、主题的挖掘程度；另一方面也体现了作者的构思水平和运用形式美的能力。

构图具体可分为直观构图、推理构图等，构图在绘画中占有重要的地位和作用。构图的基本形式有横向形、纵向形、圆形、十字形和 S 形等。构图的基本法则主要体现在两个方面：①要合理地搭配和组织形象，不能违背"多样统一"和"均衡"的原则；②要将组织好的形象妥当地安排在画面里，不能太大或太小，也不能太偏，应恰当安排。

（四）绘画的步骤

1．观察

首先对物体或景物作正面、侧面、俯视的观察和比较，然后确定作画的角度和位置。不同的视觉观察，就会形成不同的角度，那么作品最后的成型会形成不同风格。

2．定位

采取剔除或减弱明暗光影等方法，从整体出发，观察和找准物体的大致轮廓、组合关系以及它们在视平线上下与视中线左右的位置关系。可用辅助性的线或点标出，同时注意画面构图。

3．分析

用辅助线画出各物体的基本轮廓，然后开始分析、理解它们的形体结构、构造结构、空间结构、组合关系和透视关系。

4．刻画

用线条准确、深入地画出它们的形体结构、构造结构、空间结构、组合关系和透视关系，使它们具有一定的体积感、空间感，同时注意画面的内外结构线和主次结构线的虚实、疏密关系等内容的处理。

5．调整

最后对作品从细节到整体进行调整、修改，使画面主次关系明确，色彩协调，层次分明，整体效果突出。

从以上的绘画步骤可以得知每一个步骤的准确性将影响整个作品的最后效果。学习绘画步骤可以提高食品雕刻作品制作的层次感，有顺序地进行制作，在整体表现上不会出现过大的误差，也可以培养雕刻的心理稳定感。

二、素描知识

（一）素描的概念

素描是美术中最单纯的造型形式。广义上的素描指一切单色的绘画；狭义上的素描专指用于学习美术技巧、探索造型规律、培养专业习惯的绘画训练过程。

素描是人类造型艺术活动中最早、最基本的形式。原始人的岩洞壁画就其造型功能远胜于色彩功能这一点来说，即是一种广义的素描。用单色线条表现对象的外形，是人类视觉文化进步的一个标志，因为它必须将有色、立体的对象抽象为单色、平面的线条，实际上就是在平面上重新构造对象。在西方，直至中世纪以前，素描基本上是以草图的形式出现，处在从属于壁画等画种的地位。

美术的基础是造型，艺术造型是人按照自然方式进行的复杂劳动，需要恢复人的自然思维方式和操作方式，素描研究的对象是物体的基本形态和一般变化规律，基本形态有物体的比例、形状和明暗等结构形式，变化规律有透视缩变、视差对比等视觉因素。素描是一种正式的艺术创作，以单色线条来表现直观世界中的事物，也可以表达思想、概念、态度、感情、幻想、象征甚至抽象形式。它不像绘画那样重视总体和彩色，而是着重结构和形式。

素描的概念虽源于西方绘画体系，但从单色画的角度而论，中国画的白描、水墨画亦属素描的一种形式，它们都具有一般素描的各种基本功能。

（二）素描对食品雕刻的影响

素描主要是作为美术教学的基本功训练手段，它以锻炼整体地观察和表现对象的形体、结构、动态、空间关系、明暗、透视关系能力为主要目的。素描是造型艺术基础的重要组成部分，它的概念是属于美术专业的范畴，虽然与食品雕刻没有直接的联系，但有间接的影响。食品雕刻是一种造型艺术，如果雕刻者没有经过良好的素描练习，在食品雕刻造型上也会制作出一些单一的作品，但是这样无法提高食品雕刻作品的创作能力和设计能力。一件有创造性的食品雕刻作品，首先要进行合理设计，画出其初步的造型图案，再结合原料进行制作。练习素描就是培养在食品雕刻中的观察力、物体的空间结构以及比例关系等，使作品更加有"神"。一些雕塑艺术家之所以能把一种形象塑造得非常形象逼真，与其具备的素描造型功底有很大的关系。所以，具备一定素描造型基础，是提高食品雕刻技艺的前提。

（三）素描的表现

素描的表现方法大体可以分为两大类：一类是根据物体的结构，以线为主，准确地表现出物体的内部结构和透视变化，这种方法叫作结构素描；另一类是根据物体在光源照射下出现的明暗变化，以块面为主，注重表现物体的立体感、空间感和质感，这种方法叫作明暗素描。

1．比例与分割

比例是指物体间或物体各部分的大小、长短、高低、多少、窄宽、厚薄、面积等诸方面的比较。不同的比例关系形成不同的美感，观察与表现比例关系有个较好的方法，如先抓住相比关系因素的两极，再确定中间部分，依次分割下去，就可以确定出任何复杂的比例关系。

2．特征与基本形状

物体的形体特征是指物象都有自己的特征，使之相互之间得到区别。首先要对物体的形状进行概括与归纳，形成一个基本形的概念，如圆形的罐子、人脸、太阳、苹果，方形的房子、课桌、书籍、电视机等。因此，抓住了基本形状就掌握了形体的主要特征。

从形体的总体轮廓出发，对物体的原形进行简化，省去烦琐的细枝末节，以形成简单的几何形状。首先要抓住它的平面形，是方、是圆还是角；再看它的体积特征，属于立方体、球体还是柱体。在具体作画时，先目测高度，再目测宽度，最后作上、下的宽窄比较，就能把握住形体的基本特征。

3．明暗与调子

物体的形象在光的照射下，产生了明暗变化。光源一般有自然光、阳光、灯光。由于光的照射角度不同，光源与物体的距离不同，物体的质地不同，物体面的倾斜方向不同，光源的性质不同，物体与画者的距离不同等，都将产生明暗色调的不同感觉。在学习素描时，掌握物体明暗调子的基本规律非常重要，物体明暗调子的规律可归纳为"三大面五大调"。

（1）三大面

物体受光的照射后，呈现出不同的明暗，受光的一面叫亮面，侧受光的一面叫灰面，背光的一面叫暗面，这就是三大面。把握住这三大面的明暗基本规律，就能够比较准确地分析和表现对象细部的复杂形体变化，使画面显出立体感和空间感。

（2）五大调

调子是指画面不同明度的黑白层次，是体面所反映光的数量，也就是面的深浅程度。对调子的层次要善于归纳和概括，不同的素描调子体现出不同的个性、风格、爱好和观念。在三大面中，根据其受光的强弱不同，具体还有很多明显的区别，会形成五个调子。除了亮面的亮调子，灰面的灰调和暗面的暗调之外，暗面由于受环境的影响又出现了"反光"。另外，在灰面与暗面的交界的地方，它既不受光源的照射，又不受反光的影响，因此挤出了一条最暗的面，叫"明暗交界"。这就是"五大调子"。

当然实际画起来，不会只有这五种调子，种类还会更丰富。但在初学时，要把这五种调子把握好，在画面中树立调子的整体感，即画面中黑、白、灰的关系，运用好五大调子，表现画面的整体效果。

（四）素描的空间感

所谓空间感，是指物体的深度层次。在平面的图画中取得空间感一般采用以下四种方法。

1. 几何透视法

几何透视中最明显的现象就是平行线的汇聚，它像公路或铁路伸向远方时那样，越远越小，而越近就越大。利用几何透视原理，可以画出任何物体的空间距离。

①同样大小的图形，感觉远近相同；②不同大小的图形，感觉大的近一些，小的远一些；③相同大小的苹果，感觉远近一样；④不同大小的苹果，感觉大的近一些，小的远一些。

任何一个物体，由于它们所处空间与观者的位置不同，在图画中也有高低位置的区别，而出现空间感。俯视时，在图画中位置是距离近的物体低，远的物体高；仰视时，距离近的物体近的高，远的物体低。俯视时的图形，不同大小，距离远的高，近的低；同样大小，距离近的低，远的高。

2. 视觉透视法

当人站在高山上时，就会立刻发现，处于视线前面的花草和树木在阳光下有的明暗强烈对比，它们的形体和结构能够被看得清清楚楚。可是百米之外的这些物体，就不能被看得很清楚。如再看远一点，就会发现树林被披上一层蓝色，并感觉它们连成一片，随着距离的增加会显得模糊不清，这种视觉现象叫作视觉透视。产生这种现象的原因是物体彼此都围绕着空气，可见空气是不完全透明的。不管是室外写生还是室内写生，由于物体周围都围绕着不完全透明的空气，都会产生视觉透视。

可利用视觉透视的原理画出所有物体的空间距离。例如,画一个大半侧面的人头像,当它位于距离视线很近的一边时,应对它的明暗对比和形体结构很好地加以研究,并要充分地把它表达出来。当它位于距离视线远的那一边时,则处理方法也会随之改变,于是便能呈现出较好的空间距离。

3. 晕光衬托法

当一个物体与其他物体之间不易找出其几何透视的关系,也很难发现视觉关系的时候,会出现一种空间幻觉,仿佛在一个物体的后面有一些模糊的光带或光环,感觉它们依然有一个空间距离。如果在晴天的中午时分,走过公园就不难发现,在大树下的任何物体或人物都有这种联系,你会发现,树叶与树叶之间会形成一个个圆形的光环。若从光环中射出的一道道光带,再射到物体或人的背后,使物体或人突出在树叶的前方,就会造成空间距离。

在画人物画和石膏像时,常会用到这种带晕光衬托的方法,衬托时,可以采用有像背景或无像背景,在有像背景中可以处理一些光环或光带,在无像背景中可以在物体的周围画一层与边缘的部分相反色度的调子,而在物体的边缘的下部,画一层接近的色度调子,使其产生一些反光变化,这样可以将物体推向前面。

4. 焦点透视法

当人的眼睛看到物体的时候,一次只能集中在一点上,并会感到这一点十分鲜明清晰,而这一点以外的物体,距离这个点越远就越不清楚,这一点叫作焦点。利用这种视觉现象来表现物体空间透视的方法叫焦点透视。当要使前面的物体和后面的物体拉开空间距离的时候,就要把前面的物体画得具体而清晰一些,把后面的物体画得朦胧一些,从而就会有不同的空间感。如果想突出一个物体的主要部分,让别的部分处于次要地位,就把主要的部分充分而清晰地画出来,而将其他的部分画得模糊一些。

三、绘画的技法

(一)线和线条技法

素描的要素是线,但是线在实质上却是不存在的,它只代表物体、颜色和平面的边界,用来作为物体的幻觉表现。直到近代,线才被人们认为是形式的自发要素,并且独立于被描绘的物体之外。绘画是用线条来组成物体的形象,并且描绘于平面之上,即由线条形式引起观者的联想。例如,两条线相交所构成的角,可以被认为是某平面的边界,另外加上第三条线可以在画面上造成立体感。弧形的线条可以象征拱顶,反复刻画的线条可表现深度。人们可以从线条的变化当中,得到能够领会的形象。因此,透过线条的手段,单纯的轮廓勾勒可以发展成精致的绘画。

（二）用线条区分立体与平面

绘画的线条技法，需要平面技法的辅助。平面技法在使用炭粉笔时，在明暗对照上，可以使用擦的笔法。而最常使用的是毛笔画法，因为毛笔能发挥笔触的宽度和笔调的强度，并且能增加空间感和立体感。素描也可用多色画笔作为基本材料，用来加强绘画效果以及绘画的艺术性。至于色彩明暗，是为了加强和理清整体与部分的关系。这些可以运用线条的消失和中断来画出边界，形成平面，也可以将色彩置于边界之上。线条的粗细，能够表现物体的变化，甚至光和影的变化，也可以用线条的变化表现出来。

第二节　食品雕刻与白描

食品雕刻工艺作品的设计与图案的绘制，主要用白描的形式来表现。白描同样需要全面了解、学习绘画的基本知识，否则是画不好白描的。如果说素描让你知道如何观察事物的空间比例关系，那么白描就会使你懂得抓住事物的神态，也就意味着在食品雕刻中掌握轮廓定位的关系。白描作为一个画种，具有自己的特点和规律。

一、白描的概念

白描原是国画中的一种技法，即不着色彩，用墨线勾勒物象，突出其神韵，有的白描作品用于文章的插图。抓住描写对象的主要特征，用简练的语言，准确有力地勾勒出鲜明生动的形象。用鲁迅先生的话讲，就是"有真意，去粉饰，少做作，勿卖弄"。下面通过品味白描的典型范例，来分析白描手法的运用效果。

在中国画中，用线来表现物像的图画称为白描，也叫线描。白描也有用少量的淡墨渲染的。白描有单勾和复勾两种。用墨线一次勾成的叫单勾。单勾用一色墨勾成，也有根据不同对象用浓淡两种墨勾成的，如淡墨勾花，用浓墨勾叶。复勾是线用淡墨全部勾一边，然后根据画面的具体情况，复勾一部分或全部。复勾的线不能以原路刻板、重叠地勾一道，复勾的目的是加重画的质感和浓淡变化。

中国画按传统分类，从题材角度出发，可以分为人物、山水、花鸟。从技法角度出发，可以分为白描、工笔、写意。尽管新石器时代的先民们用线条在陶器上刻画各种花纹图案是单一的，但已刻画出中国的画的雏形，也深深地表达了中国画线的意志。白描手法运用在花鸟作品上时，是在艺术形象的塑造中对自然物象加以提炼概括形成的艺术风格。它形成的原因来源于中国画传统的写意观。白描花鸟画在艺术创造中，以自然生活物象为依据，但不局限于生活物象形体与色彩的真实，而是依据意象思维的原则，强调主题的需要。按照艺术美法则，对生活物象加以概括、提炼、省略、变形，把自然物象加以概括定型，使之规律化和理想化，使自然物象和艺术形式更适合主题的表达。这是对自然物象的特征加以主观强调的结果，也是中国画解决艺术创造与自然对立关系的一种巧妙手段。

二、白描线条的表现能力

（一）线的概念

因为线条本身就具有表现性和装饰性两种功能，白描画就是利用线条对自然物象作程式化、图案化的概括，利用线的轻重刚柔、提按顿挫，虚实收放等表现手法和疏密有致的法则，才形成其的装饰美和节奏感。线可视为两点间的距离，面的边缘，体积的边界，物体的轮廓，线还是对形和结构的一种示意和符号。线描技巧与水墨技巧尽管是相辅相成的，但毕竟是两个范畴。可以这样理解，水墨用笔的韵味刺激了线描用笔。线描用笔的宏观化及广义化涵盖了水墨用笔。这样写意里面的笔墨用线，从白描的角度看，它只是形式上的问题而已。传统的工笔用线称为"工性的线"，把写意的线称为"写性的线"。这样理解中国画的线的发展，就更清楚明了。"工性的线"越发展越理性、严谨、富于装饰性。"写性的线"越发展越感性、写意、灵动。两者之间有追求理性与感性结合的"兼工带写"。"写性的线"一路延着徐渭，经过石涛、朱耷、郑板桥、李鳝、赵之谦、吴昌硕、齐白石等，派生出现代水墨画。明清以来，中国画不但不会像一般评说的那样没有多大发展，而是有原创性的进步。

（二）线的特点

白描和其他绘画的方法相比，没有大的差别，只是在最后的表现形式上用线来体现。它以线"长"作为它明显的特点。直线和曲线是它的主要表现形式。绘画用的线，其不同的线型能表现作者宁静、欢乐、抑郁和各种变化的感受和心情。线描作为中国画用笔的主要表现形式，成为画家的重要绘画语言。绘画是视觉艺术，很难把艺术感觉说得精准，但从美术史学的角度，则要求有更清楚的阐述与更准确地批评。中华民族那神奇的中国画的线，讲究的是深层美感的潜质。

中国画的线条表现为刚柔结合，尤其在白描画中，线条的优劣是一幅画成败的关键。在表现线条时，要使笔墨结合形象的特点，线条的粗细浓淡，笔法的转折顿挫，要以所表现对象的质感、特色为依归，如以较细的线条画花卉的花瓣较易表现出其柔软娇嫩感；以稍粗的线条画叶与枝梗，较易表现出其硬而厚的质感；以落笔、收笔皆轻的细线条画禽鸟的羽毛，较易表现出羽毛蓬松而柔软的感觉。在画白描画时用笔力度最好以中度为主，用笔的速度要均匀，勾画出的线条要表现出"外柔内刚"的效果。

线描作为中国画的重要表现手法，在顾恺之出现之后才有了划时代的变化。《女史箴图卷》是中国画现存最古老的名画之一，全卷基本用线，略施淡彩。其用笔"紧劲连绵，循环超忽，调格逸易，风趋电疾，意在笔先，画尽意在"。俯瞰中国画的线的发展，从长沙出土的战国、西汉两处帛画，看出顾恺之的线是在其基础上的延续。顾恺之之前的画，图解性极强，势必影响、削弱线的功能的运用，使其流于简单、概念化而又潦草；而顾恺之的画会让你直接感受到他的绘画语言，"除体精微，笔无妄下""全神气也"。他自己认为"传神写照，正在阿堵之中"。它追求的是精神性的，"在思侔道化"中"得妙物于神会"。

（三）表现形体方法

运用线来构图绘画是中国画主要的造型手段，是构成中国画民族风格的一个要素。白描是运用线的轻重、浓淡、粗细、方圆、转折、顿挫、虚实、长短、干湿、刚柔等不同的笔法来表现物象的体积、形态、质感、量感和运动感的一种方法。线描具有独特的表现形式和造型规律，线的变化，要与形式美紧密相连，线的刚健、轻灵、凝重，都会由于多变的用笔方法，随之产生极为丰富的感觉。因此，白描可以根据表现内容和表现形式的需要，运用不同的形态，充分表现物象的千变万化。

表现形体应始终牢记从整体到局部，再回到整体的原则。在表现形体时，应注意不断运用比较的方法来关注整体。比较点的位置和距离的关系；比较线的长短、斜度、曲度、角度的关系；比较面的大小、形状和方向及透视缩形关系等。

三、白描的基本要领

（一）确定大体的比例结构

白描用于写景，只需几笔就可以勾勒出鲜明的画面，使人如临其境；用于写人，只需三言两语即可活化出人物的形神，使人如在眼前；白描用于叙事，只要寥寥几笔就可使事态毕现，生动形象。在表现形体和比例关系时，要借助几何形体的观察方法，即在大体阶段不要一头钻进细部的具体刻画，而是要把"复杂的形体简单地看"，把对象的形体化为简要的基本形体（长方体、正方体、圆柱体等）来观察和理解，始终抓住物象的大体比例、动势和基本形。

（二）深入刻画

具体地表现对象，整体是由各局部构成的，而各局部是从属于整体的，要深入刻画总是要从局部开始，但是在表现局部时，特别要保持整体观念，防止"只见局部不见整体，只见树木，不见森林"的错误观察和表现方法。例如，刻画叶梗、竹子的躯干时可采用"一字描"；画花瓣时可用连续弧线描。

（三）整体调整

在造型的最后阶段，应注意检查物象的比例、结构、造型特点是否正确，调整的原则是局部服从整体。以线描形，表现物体。对物体的结构、造型、比例等调整无误时，要根据形体的表面特征、受光变化、颜色浓淡、透视变形的因素，分别采用不同的线形，具体描绘形体，表现形体。

四、食品雕刻与白描的关系

白描的线条看似简单，主要表现对象的神，抓住特点、突出重点。在设计一件食品雕刻作品时，当主题确定之后，围绕主题展开图案的设计，这时候就用到了白描。如果白描练习不好，并不意味着雕刻作品就制作不好，只是最初设计的图案造型的元素少了一些，更多的图案造型不能更充分地表现出来。如果白描练习较好，对线条认识较深，对吉祥图案的了解较广，这样在设计图案时，更多的元素就可供调配，这就像烹调中调味料放得多少，决定了做菜时的味型能发挥多少。所以白描可以为食品雕刻作品带来预知的效果。对于初学者来说，最常用的方法就是"照葫芦画瓢"，当然这样也是最常见的方法，但不是最佳的方法。在学习各种刀法技能过程中，要学会总结经验，形成自己的特色，最终能把总结的经验在食品雕刻作品中得以表现。中国的传统艺术中，许多元素都可以用到食品雕刻当中，那么白描就是把传统艺术和食品雕刻连接起来，利用白描来设计一些适合当今餐饮宴席和菜肴的食品雕刻作品。

白描的表现不仅仅是在纸张上，在食品雕刻过程中也可以表现。相比素描，白描在画的程序上没那么繁多，但白描作品一定要显现出所画对象的神态，这是关键所在。在雕刻一些平面或球形作品时，如果对上面有些图案掌握不好，可以用白描的手法画在原料表面，再根据图案进行雕刻。例如，雕刻冬瓜盅，整体为球形，根据宴席和菜肴的主题要求，设计相关的图案，这时可用铅笔在冬瓜表面先画出比例适当的图案，再用画线刀画出明显的轮廓，这样普通的冬瓜经过一番"美化"，就变成了一件艺术品。尤其是在参加食品雕刻比赛前，要求作品要有创新和寓意，那么作品的最初设计就要靠白描来完成草图，经过几次修改，再进行实物雕刻，这样在进行白描的过程中，作品就初步在你脑海里形成轮廓。有些初学者不喜欢画画，当雕刻作品时，粗略地想想就开始动刀雕刻，如果雕刻的步骤可以按照粗略的想法进行，那还好；如果在雕刻过程中，忘记了作品的造型或者雕刻错了，也就意味着原料被浪费，作品失败。人的精力是有限的，有的时候旺盛，有的时候衰弱，能够充分利用好精力，最大限度地发挥好食品雕刻技艺，会使你取得很大的进步；而盲目地雕刻一件作品，或许会成功，但是进步却不明显。

第三节 食品雕刻与色彩

食品雕刻所用的原料都来源于五颜六色的果蔬烹饪原料，如何将这些原料进行色彩搭配，再经过雕刻的手法进一步搭配，是一个非常重要的问题。一件成功的食品雕刻作品，色彩运用得当，直观上就会给人视觉的冲击，反之，效果欠佳。

一、色彩的种类

在人类物质生活和精神生活发展的过程中，色彩始终焕发着神奇的魅力。人们不仅发现、观察、创造、欣赏着绚丽缤纷的色彩世界，还通过日久天长的时代变迁不断深化着对色彩的认识和运用。对色彩的认识、运用过程是从感性升华到理性的过程。所谓理性色彩，就是借助人所独具的判断、推理、演绎等抽象思维能力，将从大自然中直接感受到的纷繁复杂的色彩印象予以规律性的揭示，从而形成色彩的理论和法则，并运用于色彩实践。人对颜色的感觉不仅仅由光的物理性质所决定，如人类对颜色的感觉往往受到周围颜色的影响，同一种颜色在不同光照下，呈现出或深或浅的颜色。

在千变万化的色彩世界中，人们视觉感受到的色彩非常丰富，按种类分为原色、间色和复色，但就色彩的系别而言，则可分为无彩色系和有彩色系两大类。

（一）原色

色彩中不能再分解的基本色称为原色。原色能合成出其他颜色，而其他颜色不能还原出本来的颜色。原色只有三种，色光三原色为红、绿、蓝，颜料三原色为品红（明亮的玫瑰红）、黄、青（湖蓝）。色光三原色可以合成出所有色彩，同时相加得白色光。颜料三原色从理论上来讲可以调配出其他任何色彩，色彩加入了黑色纯度就会受影响，因为常用的颜料除了色素外还含有其他化学成分，调和的色种越多就越不纯，也越不鲜明，颜料三原色相加只能得到一种黑浊色，而不是纯黑色。

（二）间色

间色是由三原色中任意两种颜色混合而成。三原色相互混合可得出三种间色，红与黄调配出橙色；黄与蓝调配出绿色；红与蓝调配出紫色，橙、绿、紫三种颜色又叫"三间色"。在调配时，由于原色在分量上有所不同，所以能产生丰富的间色变化。

（三）复色

颜料的两个间色或一种原色和相邻的一种间色（红与绿、黄与紫、蓝与橙）相混合得复色，亦称第三次色。复色中包含了所有的原色成分，只是各原色间的比例不等，从而形成了不同的红灰、黄灰、绿灰等灰调色。

由于色光三原色相加得白色光，这样便产生两个结果：一是色光中没有复色，二是色光中没有灰调色。例如，两色光间色相加，只会产生一种淡的原色光，以黄色光加青色光为例，黄色光＋青色光＝红色光＋绿色光＋绿色光＋蓝色光＝绿色光＋白色光＝亮绿色光。

二、色彩的三属性

色彩的三属性为色相、明度、纯度，也称之为基本要素。

（一）色相

色相是指色彩的相貌。如果说明度是色彩的骨骼，色相就很像色彩外表的华美肌肤。色相体现着色彩外向的性格，是色彩的灵魂。例如，红、橙、黄、绿、蓝、紫，一眼就能看出来，这类颜色通常称为色相。

（二）明度

明度也可以说是同一色别的相对亮度，是各种纯正的色彩相互比较所产生的明暗差别，如红、橙、黄、绿、青、蓝、紫这七种光谱色中，黄色的明度最高（最亮）；橙色和绿色的明度低于黄色；红色和青色又低于橙色和绿色；紫色的明度最低（最暗）。受光强弱对色彩本身也能产生不同的明暗变化，如黄色本身明度就很高，光源直接照射的部分，不但明度高，色彩的纯度也高，没有被直接照射的阴影部分就显得较暗。在无色彩中，明度最高的色为白色，明度最低的色为黑色，中间存在一个从亮到暗的灰色系列。色相与纯度则必须依赖一定的明暗才能显现，色彩一旦发生，明暗关系就会出现。可以把这种抽象出来的明度关系看作色彩的骨骼，它是色彩结构的关键。在彩色中对色彩明度的认识有着很重要的意义，掌握各种色彩的明暗变化，以及恰当地运用色彩的明暗关系十分重要，当然也要注意在提高色彩明度的同时，色彩的饱和度有可能下降。

（三）纯度

纯度是指色彩的强弱、鲜浊、饱和程度，也称彩度。混入白色，鲜艳纯度降低，明度提高；混入黑色，鲜艳纯度降低，明度变暗；混入明度相同的中性灰时，纯度降低，明度没有改变。不同的色相不但明度不等，纯度也不相等。纯度最高为红色，黄色纯度也较高，绿色纯度为红色的一半左右。在现实生活中观察物体色彩，空气中介质密度大，色彩饱和度就小，饱和度相同的色彩，距离远色彩就比较清淡；空气中介质密度小，色彩饱和度就大，饱和度相同的色彩，距离近色彩就比较纯正。色彩饱和度变化的这种关系，能够使画面增加纵深感效果。色彩饱和度大小与物体表面结构有关，物体表面光滑，色彩饱和度就大。丝织品就比棉织品的色彩鲜艳。雨后的花草树木，就比雨前的色彩饱和度大。

三、色彩的调子

色彩中主调有明度的调子、色相的调子和纯度的调子。在主调运用时，要注意以现实环境为参考，增加调子的准确性。

（一）明度调子

①明度调子使人感到轻快、优雅、凉爽、柔软，是一种积极色调；②中明调子

给人一种柔和、甜美、稳定、平衡的感觉，是一种处于中性状态的调子；③低明调子给人一种肃穆、压抑、沉静的感觉。

（二）色相调子

色相调子指以一色或某一类色为主的调子，如暖色调（以红、橙、黄色为主）、冷色调（以蓝色系为主）。以红色为主的叫红色调，以紫色为主的叫紫色调。

（三）纯度调子

①高纯度调子表示积极，能激动人的情绪；②中纯度调子表示比较含蓄；③子表示高雅，容易调节混合，但比较消极。

四、色彩的冷暖

色彩本来是没有温度、不能感觉冷暖的，只有人的器官触觉才能感知冷热。色彩的冷暖是借用了器官感觉的词语，是绘画中的情感结合实际生活中的情感产生的联想。例如，看到青、绿、蓝一类色彩时常联想到冰、雪、海洋、蓝天，产生冷寒的心理感受，通常就把这类色彩界定为冷色，而看到橙、红、暖黄一类色彩，就想到温暖的阳光、婚庆、夏天而产生温热的心理效应，故将这一类色彩称为暖色。冷暖本来是人的机体对外界温度高低的感受，但由于人对自然界客观事物的长期接触和生活经验的积累，使我们在看到某些色彩时，就会在视觉与心理上产生一种常常是下意识的联想，产生冷或暖的条件反射。这样，绘画色彩学中便引申出"色彩的冷暖"，应用到实际视觉画面上去之后，也就构成了可感知的色彩的"冷暖调"。

色彩的调子又是借喻音乐的词语，形容画面的情感和气氛，假如想表现一个丰收的喜庆场面，最好选用黄、橙、红褐色画出一个热烈的暖调子；想表现一个幽静清爽的画面，如月光下的风景，多用蓝、绿色等冷色调。运用冷色多，画面就会出现冷调子，运用暖色多，就会出现暖调子；运用的冷色和暖色比例相当就会出现中间调子或冷暖对比的调子。用冷暖来界定物象色彩的对比，也是色彩结构关系中色彩之间的一种对比，并在对比中形成画面的层次感，又在画面统调中构建一种基调。一幅画中，光源色为暖色，如白炽灯光、阳光，那么物体的亮部为暖色，暗部为冷色。如果是日光或者其他自然光，则光源色为冷色，物体的亮部为冷色，暗部为暖色，当然这是将亮部和暗部进行对比来说。在整个画面中，所有光源笼罩区域，都要符合这个规则。

五、色彩的表情

色彩的表情是指因为人们长期生活在色彩的世界中，积累了许多视觉经验，视觉经验与外来色彩刺激产生呼应时，就会在心理上引出某种情绪。

（一）红色

红色是强有力的色彩，是热烈、庄严肃穆、冲动的色彩。在深红的底上，红色平静下来，热度在熄灭着；在蓝色的底上，红色就像炽烈燃烧的火焰；在黄绿色的底上，红色变成一个冒失的、鲁莽的闯入者，激烈而又寻常；在橙色的底上，红色似乎被郁积着，暗淡而无生命，好像焦干了似的。红色里加白色，淡化成粉红色系时，常给人以女性味道十足的心理触发，如浪漫、妩媚、婉约、温存、甜蜜、娴静、愉快、梦幻、娇柔、健康等。红色里加入黑色，成为深红色色系，包括土红、深红、绛红、赭石、咖啡、熟褐等色，表达出高贵、温暖、端庄、安详、宽容、沉稳、忠厚、诚实、苦涩、烦恼、悲伤等意味。

（二）橙色

橙色是十分欢快活泼的光辉色彩，是暖色系中最温暖的色。橙色稍稍加入黑色或白色，会成为一种稳重、含蓄、明快的暖色，但加入较多黑色，就会成为一种被烧焦的色；橙色中加入较多的白色会带有一种甜腻的味道。当橙色加入白色淡化为浅橙色色系时，呈现出象牙色、奶油色等。这类颜色常富于细腻、温和、香甜、祥和、精致、温暖等令人舒心惬意的色彩情调。当橙色加入黑色呈现出深橙色色系时，它给人以沉着、安定、拘谨、腐朽、悲伤等不尽相同的心理感受。

（三）黄色

黄色是亮度最高的色彩，在高明度下能保持很强的纯度。黄色的灿烂、辉煌有着太阳般的光辉，象征着照亮黑暗的智慧之光；黄色有金色的光芒，又象征财富和权力，是骄傲的色彩。黑色或紫色的衬托可以使黄色达到力量无限扩大的强度。白色是吞没黄色的色彩，黄色最不能承受黑色或白色的侵蚀，稍微渗入，黄色即刻会失去光辉。当黄色加入白色淡化为浅黄色系，如鹅黄、米黄等时，则给人文静、轻快、安详、洁净、香脆、幼稚、虚伪等印象。当黄色加入紫色或无彩色系的黑色与灰色，而生成新色系，如土黄、苍黄、焦黄等色时，会丧失黄色特有的光明磊落的品格，表露出卑鄙、嫉妒、怀疑、背叛、失信及缺少理智的阴暗心理，同时也容易令人联想到腐烂或发霉的物品。

（四）绿色

鲜艳的绿色非常美丽、优雅，呈现出宽容、大度的感觉，无论蓝色还是黄色的渗入，仍旧十分美丽。黄绿色单纯、年青；蓝绿色清秀、豁达。含灰的绿色也仍是一种宁静、平和的色彩。当绿色加白色淡化成浅绿色系时，会表露出宁静、清淡、凉爽、舒畅、飘逸、轻盈等感觉。当绿色加入黑色暗化为深绿色系时，则呈现出充满苍翠、茂盛，有着大森林的颜色感觉，表现出苍绿、深绿、橄榄绿、黛绿、墨绿等，能够触发出富饶、兴旺、幽深、古朴、沉默、隐蔽、安全等精神意念。

（五）蓝色

蓝色是代表博大的色彩，是永恒的象征。蓝色是最冷的色彩，在纯净的情况下并不代表感情上的冷漠，只不过表现出一种平静、理智与纯净而已。真正令人情感冷酷悲哀的色彩，是被弄混浊的蓝色。当蓝色加白色淡化成浅蓝色系时，使人联想到晴空万里时的天空或冰天雪地的颜色，蕴涵着轻盈、清澈、洁净、透明、纯正、卫生、清爽、缥缈等意味。蓝色加入黑色，呈现出神秘莫测的宇宙与深海的颜色，暗示出朴素、稳重、深远、智慧、严谨不朽等意境。

（六）紫色

紫色是非知觉的色彩，神秘，给人印象深刻，有时给人以压迫感，因对比不同，时而富有威胁性，时而又富有鼓舞性。当紫色以色域出现时，便可能使人产生恐怖感，在倾向于紫红色时更是如此。当紫色加入白色淡化成浅紫色系时，特别是呈丁香花色时，是少女花季时节的代表色，它显示出优美、浪漫、梦幻、妩媚、羞涩、清秀、含蓄等心理意象。紫色混入黑色化为深紫色系时，呈典型的茄子及葡萄的颜色，渗透着珍贵、成熟、神秘、深刻、忧郁、悲哀、自私、痛苦等抽象寓意。

六、色彩搭配与食品雕刻的关系

色彩是食品雕刻作品的外衣，掌握色彩知识能够有效提高在食品雕刻作品的整体布局能力。色彩知识容易理解，但难在运用。特别是进行有针对性的色彩设计，考虑的因素要多一些。色彩知识和化学、生物学、心理学等学科有间接的关系，同时色彩知识的掌握也可以在其他课程上运用，如《烹调工艺》《面点工艺》《冷菜工艺》等。

在颜色配色中，色彩的组合要遵循一定的原则，对色彩的轻重、强弱正确处理。将复合色中的颜色连接成圆形即组成色彩学上的色轮，在色轮中相互靠近的色为邻近色，相配比较容易调和，可产生一种和谐美，在色轮中相对的色彩为对比色，配合起来对比强烈，可以增加明快感。色彩能表达感情是由于人的心理特点和人的知觉、联想对色彩的心理反应。不同色相、明度和纯度的色彩会给人不同的冷暖、胀缩、动静的感觉。例如，红色是最鲜艳的色彩，富有热情、活泼、艳丽、强烈、兴奋、甜蜜、吉祥的感觉。绿色是森林的代表，体现深远、青春、和平、安详、智慧，可以使人联想到春天、树木、花、草，使人产生生机和活力之感。蓝色是蓝天和海洋的代表色，容易引起忧郁、沉闷和冷淡，橙色体现甘美、鲜亮、温情，使人联想到丰收与成熟，若过多使用，容易使人烦躁。

在食品雕刻作品配色时，要巧妙地利用原料的固有色进行调配。例如，用整个西瓜雕刻一朵牡丹花，利用红红的瓜瓤和外表的绿白皮，红白相间，绿色衬托，整个作品用夸张的手法对原料进行设计，显得新颖独特。从整体的角度设计食品雕刻作品，如为宴席设计作品时，应考虑食品雕刻作品与餐桌、菜肴的颜色是否匹配。虽然在绘画中色彩可任意调配，但在食品雕刻作品色彩搭配中，应尽量利用原料本身的颜色进行搭配，应考虑食品雕刻作品在各种环境下的效果，这里包括了灯光对作品的影响，盛器对作品的影响。色彩搭配在一件成功的食品雕刻作品中起到重要的作用。

七、色彩在食品雕刻中的运用

在食品雕刻中色彩最好的来源就是自然色，应有效地利用各种果蔬原料的自然色进行搭配制作。在形象生动的食品雕刻作品中，有些作品的整体颜色五彩缤纷，非常生动；有些作品的颜色单一，但却非常逼真。作品色彩的搭配还要取决于菜肴和宴席的主题要求。例如，盘头雕刻，作品和菜肴的颜色要有明显的对比度，同时还要考虑菜肴所使用的盛器的大小、形状、颜色等因素，毕竟盘头雕刻只是起衬托菜肴主题的作用。因此，雕刻作品的时候色彩要考虑得非常清楚。

（一）单色作品

在食品雕刻作品中，单色作品表现得要精细、纯度要高，一般用在商务宴席和庆功宴席中。选用的原料有白萝卜、南瓜、芋头、青笋、豆腐等，用一种原料作为主要表现方式。单色作品虽然没有鲜艳的颜色对比，但整体给人一种非常纯洁、别致的感觉，同时对雕刻者来说，是一种刀功的考验。作品整体为一种颜色，观赏者往往会注意作品的形象性和刀功的表现程度。单色作品就是利用精细的刀工、别致的设计来表现的。例如，用洁白的萝卜雕刻一件作品，在灯光照射下，晶莹透亮，犹如玉雕作品，放眼远视可以以假乱真；再如，用实质坚厚的黄色南瓜雕刻一条金龙，显得非常高贵、有气势。因此，单色作品的好坏就是要看其设计和刀功的精细水平。

（二）双色作品

双色作品在食品雕刻当中可大可小，常说红花配绿叶，就是一种简单的小双色作品的表现，通过颜色对比效果，突出主要部件，以一种颜色来突出另外一种颜色的重要性。例如，用南瓜雕刻一些热带鱼，再配上用白萝卜雕刻的水石，这样就可以突出热带鱼的形象性。另外，双色作品可在同一种原料雕刻中出现，如西瓜灯就是利用绿色的外皮和红色的内部果肉来表现的。

（三）多色作品

多色作品是以多种不同颜色的原料进行设计雕刻的作品，往往以鲜明的色彩冲击来吸引观赏者的眼球。"海底世界"作品中，各种颜色的鱼类、水草、水石等组合在一起，五彩缤纷。多色作品以大型雕刻较常见，主题要突出，如以儿童为主题，食品雕刻的作品形式要多样，能够烘托气氛，带来欢乐。色彩方面要鲜明，有对比，选择各种颜色的果蔬原料可以多一些，但不能乱，整体节奏感要强。

（四）调色作品

调色作品是食品雕刻中新兴的一种形式，它不是利用原料的自然色，而是用人工色素进行调色，来达到雕刻者对作品的要求。利用原料的自然颜色进行雕刻是有限的，琼脂雕刻就是满足一些雕刻者对色彩的要求，可调成许多的色彩，雕刻出不同风格的作品。另外，还有上色雕刻作品，利用调好的色浆，倒入喷枪里，对着雕刻作品进行喷色，效果也是不一样。不过这样的雕刻作品在使用范围上有局限性，毕竟是和菜肴进行搭配的，使用时要注意卫生问题。

第四节　食品雕刻与图案

图案是食品雕刻的设计元素，元素的多少决定了作品的设计与创新程度。食品雕刻作品的内容表现，使现代的食品雕刻作品富有创新意义，体现得更有寓意、内涵。结合中国传统的吉祥图案和现代的时尚元素，运用在食品雕刻中，好像整个作品不再属于食品雕刻的范畴，表现出很强的艺术性和视觉冲击。

一、吉祥图案的发展

吉祥图案起始于商周，发展于唐宋，鼎盛于明清。

中国是世界文明的发源地，悠久的历史和深厚的文化沉淀是先祖留给我们的巨大宝藏。中国传统吉祥图案便是这宝藏中最美、最绚烂的一部分。在漫长的岁月里，许多向往、追求美好生活，寓意吉祥的图案都巧妙地运用人物、走兽、花鸟、日月星辰、风雨雷电、文字等，以神话传说、民间谚语为题材，通过借喻、比拟、双关、谐音、象征等手法，创造出图形与吉祥寓意完美结合的美术形式。这种具有历史渊源、富于民间特色又蕴涵吉祥企盼的图案被称之为中国传统吉祥图案。几千年来，中国工艺美术中，传统吉祥图案具有如此鲜活的生命力，与我国民族文化的心理结构、文化渊源、情感表达方式有着密不可分的关系。

原始社会的巫术礼仪、自然崇拜使得最早的吉祥观念得以产生。据史书记载，早在尧舜之时的上古先民就已经崇拜天文，并视山河为神灵。

汉代出现的道教教义与儒学经学，其两者的思想相互影响，并与封建统治阶级的意志取得大融合，形成了封建社会上层的希求富贵、皇权永固、企慕长生不老、羽化登仙等祥瑞意念。在汉代的装饰图案中，就有吉祥汉字的出现。

隋唐之际，在与外来纹样的融合中，创造出了诸如宝相花、唐草纹和陵阳公祥等富有吉祥意义的民族新纹样。宋元时期，吉祥纹样不断受到来自道教、佛教以及民间的影响，题材也日益丰富多彩，表现手法多样。

明朝时期，随着商品经济的发展和市民阶层的活跃，封建上层意识与市民意识相互渗透、融合，传统的祥瑞思想转变为吉祥如意、福寿富贵等世俗化的吉祥观念。

清代装饰吉祥图案集历代之大成，达到了"图必有意，意必吉祥"的程度，把装饰吉祥图案发展到了极致，并被广泛应用于印染、织绣、服饰、工艺品、建筑彩画及民间艺术等各方面。其形式多样，名目繁多，是中华民族在持续不断达数千年的造物活动中，融合中国历代能工巧匠的智慧和创作设计才华，不断融合中国的道教教义、儒学经学、政治伦理和民情风俗，成为最具民族文化特色的装饰艺术造型设计体系。

明清丝绸吉祥纹样的题材十分广泛。花草树石、蜂鸟虫鱼、飞禽走兽、无不入画。貌似平凡，其中不乏真趣与深情。一般有三种构成方法：一是以纹样形象表示；二是以谐音表示；三是以文字来说明。

在中国民间，流传着许多含有吉祥意义的图案。每到年节或喜庆的日子，人们都喜欢用这些吉祥图案装饰自己的房间和物品，以表示对幸福生活的向往，对良辰佳节的庆贺。以纹样形象表示，也就是将一些动植物的自然属性、特性等延长并引申，这是吉祥图案中最为常见的手法，如以龙、凤、蟒来象征权贵。从古至今，龙是中国古代的吉祥神瑞，被视为中华民族的图腾，具有至高无上的地位。龙纹在我国工艺美术中运用极广，经过历代艺人的加工演变，形象从虚构愈见具体。明代的龙，集中了各种动物的局部特征，如牛头、蛇身、鹿角、虾眼、狮鼻、驴嘴、猫耳、鹰爪、鱼尾等。清代的龙纹则规定为"九似"，即角似鹿，鳞似鱼，爪似鹰，掌似虎，耳似牛，身似蛇，头似驴，眼似兔，鼻似狮，绝不能混淆。从姿态上分，又有团龙、坐龙、行龙、升龙、降龙等名目。实际上，在明清两代，五爪金龙已成为皇室专用纹饰。

（一）鱼纹

鱼形在彩陶上的变化极其丰富。一条鱼虽然只有寥寥数笔，但是鱼的形、神都表现得非常生动，结构也极巧妙。在彩陶上的这些金纹，还有人面鱼纹、舞蹈纹、植物纹、编织纹等，显示了古人高超的装饰技巧，彩陶图案不愧为中国传统艺术的珍宝。

（二）植物纹

植物纹是彩陶上应用非常普遍的一种纹样。有类似卷瓣花朵纹样的旋花纹，还有以单叶为衬托，用不同形式组织起来的叶状纹。植物纹又常与象征果实或者花蕾的圆点联结起来，而这些黑点很有节奏地装饰在流利多变的线条、块面中，展现出优美的韵律和瑰丽多彩的艺术效果。

（三）结

在中国传统装饰中，常看到有以多种姿态表现的彩带和"结"组成的图案。"结"的运用使人联想到"结发""结盟""永结同心"等一切喜事美景，是民间极喜爱的美好语言，也是幸福、吉利的标志。后来又发展出彩带与"结"相配合组成的种种图案，如"吉庆有余""八吉""吉祥如意""绶鸟衔结"等，这些图案被广泛应用，是中华民族所特有的吉祥语言。

（四）如意

"如意"是一种象征瑞祥的器物，是用骨、竹、玉、石、金属等制成。"如意"的一端作手指状，用以挠痒可如人意，故而得名。佛家宣讲佛经时，手持"如意"，记经文于上，以备遗忘。后来"如意"的柄端被改成灵芝形或祥云形，稍弯曲，造型优美，供玩赏用。"如意"寓意吉利、形象美观，因此被视为民间极其喜爱的装饰图案。

（五）祥云纹

云是中国图案上的重要装饰形象。古人在铜器、石刻、漆器、壁画、服饰上创造的云形层出不穷。中国意象的云形，不仅形象丰富生动，且具有中国图案独特的意境美，飘逸缤纷的流云伴随着神仙、神禽、宝物等，犹如在眼前呈现一片笙歌悠扬、腾云驾雾的神幻气氛。云纹在装饰形象上有行云、朵云、层云、片云、团云，还有云海、云气等。在装饰意义上多以祥云来表现。

二、吉祥图案的变化原则

（一）具象与抽象

具象题材中的抽象运用，体现在吉祥图案的题材中。这些题材直接或间接源于自然和平民生活中常见的动植物、器皿、用具等。吉祥图案在造型中不受具体形象的限制，往往服从视觉上的快感，突破平凡的樊笼，体现出抽象形式的艺术美感。具象绘画虽以具体物象为主要依据，但是作者在创作过程中，所追求的不是逼真的生活形象，而是要塑造出最能表现出对生活的独特感受和鲜明的艺术形象。

（二）对称与均衡

对称与均衡是吉祥图案构图的惯用手法。每个吉祥图案常常位于作品的中心线或中心点，在其左右、上下或四周（三面、四面、多面），配置同形、同色、同量或不同形（色）但量相同或近似的纹样，这种组成形式称之为对称与均衡的构图。其中对称与不对称是依据纹样占据空间位置的状况而言的，它交代了吉祥图案组织单元的布局；而均衡与不均衡指的是纹样各部分力量分布的状况，它决定着吉祥图案整体的平衡美感。通过对称与均衡的构图手法，吉祥图案表现出一般描绘图案不同的视觉效果，更加具有组织性，这正是吉祥图案具备装饰属性的重要前提。

（三）单一与繁复

传统图案的繁复是有别于现代美术的，传统吉祥图案的繁复绝不是简单的罗列，单纯的重复，它更加讲究在纷繁中体现出节奏与韵律、对比与调和，将疏密、大小、主次、虚实、动静、聚散等进行协调组织，做到整体统一、局部变化，局部变化服从整体，即"乱中求序""平中求奇"。这便增加了吉祥图案的层次和内涵，但从装饰应用的角度看，它对加工工艺的要求显然是比较苛刻的。例如，春秋战国的铜镜，秦汉的瓦当、画像石，南北朝石窟壁画，隋唐碑雕、石刻，宋代陶瓷、织锦等，都作有丰富精彩的"吉祥"图案。元代之后，吉祥图案于民间广泛流行，至明清而大行其时，成为一种普遍的民俗现象。俗语曰"图必有意，意必吉祥"。此时的吉祥图案，除仍用于建筑、车舆及日用器物之外，已将应用的中心挪移到织物以及衣帽鞋履等服饰审美文化方面。

三、食品雕刻与吉祥图案的关系

图案是与人们生活密不可分的艺术性和实用性相结合的艺术形式。生活中具有装饰意味的花纹或者图形都可以称之为图案。图案是实用和装饰相结合的一种美术形式，它把生活中的自然形象进行整理、加工、变化，使之更加完美、更适合实际应用。系统地了解和掌握图案的基础知识和技能，不仅能提高对美的欣赏能力，而且还能在实际应用中创造美，得到美的享受。

在食品雕刻工艺中图案的设计源于中国传统的吉祥图案，在中国民间，流传着许多含有吉祥意义的图案。每到年节或喜庆的日子，人们都喜欢用这些吉祥图案装饰自己的房间和物品，以表示对幸福生活的向往和对良辰佳节的庆贺。同样，可以把这些吉祥图案应用到食品雕刻中，让它在饮食艺术中得以发挥。

第五节　食品雕刻与形式美原理

人们在长期审美活动基础上，总结出各种既有区别又有联系的形式美原理，它们随同形式美的发展而有一个从简单到复杂的生成、演变过程。在食品雕刻作品的设计中，要按照形式美原理，把作品完成得更加完美。

食品雕刻的作品设计在传统吉祥图案的基础上，还要遵循形式美原理，这也是在造型艺术中应该重视的方面。一件好的食品雕刻作品，不仅要有细腻的技法，还要有美观的造型组合。形式美是在人类长期的生产劳动实践，包括审美创造和审美欣赏活动基础上形成并发展起来的。一方面，人类在活动过程中，通过对对象和活动本身各种形式特征的不断认识和反复比较，逐渐形成和发展出人所特有的对于形式的要求和把握能力；另一方面，在人类活动（包括审美活动）中，对象本身所具有的各种形式因素及其不同的组合关系，日益明显地体现了人的生命需要和情感色彩，越来越直接地呈示出人的生命运动规律，从而日渐具体地成为一种满足人的生命和情感的存在。这些表明，形式美作为一种人的对象性存在，它的形成和发展，不是一个纯自然的过程，而是历史文化积淀的成果，是与人相关的。所以，尽管形式美的特点在于它撇开了具体对象和活动的内容，概括了对象和活动的共同形式特征，但是人们从它那里却总是可以深刻地感受和体验到生命的意义。例如，看到红色的火焰、飘扬的红旗、大红的对联，人们便会产生热烈、兴奋、喜庆的感受。概括起来，形式美的原则主要有统一与变化、对比与调和、对称与均衡、比例与适度、节奏与韵律以及虚实与留白。

一、统一与变化

（一）统一

统一是指性质相同或相类似的东西拼置在一起，给人一种一致的感觉，图案中的统一是秩序的体现，是共性的东西起主导作用。图案中有了统一，才会有完整、周到、稳定、静态等特点，若对其处理不当，就会使图案变得单调、呆滞。

（二）变化

变化是指性质相异的东西拼置在一起，给人造成显著对比的感觉。图案中的变化是设计者智慧与想象的体现。它抓住了事物的差异性并加以发挥。图案的变化具有生动、活泼、动感等特点，若处理不当会显得杂乱。

统一与变化是一切形式美的基本规律。在食品雕刻中通过统一与变化的应用，表现出作品适合大众的审美观，具有广泛的普遍性和概括性。例如，用同一原料雕刻八匹骏马，造型不同，作品整体形象生动，若单独看一匹骏马，表现形式就很单一。

二、对比与调和

（一）对比

对比就是强调事物之间的差异性，对比的因素产生于相同或相异的事物之间，在设计中把任意两个要素相互比较时，就会产生大小、明暗、疏密、远近、硬软、浓淡、动静的对比因素。将这些对比因素编排在同一平面作品之中，就能够创造出平面构成中最简单、明快的对比关系，产生强烈的平面视觉效果。

（二）调和

调和就是强调事物之间的近似性，它是表现对比要素在相互比较时所产生的共性。平面设计中的调和就是在视觉上创造对比的和谐，按照相互协调的原则在平面中编排各要素，以形成作品的基调。在平面设计中，如果对比的要素过多，就会产生逻辑上的冲突，作品的基调就会变得模糊不清。因此，调和的处理就要将对比要素挑选出来，有所取舍，突出重点。

对比与调和是相辅相成的，在平面构成中，一般整体的体感或连续的平面构成宜采用调和处理，而局部或单独的平面构成则适合做对比处理。例如，在食品雕刻中设计作品的画面要有层次感，形成强烈的对比，内容上的联系又产生调和。强烈的动静对比、强烈的反差对比、直观的对比，使主题更加突出。通过对比的处理，使图案具有多样性，才会有醒目、突出、生动的效果；但对比过渡，便会失去平衡、美感，所以对比时要注意"照应"。食品雕刻中的每一件作品都具有内在对比、整体与局部的对比、局部与细节的对比等，只有通过调和的处理才能使对比显得更加"真"。

三、对称与均衡

（一）对称

对称是一种等量等形的平衡。两个同一形状的并列就是最基本的对称，对称的形式主要有以垂线为轴线的左右对称，以水平线为轴线的上下对称和以对称点为中心的放射对称。对称的特点就是表现稳定、平衡和完整。

（二）均衡

均衡是一种等量不等形的平衡，均衡表现的不是物理量上的平衡，而是感觉上的平衡。在设计中，图形与文字、图形与图形、色彩的明度与纯度、人与动植物、物体的运动与静止均可以表现出一种均衡。因此，均衡形式的运用特别富于变化，其灵巧、生动的表现特点是对设计者创造力的一种体现。

在食品雕刻中，几何体作品，包括作品的雏形都需要对称与均衡。例如，雕刻一座古塔，古塔本身利用对称进行调节，但只有对称会显得作品单一、没生动感，那么在古塔周围放上一些雕刻的花草进行点缀，这样均衡感就有了。所以均衡会使作品显得更加有趣味，富含创新理念。

四、比例与适度

（一）比例

比例是指平面构成中整体与部分，部分与部分之间的一种比率关系。优秀的平面构成作品，首先要具有符合审美规律的比例感。这并不需要精确的几何计算，只是直观判断平面构成在视觉上是不是让人感到舒服。

（二）适度

适度就是人根据生理或习惯的特点处理比例关系的感觉，也是设计师如何使平面构成从视觉上适合读者视觉心理的处理技巧。良好的平面比例控制是平面设计者最基本的艺术修养与审美情趣的体现。

在食品雕刻作品中，比例与适度是学习之初不容易掌握的技巧。虽然它容易理解，但在实际应用中会遇到困难，如雕刻出的作品会与原物不像。刀法掌握好了，在每个步骤上也比较细化，但如果比例掌握不好，那么作品的整体感觉会不好。例如，雕刻一位寿星，头部、身体、拐杖等部位雕刻得都较好，但就是"不像"，这就是因为比例没有控制好。

五、节奏与韵律

（一）节奏

节奏源于音乐上的术语，是指按照一定的规律重复连续的律动形式。设计中的节奏则表现为作品构成中的各要素按照连续、大小、长短、明暗、形状、高低等所做的规则排列形式。例如，文字的重复，文字内空白的重复，相同形状和大小的图形的重复，图形位置变化的重复等，它能够引发人们对平面节奏美的体验。

（二）韵律

韵律是一种律动起伏变化的表现形式。在设计中可以通过各要素的轻重、强弱、明暗来强调节奏的变化，以表现不同的设计情调，意在通过对某种规律的变化创造一种新的形式美。但是对韵律变化要把握好一定的度，否则，就会失去秩序感、节奏感以及韵律带给人的美感。通过以下几种方式可以营造节奏感。

①利用方向的渐变，可以营造跳跃的节奏；②通过方向和疏密的变化，产生轻重缓急的节奏；③通过排列形式的变化，产生由静到动的节奏。

节奏与韵律在食品雕刻中表现得较多，但是表现较好的不多。也就是说在不同的作品制作中都会出现节奏和韵律的现象，这可以说是一个步骤，在这个步骤中运用得当，作品会有一种强烈的视觉冲击感、增加艺术性。艺术的灵感源于生活，生活中的点滴小事都会激发雕刻作品的设计灵感。

六、虚实与留白

（一）虚实

虚实是平面空间的一对矛盾统一体，"虚"就是指虚形，它是对平面心理空白的比喻，"虚"并非空白无物，只是它的存在被"实"弱化了。而"实"就是指实形，它是平面中看得到的图形、文字和符号等。虚实关系是对平面的整体感觉的判断。因此，在平面构成中单一的元素是不会产生虚实关系的。

（二）留白

留白就是处理"虚"的具体方法。留白的形式、大小、比例，决定着平面作品的感觉。它最大的作用是使平面主体更能引人注意。在平面编排中巧妙地利用大量空白衬托主题，就会起到集中视线和创造平面的空间的作用。以下是几种表现虚实关系的手段。

①平面左空右满，形成一虚一实的独特空间关系；②左动右静的构成，也是表现平面虚实关系的手段；③黑白各占1/3的面积，为中间的主题创造了强烈的表现空间；④黑白比例相同时也会产生一种辩证的虚实关系；⑤留白烘托主题，渲染气氛，强调个性。虚实与留白在书画上用得比较多，在食品雕刻中主要用在平面雕刻

和花色拼盘方面，有时在餐饮展台中也会出现。如果作品内容太多，显得拥挤杂乱，太少显得空旷单调，该多不能少，该留的不能舍。在食品雕刻作品中有平面雕刻和瓜雕等技法，这里就会用到虚实与留白。

第三章　食品雕刻的技能知识与设计

第一节　食品雕刻的技能知识

一、食品雕刻的原料

了解食品雕刻原料的性质，可以在设计雕刻作品时得到帮助。如何选择原料，让作品不受原料等因素的约束，顺利地完成雕刻作品呢？这就需要了解食品雕刻原料的分类，掌握食品雕刻原料的选择原则。

（一）食品雕刻原料的分类

1. 常见果蔬类雕刻原料

（1）青萝卜

青萝卜体形较大、质地脆嫩，适合雕刻各种花卉、动物、风景建筑等，是比较理想的雕刻原料，秋、冬、春三季均可使用。由于青萝卜含水分较多，在雕刻一些精细的作品时效果不是很好，纹路不是很清晰，层次感较弱。在使用胶水连接原料时，应用干毛巾把原料的连接处擦干净，以便连接牢固。

（2）胡萝卜

胡萝卜体形较小，颜色纯正，适合刻制各种小型的花、鸟、鱼、虫，也可以把小块的胡萝卜组合在一起雕刻大型的作品，如龙、麒麟等。在使用胡萝卜作为雕刻原料时，应注意胡萝卜的新鲜程度，新鲜的胡萝卜质地较脆，在切口处容易出现分裂现象，所以加工时应使用利刀、慢刀操作。

（3）心里美

萝卜又称红菜头，由于色泽鲜红、体形近似圆形，因此适合雕刻各种花卉。心里美萝卜是雕刻花卉作品较理想的原料，如何挑选色泽红艳的心里美萝卜也有技巧：首先，从整体看个头不要偏大，尽量均匀；然后再看表皮，颜色要翠绿发光；最后，还要掂重量，感觉大小和重量的比例适当为宜，因为有的看起来个头大，切开后里面颜色发白。

（4）红薯

红薯质地细腻，可以刻制花卉和人物。这两种原料虽然质地坚硬，但都是含酶的原料，容易氧化变色，在雕刻时应加以注意。不过红薯特有的颜色和质感在雕刻作品中显现得很有特点，特别是雕刻龙、人物、山石等，效果较佳。

（5）白菜、圆葱

这两个品种的蔬菜用途较为狭窄，只能雕刻一些特定的花卉，如菊花、荷花等。在用白菜雕刻菊花时，作品的效果要远远好于用白萝卜雕刻的菊花。圆葱雕刻荷花也有另外一番风格。

（6）冬瓜

冬瓜皮色青，肉色白，肉质细嫩，呈椭圆形。小冬瓜可雕刻冬瓜盅，大冬瓜可雕刻龙船、风船等，也可雕刻平面图案。冬瓜的绿皮非常受雕刻者的青睐，它可以作为点缀物在作品中起到颜色形状过渡的作用；同时整个冬瓜可用于浮雕作品。

（7）西瓜

西瓜皮有深绿、嫩绿、花纹等色，内肉有红、黄等色，呈圆形或椭圆形。可利用其外表的颜色、形态，刻制各种浮雕图案。小西瓜直径 15～18cm，可雕刻西瓜灯等；大西瓜直径 15～25cm，可雕刻瓜盅、瓜灯、龙船等。西瓜多用于瓜雕、层次感较强的扣环。在雕刻时应注意西瓜的品种，应选用皮厚的，这样扣环不容易断裂。

（8）南瓜

南瓜又称牛腿瓜，皮色有深绿、嫩绿、橙色等，瓜肉有橙、黄等颜色，呈长圆形、椭圆形或扁圆形。可利用其外表的颜色、形态刻制各种浮雕图案，其肉质脆嫩，可雕刻各种大型人物、动物、瓜盅等。南瓜的颜色和质感是雕刻人物、动物非常理想的原料。由于产地、品种不同，颜色的深浅也不同，所以在雕刻作品时应选用同一品种的原料。

（9）黄瓜

黄瓜皮色深绿，肉色嫩绿，呈长条形，可雕刻小型花朵和草虫，如四瓣花、蛐蛐等，也可以作为菜肴围边。

（10）其他蔬菜

红辣椒、青椒、香菜、芹菜、茄子、红樱桃、葱白、赤小豆这些品种主要用来作雕刻作品的装饰。

（11）生姜

生姜的外形各异，可利用其特征在食品雕刻中造型"山石"，如"海底世界"中的"水石"，"群鹤戏舞"中的"碎石"等。

（12）莴笋

肉色嫩绿，质地翠绿，呈长形，可利用其颜色雕刻禽鸟、花卉、点缀物件作品，如翠鸟、螳螂、小花、小草等。

（13）茭白

肉质细嫩，颜色奶白，可雕刻一些花卉，如白玉兰、莲花等。

（14）芋头

芋头的体形有大小之分，如荔浦大芋头可雕刻一些大型作品，是一种常用的食品雕刻原料，不过要注意的是芋头雕刻时容易氧化变色，可用稀释后的白醋喷洒作品以防变色。

（15）水果类原料

水果类原料一般在雕刻上用于水果拼盘，它与食品雕刻一样，需要经过正确的学习与练习。从水果的色泽、形状、口味、营养价值、外观完美度等多方面对水果进行选择。选择的几种水果组合在一起，搭配应协调。最重要的一点是水果本身应是熟的、新鲜的、卫生的；同时注意制作拼盘的水果不能太熟，否则会影响加工和摆放。制作水果拼盘的目的，是使简单的个体水果通过形状、色彩等几方面艺术性地结合为一个整体，以色彩和美观取胜，从而刺激客人的感官，增进其食欲。根据选定水果的色彩和形状，进一步确定其整盘造型。整盘水果的造型要用器皿来辅助，不同的艺术造型要选择不同形状、不同规格的器皿，如长形的水果造型便不能选择圆盘来盛放。另外，还要考虑到盘边的水果花边装饰，也应符合整体美并能衬托主体造型。

1）橙子

形状较大，颜色黄中透亮，气味芳香。加工时可切成半圆片，也可切成瓣状，如四瓣、六瓣，再把果肉与果皮脱离进行艺术加工，呈"花瓣状"。

2）哈密瓜

肉质丰满，有一定的初性，可加工成球形、三角形、长方形等几何形状，形状可大可小，通过美术拼摆，既方便食用又具有艺术造型。另外，利用瓜类表皮与肉质色泽相异、有鲜明对比度这一特点，将瓜的肉瓢掏空，在外表皮上刻出线条的简单平面，将整个瓜体制成盅状、盘状、篮状或底衬，效果较好。这类水果需配食用签。

3）荔枝

这一类水果形状较小，颜色艳丽，果肉软嫩，含汁多，多用于装饰或点缀瓜盅、花篮等盛具的内容物。

4）苹果

颜色有红绿两种，根据颜色可以加工成"花瓣状""枫叶状""几何体"。由于苹果容易氧化变色，可以加工好后经淡白醋水浸泡片刻再用。

2. 特殊雕刻原料

（1）琼脂

琼脂又名冻粉，是一种可食性原料，是用石花菜提取物制成的，是一种重要的植物胶，无色，无固定形状，可利用它透亮的凝固状雕刻一些造型。琼脂雕色泽可随意调配，作品亮透诱人，现在多用来作为食品雕刻的原料。琼脂雕的优点是原料可以多次使用，作品摆放长时间以后可能会被损坏，这样还可以把它融化后重新雕刻，反复使用。所以说，它是雕刻的最佳原料。琼脂在食品雕刻中应用最为广泛，具有成本低、易成形、可雕性强、可反复使用的特点，而且可以在其中任意添加各种颜料，成品色彩斑斓，晶莹剔透。

（2）豆腐

利用豆腐特有的质感，加以雕刻手法在水里制作完成作品，对雕刻者刀法的要求较高。豆腐作为雕刻原料，使用范围不是很大，在展示个人技能比赛中出现较多，在特定主题和客人要求下才使用豆腐雕刻，但作品表现特别，引人注意。

（3）黄油

其味道独特纯香，含有丰富的营养物质，是牧民招待宾客的佳品。黄油雕是最早源自西方的一种食品雕塑，常见于大型自助餐酒会及各种美食节的展台。推出这种艺术表现形式，可以增加就餐的气氛，提高宴会的档次，营造出一种高雅的就餐环境。

（二）食品雕刻原料的选择原则

1. 根据雕刻作品的主题选择原料

食品雕刻作品所营造的气氛，比较适合菜肴主料或辅料，作品与菜品之间有着密切的联系。如果菜品的主料是鱼，雕刻作品可设计成浪花、鱼或鸬鹚、水草与之进行组合；如果菜肴主料是禽类，雕刻作品可设计一些荷花、荷叶、莲蓬与之进行组合；如果菜肴主料是家畜类，雕刻作品可设计一些花卉或相应的家畜类造型；如果菜肴的形状较为细小（丁、丝、片），可将其分装在雕刻好的小盛器里，这样既美观又卫生，可进行分餐制，雕刻小型盛器的形状有小框、小篓、瓜盅、瓜罐、木桶、小船等，注意形状要与菜肴雕刻主题相呼应。

2. 根据季节选择原料

根据季节确定主题，合理选择原料。在不同的季节里，选择雕刻原料时应注意：选择的原料尤其是坚实部分必须是无缝无瑕，纤维整齐，细密，分量重，颜色纯正。因为食品雕刻的作品，只有表面光洁、具有质感才能使人们感受到它的美。

例如，雕刻一只凤凰，可根据原料的形状设计凤凰的姿态造型，因为原料有大有小，如果能根据原料的形状来设计作品，既节省原料，又活跃雕刻思维。在设计雕刻作品时，要巧妙裁剪，合理设计，就像服装设计师在一块布上设计出好看的服装。对于规定的作品，在设计时可以看情况拼接原料达到效果，如雕刻一条大型"腾龙"作品，南瓜算是较大的原料，但也满足不了设计需要，那么就将原料进行分解，再进行拼接。当雕刻作品完成后，会发现一些废料也可以雕刻，利用废料设计一些小作品，才能做到物尽其用。

3．根据原料特点设计作品

设计雕刻作品不要进入误区。一般情况下，挑选雕刻原料就像买衣服，要精心挑选，找到一些符合设计的原料，不过这适用于雕刻手法较好的人，对于初学者来说，没有必要雕刻每一件作品都要选来挑去，可以反向思考，利用原料本身的形状设计作品，反而会培养自己雕刻的应变能力和设计思维能力。当食品雕刻技术练习到一定程度时，可根据宴席主题设计雕刻作品，做到有针对性地选择原料。如果在工作中有雕刻任务，由季节性等原因，原料没有合适的，那么就要用现有的原料进行构思。如果平日练习时，多注意这一点，在实际工作中会方便很多，这样既控制了时间，又锻炼了自己。与其让时间控制自己，不如让作品控制时间。

二、食品雕刻的刀具

食品雕刻所使用的刀具，如同十八般兵器，各有所长。在形式多样的雕刻作品中整体造型都是由各式各样的工具来完成的。每一种工具型号不一，表现的形状纹路也不同，不同种类的工具，使用技巧也有差异。

食品雕刻制作精细，技艺性很强，必须使用专用刀具和模具。这些刀具的种类是根据食品雕刻艺术流派而分的，所以，除市场销售的产品外，专业人员根据实际操作的经验和对作品的具体要求，也可以自行设计制作食品雕刻工具。食品雕刻的刀具归纳如下：

（一）切刀

切刀主要用于将原料加工成大体轮廓，将其切成块、片、条等形状，大小如二号西餐刀。在雕刻大型作品时，有些部位需要连接，连接面之间就必须平而吻合，切刀因操控容易，受力均匀，加工的形状比较符合要求，只是体大不方便携带。切刀在雕刻作品中，用于作品大体骨架的定位。无论是雕刻大体轮廓，还是去皮切块，对操作者的刀功基本功要求都较高。例如，在雕刻建筑类作品时，因为建筑物体大多有棱有角，而且相互平行，那么在具体雕刻前，就需要用切刀对建筑体进行初步的加工，如果刀功不扎实，作品的稳定性和平衡感就不是很好。许多初学者在基本功练习中，往往会失去信心，因为基本功的练习有时是枯燥的，但是就基本功而言，养成良好的操作习惯，将会受益终身。在使用雕刻刀具过程中，要"正确握刀，准确下刀，经常磨刀，合理运刀"。在制作大型雕刻展台时，各种大型作品都要烘托气氛，切刀的在这时用途较广。无论是什么样的雕刻作品，切刀都是雕刻刀具中最基本、最常用的刀具。

（二）平口刀

平口刀在食品雕刻行业中也被称为主刀。平口刀在雕刻过程中使用率高，最为普遍，是不可缺少的工具。在切刀的配合下，用平口刀来完成具体"任务"。现在在食品雕刻刀具市场上，平口刀的品牌也逐渐增多，由于门派风格的影响，平口刀的种类也在变化，所以在选择平口刀时，可根据自己的用刀习惯来确定。平口刀一般有大小两种型号：大号平口刀长度略长，适用于雕刻较大、较厚的物体；小号平口刀多适用于雕刻整雕和结构混杂的雕刻作品，其用法灵活，作用广泛。

（三）戳刀

戳刀是平口刀的辅助刀具，平口刀不能完成的雕刻造型或当造型风格不一时，戳刀可以派上用场。戳刀在食品雕刻作品制作中，使用率也比较高。戳刀的种类多达数十种，一般有 V 形刀、U 形刀、L 形刀、O 形刀、W 形刀及弧形戳刀等。由于创新食品雕刻的出现和雕刻工具的变化，有的戳刀用途减少，有的甚至被淘汰，常用的戳刀有 V 形刀和 U 形刀。这两种型号不同，可根据不同的雕刻品种进行选择，它们主要适用于雕刻花卉的花朵、花瓣、花蕊及鸟类的羽毛、翅膀、尾部等。

（四）瓜雕刀

在雕刻西瓜和冬瓜作品时，对刀具的要求是比较高的，除了主刀外，环扣的造型要靠瓜雕刀来完成，瓜雕刀是在 U 形刀基础上改进完成的，主要完成向外凸起的环扣造型。

（五）掏刀

掏刀也称精致画线刀，是创新食品雕刻中新兴的一种雕刻刀具。掏刀的出现让有些雕刻作品造型更加独特，精细程度又提高了一个等级，在使用时更加方便。掏刀的型号不同，形状也不同，一般分为圆形口、三角口、V 形口。掏刀一般在食品雕刻作品造型上综合使用，有的特写部位可单独使用。特别是在刻画人物面部表情和衣服的皱褶时，表现比较突出。同时掏刀还可以做到其他刀具完成不了的造型，因为在作品造型中有些部位的废料不好去除，那么掏刀可以轻易地完成，达到理想的效果。

（六）挖球器

挖球器是一个具有特殊用途的雕刻工具，在雕刻作品中球形造型常遇到，有了这样的工具，在雕刻时就方便多了。同时它还可以雕刻出珊瑚、水石等造型。要注意由于该工具在雕刻时用力较大，所以选购时要选择坚硬的材质。

（七）食品雕刻工具的保养维修和鉴别

1. 食品雕刻工具的保养维修要求

古人云："工欲善其事，必先利其器"，要雕刻出好的作品就必须要有好的雕刻工具。食品雕刻工具总的要求是小巧灵活、方便易用、刀口锋利。

第一，每种雕刻工具都有其特殊的用途，应该根据雕刻的需要合理地选用，否则，会造成刀具的损坏或者刻不出要求的效果。

第二，磨快刀具，保持每种雕刻工具刀口的锋利、光滑：否则会造成作品的刀路不整齐明快，质地松软的原料雕刻困难，还容易溜刀伤手，因为刀口不锋利反而不好控制用刀的力度。

第三，磨好的雕刻工具不可以去刻一些质地特别硬的东西，这样做很容易使刀口缺损，甚至完全不能使用。

第四，使用完后应该及时地洗净、擦干、包好、装盒，最好是分类保管，以免生锈和碰损刀口。

第五，操作时刀具要摆放整齐，不要与原料及其他的杂物混放在一起，以免在操作中误伤。使用时，要做到时刻专心细致。

2．食品雕刻工具的打磨维修

雕刻工具在使用一段时间后都需要重新进行打磨。其实，磨刀就是通过刀具与磨刀石之间的摩擦，使刀具变得锋利好用。刀具磨制的主要工具就是磨刀石。磨刀石的种类很多，主要分为两大类：粗磨刀石、细磨刀石。一般是先用粗的磨刀石磨大型，然后再用细的磨刀石磨平刀身、磨快刀刃。这是一种既快又好的磨刀方法。不同的雕刻工具有不同的磨刀方法，下面介绍几种主要雕刻刀具的打磨：

1）切刀的磨制

先用清水把粗磨刀石和切刀打湿，最好是把磨刀石放在水中泡一下，然后将刀身平放在磨刀石的石面上边。刀背微微地抬起一点角度，角度不要太大，保持、稳定好磨刀的角度，用力将刀身由后向前、由前向后推拉，反复磨制，直到达到要求。最后，再用同样的方法翻面磨另外一面，两面都达到要求后换用细磨刀石磨平切刀的刀身，磨快切刀的刀刃，使切刀的刀身平整光滑，刀口锋利而且好使用。

2）雕刻主刀的磨制

雕刻主刀的磨制方法与切刀的磨制方法一样，主要区别就是磨刀时握刀的姿势。另外，磨的时候要特别注意不要损坏雕刻主刀的刀身形状，也不要把雕刻主刀的刀身磨得太薄。雕刻主刀是食品雕刻最重要的工具，也是使用时间最多的刀具，其磨刀的质量要求也是最高的。雕刻主刀的刀身要求要有一定硬度，整个刀身面要平整光亮，磨刀时留下的刀痕一定要磨平。刀口要特别锋利，要求达到能刮下毛发的程度。

3）戳刀的磨制

戳刀主要分 V 形和 U 形，其打磨的方法是一样的。戳刀磨制的主要工具有：钢制的小圆锉、三棱锉、砂纸、砂条、细磨刀石等。戳刀磨制的操作方法比较简单、快速，一般是先磨戳刀口的内沿边，再磨戳刀口的外缘边。首先，根据戳刀的形状选择与其形状一致的磨刀工具，然后把戳刀和锉刀用水淋湿，将锉刀置于戳刀内口，由内向外拉动，将戳刀的内沿口锉成斜口。戳刀的内沿口锉好后，再将戳刀的外沿口置于细磨刀上像磨雕刻主刀一样磨，直到戳刀口锋利。也可以在最后用细砂纸或砂条将戳刀口内外磨快即可。磨戳刀时，要注意的是：由于戳刀比较薄加上材质不是很硬，因此磨的时候用力大小和磨的程度要控制好，磨的过程中要多观察，防止戳刀口变形损坏。

4）拉刻刀的磨制

拉刻刀的磨制方法与戳刀的磨制方法和要求是一样的。只是在磨拉刻刀外沿口时手要转动拉刻刀，用力要轻而平稳，防止损坏刀形和刀口。

5）模具刀和特殊雕刻工具的磨制

这类雕刻工具的种类和规格很多，但是维修打磨的方法和要求与主刀、戳刀、拉刻刀等是一样的，要注意的就是磨制的时候用力大小适当，磨制的过程中要勤观察，防止工具的损坏。

3．食品雕刻刀具磨制的鉴别及要求

磨制好、保养维护好食品雕刻的刀具和用具对于食品雕刻的意义重大，那怎样鉴别食品雕刻的刀具、用具是否磨好，是否达到了雕刻的要求呢？主要的方法是用手的大拇指横向轻轻触摸刀口（手和刀口方向垂直），若刮手的感觉强烈就说明刀具很锋利，符合雕刻的要求；反之，若感觉比较光滑就说明刀具还需要继续磨制。

另外，还有一种鉴别食品雕刻的刀具、用具是否磨好的方法，就是在原料上实际使用一下，如果在雕刻时感觉不费力，不涩刀，顺滑，雕刻出的刀面平整，戳出的线条边缘整齐光滑无毛刺，那就说明达到了要求，否则就需要继续磨制。

三、食品雕刻的刀法

在进行食品雕刻作品创作时，基本功要牢固，每种刀法应用要准确，良好的习惯成就美好的作品。一件造型精美的食品雕刻作品，不是单靠一种刀法就可以完成的，而是要根据主题和设计内容，采取不同的刀法，进而完成整个雕刻作品。

（一）执刀手法

在食品雕刻过程中，执刀的姿势随着作品造型的变化而变化，一种执刀手法不能完成所有的雕刻作品，不同的造型配以不同的执刀手法，这样才能表现出预期的效果。只有掌握正确的执刀手法，才能运用各种刀法完成理想的食品雕刻作品。良好的执刀习惯，可以提高食品雕刻作品制作的速度。在当今餐饮舞台上，不仅有传统因素，还有时尚元素，食品雕刻要根据主题设计制作作品，在速度上也要见证雕刻者的功底。执刀手法一般分为横刀手法、握笔手法、切刀手法和戳刀手法。

1．横刀手法

横刀手法是指右手四指横握刀把，拇指贴于刀刃的内侧或支撑原料，在运刀时，四指上下运动，拇指则按住所要刻的部位，在完成每一刀的操作后，拇指自然回到刀刃的内侧。左手拿好原料，使原料保持应用的角度，便于右手运刀。右手在雕刻一些物件时应保持刀面平稳，使雕刻出的物件平衡。此手法适用于各种雕刻作品，如打皮、刻花瓣、去废料等。

2．握笔手法

握笔手法是指握刀的姿势如同握笔，即拇指、食指、中指捏稳刀身。握笔手法是主要的执刀手法，可以完成大多作品造型，主要适用于雕刻浮雕画面和雕刻一些比较精细的部位，如西瓜盅、花卉、人物面部、禽鸟羽毛等。

3．切刀手法

切刀手法是指四指纵握刀把，拇指贴于刀刃内侧。运刀时，腕力从右至左匀力转动，此种手法适用于雕刻表面光洁、形体规则的物体，如各种花蕊的坯形、圆球、圆台等。切刀手法一般用于初步加工和最后修正使用，如作品整体完成后，突然发现作品的稳定性不好，可以用切刀手法将作品底部切平稳。

4．戳刀手法

戳刀手法是指拇指、食指、中指捏住刀具，小指与无名指必需支撑在原料上，以保证运刀准确，不出偏差。戳刀手法与执笔手法大致相同，只是在使用刀具上不同。戳刀手法要注意用力均衡，双手配合要得当，使用刀具要有技巧性。

（二）**食品雕刻的刀法**

1．直刀刻法

（1）打圆

这种刀法通常使用在雕刻前的制坯阶段，即在下料后将其表面切削光滑并使之带有一定的弧度。以持刀手的拇指支撑原料，其余四指握刀柄，用另一手的拇指和中指捏住原料两端。运刀时，利用持刀手手指第二关节运刀，左右手配合，同时运刀，使原料达到雕刻目的。不同的原料打圆时角度也稍有变化，如白萝卜和心里美萝卜打圆时，心里美萝卜呈球形，打圆时角度可以略小些，白萝卜呈圆柱状，打圆时角度略大些。

（2）直刻

一般用于雕刻花卉和一些较规则的形状，使雕刻出的形状平衡一致。刀具为直刀，用一只手的 4 个手指握住刀柄，刀背即夹在 4 个手指的第二关节处，刀刃向下。用另一只手的拇指和其余 4 指捏住原料上下两端。运刀时，持刀手的拇指按在原料下端，雕刻时一般使用中部刀刃。其余四个手指上下运刀，将原料刻成所需要的造型。

（3）旋刻

旋刻与直刻很相似，常用于雕刻花卉的花瓣，与直刻的不同之处在于旋刻时刀尖直对原料的底部，持刀手的拇指要按在原料上，运刀方向为逆时针。雕刻时，一般用前部刀刃。此刀法一般用于较宽花瓣和漏斗形花瓣的雕刻。

2．戳刀刀法

戳刀刀法的持刀方法与捏钢笔的方法相同，雕刻出的槽状截面星半圆形，所以也称为半圆刀刀法。这种刀法用途很广，可用于雕刻各种呈细条形的花朵和鸟兽羽毛。在雕刻花卉时表现比较独特。一般分为半圆刀口刻法、细线条刻法和曲线条刻法。

（1）半圆刀口刻法

常用于雕刻花瓣，如雕刻一朵大丽花，先刻花蕊，将原料削成半圆球形，用 U 形刀刻出花蕊，再用平口刀将花心破成丝状，用平口刀在花蕊四周略修掉一层原料，以突出花蕊，紧贴花瓣边缘，向花蕊下方深插，插出五朵花瓣。每个花瓣需刻两刀，取出两刀间的原料，再重复刻两层花瓣，这样花朵就自行凸出。这种刻法要注意花瓣大小要均匀，薄厚要一致，截刀时用力要随着球形原料的弧度行进。

（2）细线条刻法

一般用于雕刻细长条的花瓣和鸟的羽毛。花瓣的刻法基本上与半圆刀口刻法相似，只是在刻花瓣时，第一刀形成花瓣，而且花瓣长度较长。雕刻鸟类羽毛时，根据鸟的造型刻出有层次感的羽毛，要注意的是无论是刻花瓣还是羽毛，因为距离较长，使用刀具用力时一定注意技巧。例如，刻羽毛，下刀时用力较轻，深度较浅，逐渐用力推刀，羽毛根部就容易支撑整个羽毛。

（3）曲线条刻法

此刻法在细线条刻法基础上形成，不过增加了难度系数。因为造型是曲线，在运刀时，对运刀手法和用力要求较高，刀刃刻进原料不是直线，而是呈"S"形弯曲着推进原料，这样所刻出的线条就成为曲线形。例如，雕刻人物的服饰时，可以采用这种刀法完成作品造型。

3.平口刀刀法

平口刀的持刀方法与握钢笔的方法相同，在食品雕刻作品制作中用处多见，一般用于整雕、浮雕等雕刻类型，在不同的类型里表现也略有不同，一般分为平刻法和直斜配合刻法。这两种刻法都是基本的刻法，但用途较广，也是体现雕刻者基本功的刻法。在一件雕刻作品中平口刀使用率高，刻法多样，针对不同主题的雕刻和不同性质的原料，在雕刻时也有所不同。例如，用白萝卜雕刻和用南瓜雕刻，采用同样的刻法，最后造型也是不一样的，所以根据平口刀的类型，应适当选用。

（1）平刻法

平刻法适用于原料不是很厚，造型简单的形状，表现出清爽干净的感觉。在冷拼中常常用到，在食品雕刻中为主题雕刻的配件做装饰使用。雕刻时只需要把形状整个脱离出来，所以只要具备一定的绘画基础，雕刻时就比较得心应手。

（2）直斜配合刻法

此刻法类似于浮雕，先用直刀把预计图案刻画出，再用斜刀按照图案去除边缘的废料，使造型更加明显，如雕刻鸟类的翅膀、山石、鱼鳞、人物的服饰等。这种刻法往往在雕刻时会有重复性，如雕刻鱼鳞先用直刀刻半圆形，再用斜刀去除废料，如此重复刻出多数的鱼鳞片，达到理想效果。

四、食品雕刻作品的保存

当食品雕刻作品完成以后,要最大限度地发挥其作用,保存作品的新鲜度成为首要任务。不同种类的食品雕刻作品其保存方法也各不相同,所以掌握好食品雕刻作品的保存方法和技巧,能够提高雕刻者创作作品的自信心。

(一)果蔬雕刻的保存方法

食品雕刻的原料、半成品、成品的保管,由于受到自身质地和环境的限制,保管不当极易变质,既浪费原料又浪费时间,为了尽量延长其贮存和使用时间,有以下介绍几种保存方法。

1. 原料的保存

瓜果类原料多产于气候炎热的夏秋两季,因此宜将原料存放在空气湿润的阴凉处,这样可保持水分不至于蒸发。萝卜产于秋季,用于冬天,宜存放在地窖中,上面覆盖一层 0.3m 厚的砂土,以保持其水分,防止冰冻,可存放至春天。

2. 半成品的保存

半成品的保存方法是把雕刻的半成品用湿布或保鲜膜包好,以防止水分蒸发,变色。尤其注意的是雕刻的半成品千万不要放入水中,因为此时放入水中浸泡,其吸收过量水分会变脆,不宜下次雕刻。

3. 成品的保存

食品雕刻成品中都含有较多的水分和某些不稳定元素,如保管不当,很容易变形、变色或损坏。食品雕刻成品是艺术性强且费工夫的制作品,必须加以珍惜,妥善保管,以尽量延长使用时间。通常对成品的保管有以下几种方法:

(1)水泡法

把脆性的成品放在 1% 的白矾水中浸泡,能使之较久地保持质地新鲜和色彩鲜艳。如果只放在清水中浸泡,成品很容易起毛,并出现变质、褪色等现象,在浸泡时如果发现白矾水发浑,应及时换新矾水浸泡。

(2)低温保管

把成品放入盆内加上冷水(以淹没雕品为宜),然后放入冰箱内。温度宜保持在 3℃ 左右,这样可以保持较长的时间。但在低温保管下能用 1~2 次,如连续用几次就会褪色变形。

(3)包裹法

上述几种方法比较简单实用,但成品长时间浸泡后容易出现褪色、裂纹或充水过多而变形的现象,更不宜保存着过色的成品,采取包裹法可避免上诉问题。具体的方法是:将成品用挤净水的湿布包严,然后在外层用保鲜膜包严,或用保鲜膜直接包严放入温度 3℃ 左右的冰箱中保存即可。

（二）其他雕塑作品的保存方法

1．糖塑作品的保存方法

完成一件美丽的糖艺作品，既耗时又费力，当把美丽展现给众人面前的同时，保存的难题也随之出现。如何保持作品的光泽和完整性，一直都是令雕刻者困扰头疼的问题。一般情况是这样处理的：作品完成后，表面喷一层食用胶，使之保持干燥，和空气中的水分隔开。这样做方便快捷，但不是长久保存的最好方法，时间长了还是会氧化和退化光泽度。最好的保存方法是亚克力罩加干燥剂。这样可以有效防止作品氧化和水分侵蚀，可以一直保证作品的光泽度，长久保存作品。

2．黄油雕刻作品的保存方法

一件黄油雕作品在制作过程中可以分为立意构图、扎架、上油、细节塑造、收光等几个步骤。在食品雕刻这类形式中，果蔬雕等用的是减料法，而黄油雕则多采用的是加料法，即先扎好坯架，然后再往上面添加涂抹黄油。这种采用加料法的黄油雕，骨架扎到哪里，料就可以加到哪里，在空间走势上可以随心所欲，并且还不用担心受原料形状的限制，这应该是黄油雕的一个优势。保存好一件完整的黄油雕作品，要了解黄油的特性，黄油预热会融化，遇到高温很容易导致作品变形。但它又不能冷冻，温度在零度以下就会在作品表面产生冷霜。所以黄油的最佳贮存温度为 15～20℃，如果室内气温不是很高，就不必放入冰箱内贮存。人造黄油的保质期一般为一年，所以只要黄油没有被污染，完全可以反复利用，从卫生的角度讲，专门用于雕塑的黄油最好不要食用。

3．琼脂雕刻作品的保存方法

琼脂雕刻的作品表面容易脱水干燥，导致表面干裂。所以一定要时常向其表面喷洒清水，这样可以延长保存的时间。成品展览后要放在冰箱中保存，温度以 4～5℃为佳，这样可以保存一周的时间。如果整雕出现形态变样，可以将其重新蒸化二次使用，使用次数可达十几次。

五、食品雕刻作品的应用

（一）食品雕刻的应用

食品雕刻美观实用，制作过程快捷简单，成本低廉。但在餐饮企业的经营中却起着越来越重要的作用。应用的范围也越来越广泛。

1．在菜点装饰、点缀中的应用

食品雕刻作品作为装饰物摆放在盘子的边缘或者中间起辅助、衬托菜点的作用。同时，可增加菜点的色彩和形态的美观，而且也能弥补某些菜点在颜色、形状方面的不足。

2．在菜点制作过程中的应用

食品雕刻作品除了作为装饰物起辅助、衬托菜点的作用外，也经常与菜点互相配合，雕刻成盅形、罐形、碗形、船形、花形等，用作菜点的盛器或是菜点整体的一部分，共同组成道集食用性和艺术性于一体的精美菜点。

食品雕刻也常作为整个菜点制作过程中不可缺少的部分，有时也对菜点本身进行雕刻加工。这样能使菜点的形状完整、美观，符合主题，有则全，缺则损，可以起到画龙点睛的作用和效果。

3．在宴席和展台中的应用

食品雕刻用于宴席和展台中是最能体现这门艺术的魅力的一种形式，也是现在常用于装点席面和展台的手段。独立摆放，专供欣赏。通常摆放在餐台的中央或是餐厅的某个显要位置，达到美化环境、渲染气氛的作用。特别是大型食品雕刻展台的制作，充分体现了作者高超的雕刻技艺和深厚的文化艺术修养。

（二）食品雕刻应用的要领及注意事项

第一，要重视食品安全，保证食品雕刻作品应用中的清洁卫生，避免对菜点和用餐环境的卫生造成污染，特别是食品雕刻作品在和菜点有接触的时候，一定要更加注意安全。

第二，食雕作品的题材和内容最好能与宴会或者菜点的主题相对应，或是建立起某种联系，也就是要达到形式和内容的和谐统一，达到一种更加完美的艺术效果。比如，宴会的主题是"结婚庆典"，那么，我们就可以雕刻一些以鸳鸯、荷花、喜鹊、龙凤等为题材的作品。如"鸳鸯戏水""花好月圆""双喜临门""龙凤呈祥""百年好合"等。又比如，宴会的主题是给老人"贺寿"，那么我们就可以雕一些以仙鹤、梅花鹿、绶带鸟、乌龟、古松、桃子、寿星、仙女麻姑等为题材的作品。如"松鹤延年""鹤鹿同春""春光长寿""麻姑现寿"等。宴会的主题如果是给年轻人过生日，那么在题材和内容的选择上就要区别于给老人贺寿。我们就可以雕刻以雄鹰、锦鸡、老虎、公鸡、龙马等为题材的作品，如"鹏程万里""前程似锦""雄风万里""官上加官""龙马精神"等。

第三，要根据不同客人的风俗习惯、喜好和忌讳来设计雕刻作品的内容和形式。要了解不同国家和地区人民的生活习惯、风土人情等，有针对性地雕刻一些作品。这样可以取得事半功倍的效果。反之，就会得不偿失，费力不讨好。比如，法国人喜欢马，不喜欢孔雀、仙鹤；日本人喜欢樱花，不喜欢荷花。

第四，雕刻作品用于菜点装饰、点缀时，形体不要过大，在盘子中所占位置的比例一般热菜不要超过 1/3，冷菜不要超过 1/5，高度一般不要超过 15 厘米，否则容易造成主次不分，喧宾夺主。太大、太高的装饰反而使菜点的整体效果不协调，不美观。

第五，雕刻作品作为看盘使用时要注意尺寸大小，不可太高、太大，否则会阻挡宴席上客人的视线，妨碍客人之间的交流。太大、太重的雕刻作品，服务员不容易操作和搬运。现在一般要求雕刻作品的长、宽、高加底座不能超过 60 厘米。

　　第六，雕刻作品用于菜点装饰、点缀时，应尽量避免与食用原料直接接触，防止造成"生熟不分"。雕刻作品中更不能含有毒、有害的物质，如502胶水、铁钉、化学颜料、塑料物体等。

　　第七，雕刻作品用于菜点装饰、点缀时要注意与菜点的有机结合，这样可以使菜点整体感觉协调、合理，妙趣横生，显得有意境。如以鸡为原料的菜肴就可以配以公鸡为题材的雕刻作品，以鱼为材料的菜肴可以配以渔翁、渔网、鱼篓、鱼虾等为题材的雕刻作品。

　　第八，雕刻作品用作盛器使用，与菜点直接接触时，可以在菜点装入前垫上其他餐具或是锡铂纸，避免直接接触，交叉污染；也可以先采用蒸或是开水煮的方法杀菌消毒后，再装入菜点。

　　第九，在制作大型食品雕刻展台时，所表达的主题思想和内容应从当前的一些时事热点、特色历史文化、举办活动的主题以及本单位的企业文化等来选材和制作。雕刻作品中主体作品应体积比较高大、突出，整体布局要合理，有层次，确保突出主题。但是对于一些小的食品雕刻配件的雕刻也不可忽视，其对食品雕刻展台的整体效果影响很大。另外，要注意的就是色泽的美观、色调的和谐。在形象艺术中就有"远看色彩，近看形"之说。

（三）各类主题宴会常用的食品雕刻主题

1. 生日祝寿类食品雕刻主题

松鹤延年	龟鹤同寿	春光长寿	鹤鹿同春	福寿双全
代代寿仙	麻姑献寿	寿鸟双飞	富贵长寿	五福捧寿
八仙过海	南极仙翁	仙寿福云	洪福齐天	富贵万年

2. 婚、喜宴类食品雕刻主题

麒麟送子	龙凤呈祥	鸾凤和鸣	百鸟朝凤	双喜临门
富贵白头	比翼双飞	喜上眉梢	鸳鸯戏莲	百年好合
花好月圆	情深意浓	风雨同舟	金玉良缘	白头偕老

3. 春节、新年团聚类食品雕刻主题

连年有鱼	四季平安	太平有象	六合同春	金玉满堂
三阳开泰	喜鹊报春	五福临门	花开富贵	金鸡报喜
福满人间	一帆风顺	麟凤呈祥	三元报喜	麒麟献瑞

4. 升学、升迁类食品雕刻主题

前程似锦	雄风万里	青云得禄	独占鳌头	虎啸山林
大鹏展翅	龙马精神	二甲传胪	一路连科	金榜题名
鸿运当头	麒麟玉书	鲤跃龙门	春风得意	锦上添花

5. 接风、送行类食品雕刻主题

一路顺风	马到功成	孔雀迎宾	喜在眼前	仙鹤凌云

鹏程万里　大展宏图　满载而归

6. 商务、开业类食品雕刻主题

招财进宝　麒麟献宝　虎踞财源　连连得利　金玉满堂

福地生财　日进斗金　开门大吉　双龙戏珠　佛光普照

第二节　食品雕刻作品的设计

一、食品雕刻作品的设计原理

食品雕刻作为一门艺术，同绘画、雕塑等其他艺术一样，必须遵循创作规律。在创作一件作品时，涉及立意、选题、构图、造型、意境等诸多要素。

（一）立意

立意能够体现雕刻者的创作意图。它是创作者对事物的观察、体验、研究、分析，然后利用可食用原料进行加工和改造的结果，也是创作者在塑造艺术形象时所表现出来的中心思想。一件雕刻作品只要融进了作者的思想，就有了灵魂与内涵。立意赋予作品灵气，使作品显得生动活泼。对于浮雕、组合雕来说，立意尤为重要。

（二）选题

选题就是雕刻的对象、创作的内容。选题与主体既有区别又有密切的联系。创作时，在立意以后，接下来的就要考虑选用什么样的选题来塑造形象，以充分表达主题。食品雕刻的选题一定要注意适应场合、对象、宴会的性质及目的。场合与对象很重要，因为在世界各国，不同种族、民族的风俗、习惯、爱好都会不同，必须掌握丰富的知识才能恰当选题。宴会的性质和目的也限定着题材的范围，如婚宴一般以龙、凤、童男童女、百合、玫瑰等为主；寿宴一般以寿星、梅花鹿、仙鹤、桃等为主；带有特殊目的的宴会，如开张、店庆、节日等，其食品雕刻的选材也要与之相适应，做到合情合理。

（三）构图

构图是造型艺术处理的重要手段。食品雕刻的每一件作品，在进行雕刻前最好做到脑中有图，要按图施艺。构图的主要原则有分宾主、论虚实、理疏密、讲节奏和求变化。

1. 分宾主

分宾主是构图中最重要的一点，好的作品应该主次分明。一组雕塑作品以花为主，叶就是宾，要突出主体，不能平分秋色。要尽力塑造"空""淡""雅""活"

"秀"的形象。

2．论虚实

一件好的作品，构图上必须虚实结合得当，才显得"活"，有动感和想象空间。这里的"实"可以理解为物象或色调的"厚""重""大""满""深"等；这里的"虚"可以理解为物象或色调的"薄""轻""小""空""浅"等。一件作品如果都很"实"，就显得呆板；如果都很"虚"，又显得轻浮、不稳重，不能突出主题。只有"有虚有实"，甚至"虚中有实""实中有虚"才能有较强的视觉冲击力。

3．理疏密

理疏密在效果上与论虚实有点接近，"密"则"实"，"疏"则"虚"。想要突出重点的"主"应该"密"，要紧凑；作为陪衬的"宾"应该"疏"，在空间上要分得略微开一点，还要做到"少而精"。

4．讲节奏

在构图时要注意节奏的和谐。这里的节奏主要指的是"变化"的节奏，如色调变化、高低变化、轻重变化、疏密变化、曲直变化、形体动作变化等。在进行这些变化的时候要注意节奏的和谐，正如音乐一样，要有一定的韵律。例如，假山的高矮设置要连绵起伏，变化要有缓、有急、有过渡，不能简单地一高、一低，否则就很单调。

5．求变化

食品雕刻的构图同绘画一样，要在统一的基础上求变化。特别是对于由多个同一种类的物象组合而成的组合雕刻，单个物象之间在形体、神态上要有所区别，不能完全一样，否则就苍白，没有情趣。当然，变化并不是要求完全不一样，要在统一的前提下变化，只有统一才能突出主体，表现变化。

（四）造型

造型在食品雕刻中是主干，没有造型，作品无从谈起。因此，造型必须真实，只有真实才有感情，才有神韵。当然，艺术上的真实，不一定是生活中的真实，它是生活真实的再加工，要有裁剪，要适度夸张，要立新意。要想形象真实，就必须熟悉生活、了解物象，紧紧抓住物象的生理结构、生活习性和形象特征。通过学习雕塑的分类，多欣赏一些工艺品，发现其中的造型特点，掌握中国吉祥图案的变化规律，结合食品雕刻原料的性质，设计适合餐饮需要的雕刻造型。要根据不同的用途、不同的主题分别造型，如为菜点装饰雕刻，其造型可以简单化，这样可以有效控制雕刻时间；在宴席中可根据主题，以吉祥图案为素材造型；在比赛时作品要加以创新元素，既有吉祥寓意，又富有创新。

（五）意境

意境是艺术的灵魂。它是客观事物精粹部分的集中，加上人的思想感情的陶冶，经过高度艺术加工达到情景交融，借景抒情，从而表现出来的艺术境界。"意境是景与情的结合，写景就是写情"，这就是说，创作时作者自己要有充沛的感情，并且把自己的情感和思想融入作品当中。当欣赏者观看雕刻作品时，能够从作品中体会到某种东西，能够通过作品产生一些（空间、时间、动作等方面的）联想，从而体会到作者的某些情感。食品雕刻意境的体现可以有以下三种途径。

1．布局联想

根据自己的生活体验和美学、文学、史学等知识，选择一定的物象合理布局、组合，互相联系、衬托，形成一种整体形象、场景、画面，使得欣赏者能够通过它联想到某个诗句、哲言，或者某段历史、故事、典章，或者自己的某个生活体验、心境等。

2．神态联想

在刻画物象时，将整体神情、态势互相联系配合，组成一幅神态逼真的画面，使得观赏者通过这些定格的静态画面能够联想到在它之前以及在它之后已经或将要发生的一连串动作或场景，甚至联想到自己的某些生活体验，产生一种触动或共鸣。

3．色彩联想

通过色彩的合理搭配，相互映衬，形成一种视觉冲击，使观赏者能够通过这样的视觉冲击体会到某种感觉，达到某种心理触动。

面塑与糖雕艺术最能够体现这种联想，色彩在食品雕塑中具有重要地位。一件色泽美观、色调和谐的作品，会令人赏心悦目，心情愉快，进而引起食欲。这是因为由于长期养成的饮食习惯，人们对色彩早已形成一定的条件反射，使之与情绪、味觉、食欲之间有着某种内在联系。

食品雕刻的用色，必须按照色彩学的对比、协调进行。实践证明，色彩对比强烈、鲜明的作品都会产生良好的效果，所以在装饰色彩上往往采用以简衬繁或以繁衬简的手法，即在单纯底色上衬托多色的图案，或在一个淡雅的基础上配一点强烈鲜明的色彩，使淡雅中带有一点娇艳，十分醒目。食品雕刻的用色最忌颜色杂乱、大红大绿、主次不分。色彩对比在食品雕刻中应用广泛。几种色调、色相差别较大的颜色在一件作品中出现，或者在统一色中加进少量对比色，会产生一种清晰的感觉。例如，在白色基调中出现小面积的褐色或黑色，在绿色的底衬上出现几点红色等，都会给平淡的色调带来生气。在色调、色相差别较大的颜色对比中，最典型的是黑白对比，因为黑与白的对比会产生明亮的色彩和醒目的效果，而黑与白任何一方单独出现，都会显得平庸单调。黑与白需要互相依赖、互相补充。仙鹤之所以高雅，与它黑白相衬的羽毛给人带来的明快的感觉是分不开的。以上所述均为色彩学的一般原则和规律，食品雕刻应该把绘画艺术巧妙地融合进来，这样才能塑造出形象逼真、色彩和谐、富有诗意的作品，给人以美的享受。

二、食品雕刻作品的设计方法

食品雕刻作品的设计方法是按照一定的步骤来完成的。包括命题和构思、选料和布局、雕刻制作技巧。

（一）命题和构思

命题就是确定作品的主题，构思就是按主题要求确定作品的表现形式。在确定作品主题前，必须先对宴席的情况有所了解，对宴席的背景、规格和宾客情况都要做到心中有数，然后视情况确定雕刻作品的主题和表现形式。例如，民间的婚宴，宾客都要求场面热烈，应配以主题热烈、欢快的作品，如"双喜瓜灯"或"龙凤立雕"之类作品，往往既能起到活跃气氛和增加喜庆色彩的作用，又能表达对新人和宾客的美好祝愿，使主客两悦。而那些大型的宴会或酒会，场面往往既隆重、热烈而又不失典雅，因此配置的作品不宜小，而以高大作品效果为佳，同时主题也应根据宴会性质有所选择，力求配合贴切。除宴会性质外，宾客的身份、国籍、民族和宗教信仰等诸因素也不可忽视，因为世界各国和各民族习俗差异很大，审美标准也相去甚远，有时还涉及禁忌和忌讳等问题，因此一定要使作品主题新颖明确，既发扬了中国传统工艺，又兼具了时代特征。主题内容要尊重宾客的习俗，以达到调节宴席气氛，使与宴者心情舒畅的目的。作品的名字要体现出命题的意义。为使命题恰当，做到名物相符，应注意以下几点：

①要根据雕刻作品的用途，确定富有意义和艺术性的题目。②要使雕刻作品的题目适合所应用的场合，如分别是用于重要节日招待会或重要的欢迎宴会的雕刻作品，就应该采取不同的命题。同样是孔雀雕刻作品，在春节招待会上可起名为"孔雀迎春"；而在欢迎宴会上可以以"孔雀迎宾"命名。③要结合季节进行命题，特别是花卉雕件，其命题不可违背时令，才能"以假乱真"。

（二）选料和布局

选料通常有两种方法，一种是因形而立意，就是根据原料本身的形态、色泽和质地等情况来构思题意；另一种是因意而定形，就是根据已确定的题意和作品的特点，选择质地、色泽和造型都符合作品要求的原料。根据题意确定雕品的类型，同时考虑好雕品的大小、高低。这一步是雕品能否达到形象生动和确切地表现主题的关键。

对于雕品的整个布局，要全面设计、安排好。首先要安排主体部分，再安排陪衬部分。陪衬部分应烘托主体部分，不能喧宾夺主，也不能主次不分。不管是平面浮雕造型，还是立体整雕造型，对原料的选择都不能随便，而是要依照严格的具体标准。如果是浮雕形式的图案造型，要以能呈现出命题图案的最低限度为准，应保持与图案需要相适应的面积，还要足以保持能够呈现出浮雕层次的厚度，这才是整体构成这一造型的完全条件；如果是立体雕刻造型，选料要确保题目所需的相应体积条件。各种自然形体的原料，要相应地具有某些造型的优越条件。因为自然原料有形体上的差异，这种形状的差别有些往往和题目中的造型要求非常接近，如果选择好，可以少用刀工，快速成型。

（三）雕刻制作技巧

雕刻时应先刻轮廓，也就是先打底稿，可用尖竹签先画出图案的轮廓线条，忌用圆珠笔、钢笔勾画。然后再循图刻出具体内容，从整体到局部，由粗到细，精雕细刻，这样才能获得完美的作品，雕刻是实现作品设计要求的决定性一步。雕刻的方法很多，因作品的不同类型和不同内容而异。有的要从里向外雕刻，如大丽花、睡莲；有的要从外向里雕刻，如月季花、菊花、牡丹花；有的要先雕刻头部，如各种鸟；有的要先雕刻尾部，如蝈蝈。

现在的食品雕刻作品一般采用零雕组装的方法来展现，因原料的大小不一，按照设计的主题，需要把一些原料组合在一起，形成较大的作品的底坯，再精雕细刻。食品雕刻的零雕组装，为的是解决某些雕刻原料在体积、大小、长短等方面的不足和颜色上的单调，以使作品显得更加完整大气，色彩更加丰富多彩，从而增加了食品雕刻构图造型的艺术想象空间，为创作雕刻大件作品奠定基础。零雕组装，工艺复杂，对各个部位的零雕部件与整雕部件比例要适当，即大小、长短、高矮要比例协调。组装时，还要按所构思物象的特定位置准确组装，使作品更加完美统一，从而突出作品的艺术效果。

零雕组装采用食品雕刻中多种技巧进行创作，先雕刻主体形象，再采用添加的手段，弥补主体雕刻原料在形状、长短、颜色上的不足部分，也就是主体部分加陪衬部分与点缀部分的整体组合拼装。它采用了切、削、掏、挖、旋、刻、镂、凿、对接等多种技法与技巧来完成主体和陪衬的组合。

1．零雕组装技法

（1）整体形象上添加组装的技巧手法

其主要是在主体形象上通过添加翅膀、尾羽等手段来完成组装的作品。例如，"凤戏牡丹"，首先雕出"凤凰"的主体形象，再单独取料雕刻出一对展开的双翅，然后单独雕刻一朵牡丹花，点缀以花草，最后通过对接、安插技巧进行组装完成。

（2）零雕与整雕相互组装的技巧手法

其主要是通过各自独立的零雕组装后，再配以整个作品的大组合装配而组合成完整的意境形象。例如，创作雕刻"百鸟朝凤"作品，此作品形态各异，复杂多样，组合性强。先组装雕刻出"凤凰"的主体形象，再分别取料组装雕刻出鸳鸯、仙鹤、相思鸟、鹦鹉、天鹅、黄鹂、孔雀等众多禽鸟形体，再雕刻出所需陪衬点缀物，将主体形象摆放在中心位置，然后摆放形态各异的禽鸟，再配以陪衬物和点缀花草，从而突出主题作品"百鸟朝凤"的意境来。

（3）纯整雕形体的组合技巧手法

其特点是各自独立，又自成整体的组合装配，如"群象嬉戏""群鹿奔逐""金鱼戏水"等作品都采用单独零雕（独立整雕），将各种不同形态的大象、大鹿、小鹿、金鱼分别独立雕刻出各自独立的整体形象，然后根据主题立意进行组合搭配，再配以花木、水草陪衬点缀，力求使整个作品题意相称、形象生动、自然有趣，给人以意趣盎然的生机活力。

2. 零雕组装技巧

零雕组拼可采用对接、安插、粘连、镶嵌、摆放等技巧进行组拼整装，如对接可用于大型的龙头、龙尾及龙爪，采用竹筷、牙签等进行对接相连，使整个龙身造型完整大气；安插主要用于大型的禽鸟羽翅、丹冠、腿爪的安装；粘连可用"502"瞬间黏合剂或能直接粘住原料的胶水，使零雕部件粘接在特定的位置上进行组装的技巧；镶嵌主要通过零雕部件在整雕部件的夹缝接口处，采用木楔子的原理直接插入夹缝中的组装技巧，此技法主要适用于各种禽鸟的羽翅、腿爪的组装；摆放是最常用的技巧，主要根据主题构思意图进行艺术性的放置、安排所雕各部件，力求达到主题完整协调统一、合乎题意，使组合形体比例协调自然。

食品雕刻的零雕组装，讲究构图造型艺术的完整统一，要求造型构图协调、自然、和谐，组装时要注意零部件与整部件、主体与陪衬之间的比例关系。根据构思主题进行安插、对接、粘连、镶嵌、摆放等技巧，必须按照事物形态规律和艺术法则作出恰当合理的组装和安排。雕刻时先雕主体部件后雕次要陪衬部件，组装时也按先主体、后陪衬进行组装。零雕组装也就是在整雕的基础上通过添加装饰，但添加部分不能强加，更不能生硬，要符合造型自然美的规律，达到合情合理，让人可信。添加装饰就是要根据被表现的物象的不同特点将其形象的主要特征有意识地组合拼装在一起，力求达到一种新的形象和意境。总之要学会和掌握零雕组装的雕刻技法与技巧，平时除了要加强食雕造型的技法与技巧的实践操作外，还要加强个人艺术修养的培养与提高，增强对造型艺术美的规律和法则的掌握，在雕刻创作时才能更加得心应手，熟练自如地创作出更加完美的作品来。

3. 琼脂雕刻技巧

琼脂是一种可以循环利用的雕刻材料，雕刻作品时产生的废料，可将其收集起来，回锅蒸溶再利用。套色的琼脂雕废料，回锅蒸制之前，应将不同颜色的材料区分开来，分别放入不同的容器蒸制。琼脂雕的优点是原料可以反复使用，作品摆放时间长了以后，可能被损坏，这样可以把它融化后重新雕刻，既可以减少投资，又可以反复使用一年以上。琼脂雕作品质地优良，有仿古玉、汉白玉等雕刻效果，它是投入少、效果好的雕刻原料。

在加工琼脂雕坯料的过程中，调色是需要耐心控制的关键技术。琼脂雕上色时，一般以使用食用色素为主，而且要使用液体食用色素，而不宜使用固体或粉末状的食用色素，否则会出现结块现象，也可加入少许香精提味。例如，雕刻可食用的作品造型，可用果蔬原料经过榨汁，再加入琼脂内进行调色，如菠菜汁、红萝卜汁、浓缩橙汁等，加入食用色素的时机最好应该选在琼脂液蒸好后刚倒入特型容器内还未凝结时。琼脂雕坯料可根据需要制成单色或多色。调制单色的坯料，将色素直接加入蒸好的琼脂液中用筷子搅匀即可。调制多色的坯料，一般是将蒸好的琼脂液放入不同的容器，然后分别加入色素调匀，最后将调成不同颜色的琼脂液注入同一个容器内，使各种颜色之间很自然地融合，达到浑然一体的效果。调制多色琼脂坯料之前，要掌握一定的调色知识，颜色的变化要根据琼脂液的浓稠度来控制，同时要考虑颜色冷色调与暖色调的对比。雕刻琼脂作品时，关键是下刀要准确，要求一刀雕刻到位，如果雕刻时出现反复回刀现象，作品造型会出现断裂现象。琼脂雕多以整雕的形式出现，有时也可以用"502"胶粘接小面积的原料，但是这种方法容易暴露粘接处的裂口，因为胶水凝固处会变得发硬，颜色变白。琼脂雕刻作品完成后，最好用水轻轻冲一下，使其更干净卫生。

4. 插花技巧

正确运用插花技法是花卉类雕刻作品制作的关键，只有正确、熟练地掌握并运用插花技法，才能完成自己精心构思的花台。花台的造型要有整体性、协调性，这是花台制作最基本的要求。尽管主花在花台中占有主导地位，配花、枝叶居辅助地位，但是主花却少不了配花，只有做到主次分明，才能使花台成为有机的整体。插配中任何花卉都是整体中的一部分，每一部分都交相辉映，少了任何一部分都会影响花台的整体美。制作时，首先应先插主花，用主花将花台的骨架搭起来；然后，再插配花，使花台初显生动丰满的造型；最后再用枝叶进行必要的点缀，使整个花台充满活力，极富韵味。制作完毕的花台还要检查一遍，看看是否有不足之处，再将桌面的卫生清理干净。花台设计使插花艺术和摆设艺术上升到一个更高的境地，雕刻者应充分发挥自己的想象力和创造力，设计出食品雕刻中的插花艺术。

三、食品雕刻作品的设计要素和注意事项

食品雕刻作品在设计时，要素与要素之间是相对呼应、不可分割的。如果只是简单地绘制一幅草图，那么其雕刻作品的设计就失去了意义。只有在了解宴会形式、宾客的风俗习惯，才能确定主题。

（一）食品雕刻作品的设计要素

1. 了解宴会形式

宴会的形式多种多样，简单的可分为"祝寿宴""庆功宴""聚会宴""家宴"，国际交往中的"国宴"，贸易往来的工作宴及大型酒会等。了解了宴会的形式，就可以刻制出与宴会形式相适应的雕刻作品，来烘托宴会气氛，如"祝寿宴"可以刻制"松鹤长春""老寿星"等，"喜庆宴"可以刻制"龙凤呈祥""鸳鸯戏水""孔雀

牡丹"等，"庆功宴"可以刻制"雄鹰展翅""骏马奔腾"等。

2．了解客人的风俗习惯

随着改革开放的深入进行，我国与其他国家之间交往越来越频繁，人们需要了解不同国家和地区人民的生活习惯、风土人情、宗教信仰、喜好以及忌讳等，以便因客而异，刻制出客人喜爱的作品。因此，作为雕刻者也应了解一些国花知识和花朵表达的情意，如日本樱花，美国玫瑰，秘鲁向日葵，西班牙石榴花，匈牙利郁金香，尼泊尔杜鹃，意大利雏菊，圣马利诺仙客来等。在西方一些国家和地区，赠送花朵可以表达一定的情意，如玫瑰花代表优美，月季代表喜悦，水仙花代表尊敬，白菊花代表真实等。

3．突出主题

为了避免雕刻作品的杂乱无章，在雕刻前应首先确定主题，构思出所要雕刻的作品的结构、比例（布局）等问题，确保主题突出，同时又要考虑到一些附加作品的陪衬作用，如"百鸟朝凤"作品的"百鸟"，"孔雀牡丹"中的牡丹花等。附加作品不要牵强附会、胡拼硬凑，以免画蛇添足，起不到画龙点睛的作用。

4．精选原料与因材施艺

选料对雕刻作品的成败是至关重要的，在选料时，不但要选择质优色美的原料，而且还要在原料的形体方面加以考虑，原料的形状与作品大体形态相近似，雕刻起来就比较顺利；另外，对一些形状奇特的雕刻原料，应充分发挥作者的想象能力，开阔视野，因材施艺，以便物尽其用，创作出新奇别致的艺术作品。

5．注意卫生要求

由于食品雕刻与菜肴的配合十分接近，同时，又是宴会上菜前的"先行官"，因此，做好食品雕刻的卫生措施，显得特别重要，首先要保持原料的清洁卫生、质地优良。不要使用变质或腐烂的原料，从而保证宴会的质量和客人的健康。

（二）设计雕刻图案的设计形式

设计雕刻图案的变化是一种艺术创造，变化的方法多种多样，其原则应为宴席主题服务，同时必须与食品原料的特点相结合。

1．夸张

设计雕刻图案的夸张性，是以突出物象为特征的表现手法。它能够增加感染力，使被表现的物象更加典型化。食品图案的夸张是为了更好显示形与神的完美结合。夸张必须以现实生活为基础，不能任意增加什么或削弱什么。例如，梅花的花瓣是五瓣圆形，因此可将其雕刻成更有规律的花形，使其特征在造型上夸张后更为完美；月季花的特征是花瓣结构层层有规律的轮生，因此可加以组织、集中，强调其轮生的特点；而对牡丹花的花瓣，可将其曲折的特征加以夸张。此外，向日葵的花蕊、芙蓉花的花脉以及其他卷状花瓣的特征，都能为艺术夸张带来启发。

动物图案设计也是如此。孔雀的羽毛色彩艳丽，特别是雄孔雀的尾屏，紫褐色中镶嵌着翠蓝的斑点，显得光彩绚丽，因此刻画孔雀时应夸张其大尾巴，有意缩小头、颈、胸的比例。在用原料造型时，选择一些色彩鲜艳的原料来拼摆，局部也可用一些色素来点缀。大眼、细腰、长尾是金鱼的共同特征，其颜色有红、橙、紫、蓝、黑和银白等。金鱼的形态变化较多，而在金鱼的名字上得到了生动的体现，如"龙眼""虎头""丹风""水泡眼""珍珠鳞"等。金鱼图案的夸张要抓住这些特征，有规律地突出局部。在造型制作时，要处理好鱼身与鱼尾的动态关系。

2．变形

设计雕刻图案的变形手法是要抓住物象的特征。根据雕刻工艺加工的要求，按设计的意图进行人为的扩大、缩小、加粗、变细等艺术处理．也可以用简单的点、线、面进行概括性的变形处理。在进行雕刻图案造型时，要注意以客观物象的特征为依据，不能只凭主观臆造或离开物象追求离奇。要根据不同的特征分别采取不同的方法进行变化，避免牵强附会。由于变形的程度不同，变形有写实变形、写意变形之分。

（1）写实变形

以写生的物象为主，对物象中残缺不全的部分加以舍弃，对物象中完美的特征部分则加以保留，并按照物象的生长结构、层次，在写实资料的基础上进行艺术加工，使其成为优美的图案纹样。例如，菊花的叶子曲折多，月季花的花瓣卷状多、层次多，变形处理时可删繁就简，去其多余的、不必要的部分，保留有特征的部分。

（2）写意变形

在写实资料的基础上不像写实变形那样加以调整修饰就可以了，而必须把自然物象进行一番改造。完全可以突破自然物象的束缚，充分发挥想象力，运用各种处理方法进行大胆的加工，但又不失物象的固有特征，将描绘的物象处理得更加精益求精，并符合食品工艺造型的要求。在色彩处理上也可以重新搭配。这种变化给人以全新的感觉，使物象更加生动、活泼。

变形是由主客观因素构成的。从客观因素方面来看，如鹿的变形，不管怎么变也要体现它那灵巧、健美、温顺的感觉；主观因素包括美食家本身的艺术修养、审美能力、爱好和趣味等，由于主观因素的存在，变形因人而异。例如，鸟的变形，身体可以变成圆形、半圆形、椭圆形等各种不同的几何形；翅膀像飘带、像被风吹动的树叶，也可以像发射的光线；尾巴可以变成各种植物形、几何形；身上的羽毛更可随心所欲地加以变形。大胆地添加变化可以使得物体的形象超越自然、高于自然，同时也能够创造出更理想、更集中、更富有新奇感的食品艺术造型魅力。

3．简化

简化是为了把形象刻画得更典型、集中、精美。通过简化去掉烦琐的部分，使物象更单纯、完整。例如，牡丹花、菊花等，都是丰满的花形，但它们的花瓣往往较多，全面如实地加以描绘不但没有必要，而且也不适宜在实际原料中制作。简化处理时，可以把多而曲折的牡丹花瓣概括成若干个，将繁多的菊花花瓣概括成若干瓣。松树一簇簇的针叶构成一个个圆形、半圆形、扇形，苍老的树干像长着一身鱼鳞。抓住这些特征，便可删繁就简地进行松树造型。为了避免单调和千篇一律的现象，在不影响基本形状的原则下应使其多样化。例如，将圆形的松针描绘成椭圆形，使圆形套接，做同心圆处理，让松针分出层次。在进行雕刻工艺造型时，要依靠刀工技术来处理，使松针有疏密、粗细、长短等变化。

4. 添加

添加不是抽象的结合，也不是对自然物象特征的歪曲，而是把不同情况下的形象组织结合在一起，综合其优美的特征，从而产生新意、丰富艺术想象。但是注意添加要合乎情理，不生硬、不强加。添加手法是根据设计的要求使简化、夸张的形象更丰富的一种表现手法。它是"先减后加"，但又不回到原有的形态，是对原有的物象进行加工、提炼，使之更美、更有变化。例如，传统纹样中的花中套花、花中套叶、叶中套花等，就是采用了这种表现方法。有些物象已经具备了很好的装饰因素，如梅花鹿身上的斑点，远看像散花朵朵；蝴蝶的翅膀，上面的花纹很有韵律。鱼的鳞片、枝叶的丝脉等都可视为各自的装饰因素。但是，也有一些物象，在原有物象中找不出这样的装饰因素，或是装饰因素不够明显。为了避免物象的单调，可在不影响突出主体特征的前提下，在物象的轮廓之内适当添加一些纹饰。所添加的纹样可以是自然界的具体物象，也可以是几何形的花纹。

5. 寓意

寓意是一种大胆巧妙的构思。在进行设计雕刻图案的变化时，可以使物象更活泼生动，更富于联想。在烹调菜肴的造型中，应充分利用原料本身的自然美（色泽美、质地美、形态美），通过精巧的刀工技术将其融合于造型艺术的构思之中，用来表达对某事物的赞颂与祝愿。如在祝寿筵席中，常将万年青、桃、松、鹤以及寿、福等汉字加以组合，增添宴席的气氛。在某些场合下，还可把不同时间或不同空间的事物组合在一起，使之成为一个完整的图案。例如，把水上的荷花、荷叶、莲蓬和水下的藕同时组合在一个画面上，把春、夏、秋、冬四季的花卉同时表现出来。这种打破时间和空间局限的表现手法能给人以完整和美满的感觉。

（三）在设计食品雕刻作品时的注意事项

1. 工艺和美感相结合

在食品雕刻作品设计中，刀法的准确能够表现作品纹路清晰流畅，艺术感较强，如果再加以吉祥图案的寓意构造，那么一件雕刻作品就不仅仅是一件单纯的雕刻作品，而是有着综合艺术表现的艺术品。食品雕刻作品都是用于有着美好寓意的场合，能够增加饮食美感，烘托气氛。如果雕刻作品工艺精湛，但构图寓意不佳，它的美感价值就不高。所以应加强食品雕刻作品的工艺与美感的结合。

2．作品寓意吉祥

吉祥如意是中国自古以来的美好用词，表示祝福之意。在食品雕刻作品中寓意就是作品的内涵，如果只是单一的追求工艺上熟练精细，而忽视了作品整体感觉，作品就过于单纯而没有内涵。如上所述，作品的工艺要和美感相结合，美感就是对应着在作品上如何构图而造型，表现出吉祥寓意，在各种场合上应用得当。例如，单纯雕刻一只鸟是一件作品，表现寓意不大，如果在鸟的周围点缀一些花卉等衬托物寓意就变了。因此，要多加尝试一些物件组合。

3．造型独特、刀功精细

食品雕刻作品的造型有大有小，一件满意的作品背后，雕刻者都要付出的很多，俗话说："台上一分钟，台下十年功。"在餐饮的大舞台上各种菜式五花八门，各式宴席档次不一，因此，食品雕刻作品要随着市场变化而做出相应的调整。造型独特一般是指在整雕或单个作品上的造型要新颖，加以刀功上的表现精细，作品就能表现出美好的用意。

4．色彩艳丽

食品雕刻作品的色彩要艳丽，这就需要各种不同色彩的果蔬原料，并运用不同的艺术手法。雕刻时应注意色彩配合要适当、自然协调、均匀，给人以色彩分明、舒适愉快的感觉，以刺激人们的食欲。另外，色彩作为食品雕刻作品的一个重要元素，在设计时要考虑主题、原料上市季节和灯光配合等因素，才能体现食品雕刻作品色彩艳丽的特色。

5．安全卫生

食品雕刻在餐桌上的用途有只供观赏、充当器皿、观赏加实用。第一种用途是不能食用的，第二种用途也不能食用，但要盛装食物，这就需要注意加工时的卫生问题，最后一种一般用于菜肴的配菜点缀等，是可以食用的，也要求卫生。为了保障食品雕刻的安全卫生，就要做到果蔬原料符合卫生、雕刻过程不受污染和不变质，做到果蔬原料要新鲜、雕刻时间要缩短、工具和盛器要消毒、个人要讲究卫生。

6．合理用料、避免浪费

果蔬雕刻用料虽然十分讲究，但不能浪费原料。在雕刻过程中要合理用料，在保证质量、形态的前提下，应尽量减少不必要的损耗，做到大料大用、小料小用、碎料充分利用，对哪些原料可用拼接，哪些原料用来支撑或点缀等都要心中有数，做到物尽其用。

第四章　食品雕刻的盘饰与运用

盘饰也称为菜肴点缀，即在菜肴装盘或上桌之前，饰以食雕作品、穿花、香菜、黄瓜、胡萝卜片等新鲜色美的点缀物。盘饰是为了更好地衬托、美化菜肴，故而任何饰品不能超过盘的四分之一。盘饰的制作有贴摆法、组合法、相叠法、穿花法、整雕法等多种制作方法。

第一节　盘饰布局

盘饰布局指食雕等点缀物的整体位置的分布。盘饰的布局方式可大致分为如下几种。

一、中心式

盘饰置于盘的中心，多用于圆盘。点缀物以立体的小型食雕作品、穿花等较为常见，其布局一般是圆盘中间放置香菜（芹菜叶子、西芹叶也可），上面再放一朵雕花或穿花，如酥炸鸡翼、椒盐蛇段等菜肴可选用这种盘饰，而素荟八宝或什锦拼盘中间则放一雕刻的宝塔。也有的饰物与菜肴紧密结合，如陈皮醉蟹的盘中央是用冬瓜镂空雕成的蟹篓，盘子上、蟹篓内外均有螃蟹，显得生意盎然。

二、绕周边式

点缀物在菜肴的周围连接成圆形、椭圆形或成包围形的图案。根据点缀物相互间的距离，可分为间歇式与紧密式。根据盘饰图案的形状，又可分为圆形、椭圆形、灯笼形、心形、寿桃形、扇形、向日葵形、花篮形、菱形、方形、放射形等。

形成点缀物的花片或物件多以黄瓜或番茄切制。有时也可根据菜肴来定，如红烧兔肉周围的点缀可用鹌鹑蛋制作的小兔子，或用胡萝卜雕切的小兔子花片，就比其他的饰物更适合主题。还有的点缀物同时具有食用性，如疲萝烤鸭旁边的一圈菠萝，扒蹄膀周围的一圈菜心等。

三、一侧式

点缀物位于盘周边的某一侧。这是一种较为常用的方式，如放点香菜叶子，再放朵雕花；或放黄瓜、胡萝卜切成的花片；有的点缀物用小型整雕，如糖醋黄河鲤鱼旁边可点缀垂钓仙翁。点缀物的原料色泽应鲜艳，大小应适中。

四、两侧对称式

点缀物在盘的两边呈对称状。多见于形状整齐菜肴的点缀，在菜肴的两边呈对称。如"片皮乳猪""北京烤鸭""海鲜卷"等。

五、鼎足式（三点式）

点缀物在盘的周边均匀地呈三点分布，多用于圆形平盘。适合此类点缀的菜肴形状多为精细的片、丁、丝、条，如"三彩鱼丝""水晶虾仁"等。在盘边点缀一点嫩绿的香菜，上置小喇叭花；或放黄瓜边切的花片，上面再放点樱桃，或红椒片，视觉效果赏心悦目。

六、扩散式（垫底式）

点缀物在盘底下作垫底。如冷盘中小白兔下的菜松，铺在盘底下作草地；热菜中荷香鸡，盘底的荷叶既能增香又能添色。还有的如芭蕉叶、土豆丝作雀巢，香酥鸭下面垫荷花瓣及荷叶等。

七、盖面式

点缀物在菜肴的最上面。如为了遮住清蒸全鱼的刀口，用香菇、姜片、火腿片等整整齐齐组成的刀面；一品豆腐上用香菇、枸杞、西芹等做的松、竹、梅；拖网鳜鱼、拖网武昌鱼等上用胡萝卜或莴笋切制的鱼网也是盖面式的经典之作，鱼网剔透鲜艳，仿佛令人又见打鱼的情形，食之别添一番情趣。盖面式点缀要求有一定的造型图案，并且要盖中有透、虚实结合，才能达到最好的效果。

八、点睛式

在菜肴的造型关键处点上神来之笔，这样的点缀称为点睛式。如葡萄青鱼上用黄瓜刻的藤、葱丝做的须，松鼠鳜鱼上用樱桃做的眼睛，都使菜肴造型更加栩栩如生。

九、分隔式

点缀物将盘内两种菜肴均匀隔开。

十、综合式

即盘中点缀物的布局综合了两种方式或更多种方法。如中心式加绕周边式，或一侧式加对称式等。有时候，盘中的饰物既点缀又作盛器。如鲁菜中的油爆海蜇，盛器是冬瓜雕的龙舟，龙舟下是冬瓜雕的波浪纹底座。

第二节　盘饰法实例

一、贴摆法

将切成的片在盘中摆成各种辅助的花形，以点缀菜肴。适用于黄瓜、莴苣、胡萝卜等。以黄瓜为例，具体操作如下：

①小黄瓜切圆片，三片交叉相叠，中间点缀半颗红樱桃；②黄瓜切半圆片，一片叠一片，交叉对称摆，也可摆成环行、心形、灯笼形等多种形状，摆放时可将黄瓜片横放贴摆，也可将半圆的黄瓜片切厚点竖放贴摆，略呈半立体状；③黄瓜切连刀片，轻轻压开做成松针状贴摆；④黄瓜切双开刀（两片相连不切断），把一片黄瓜折入于另一片的夹缝中，再环绕盘边贴摆；⑤）取新鲜挺直的大黄瓜，纵剖成四等份，片掉中间的籽瓤，以约120°斜度切连刀片（6至9刀不等），切完后用刀将绿色皮面片开（从连刀片相连的一端起刀，另一端不断），再将黄瓜片一片片按顺序夹入内层，放入清水中略泡，即可定型为立体佛手；⑥将黄瓜纵向对剖，截面半圆切成锯齿状，可做成秋叶。

二、组合贴摆法

这种方法是将两种或两种以上原料加工后，组合起来装盘点缀。常用的原料有橙子、番茄、黄瓜、樱桃、香菜、生菜等。具体操作如下：

①二、三层相叠法。生菜叶摆最外层，番茄切半圆片摆中间一层，橙子切半圆片摆内圈；②将鲜橙的横切面切圆薄片，再切开一半，把切开的两边分别朝左、右方向折转，坐立盘中，两端以樱桃点缀；③将番茄（或橙子）以顶端为中心，对剖成12块。每一小块用片刀从尖端将皮片开，底部相连不断，也可将片出的皮向内翻折，每两块相对放置即成蝴蝶状。

三、瓜皮线条设计法

取略厚（0.4～0.6厘米）的新鲜西瓜皮或冬瓜皮，将简单的花卉图案做好版模，压印刻在瓜皮上，也可以直接在瓜皮上绘好图案后再行刻制。将刻好图案的瓜皮竖立放置，用新鲜南瓜肉切花片，粘接在瓜皮做的枝干上。用此法可设计花卉、风景、抽象人物等多种图案。

四、整雕法

将小件整雕作品放入盘中或盘子一端。

五、穿花法

点缀装盘常用到花卉这里仅举二例简单的穿花。

①将番茄切半圆形薄片，一片压一片，共摆10～12片，从左往右卷绕，绕完竖放即成玫瑰花形，外层花瓣可适当外翻；②将胡萝卜片圆薄片，取一片卷成花心，在花心底部插入相互垂直的牙签，再取一圆薄片环绕着花心往牙签上插，越往外片越大，如此交叉地放约10片，即为一朵艳丽的月季。

第三节　食品雕刻的运用范围

食品雕刻的运用应以美化菜肴、点缀筵席为目的，以食用和适用为原则，不是单纯为了雕刻而雕刻，而是从整体美出发，追求雕品的造型、色彩协调大方，组合比例适当，与各式菜点及整个宴会和谐统一，真正做到传情达意。

食品雕刻主要运用于宴会，以美化宴会环境，装饰筵席台面，对单只菜肴进行美化造型。这对提高筵席的档次、渲染就餐环境气氛、增进就餐者的情谊，都能起到十分重要的作用。

一、美化宴会环境

利用食品雕刻作品对宴会环境进行美化装饰，包括餐厅环境的美化和餐厅宾客休息室的美化。宴会环境通过食雕艺术品的装点，可以为顾客提供一个更加舒适和优雅的就餐环境，使宾客在轻松愉快就餐的同时，得到一定的精神享受。

餐厅环境美化，主要是利用多样化的食雕作品的大量组合，来展现其独特的艺术风格。一般情况下，大型的宴会要在餐厅设置大型的食雕艺术看台，通常以极具地方代表性的自然、人文景观或具有一定寓意的物象、场景作为艺术表现素材，如"万里长城""锦绣中华""宫灯贺岁""骏马奔腾"等。这种形式应用的雕品，具有数量多、种类多样、造型各异、色彩鲜艳的特点。其中主雕作品雕工精细，造型雄伟大方，气势高雅，栩栩如生；整套作品的组合则主题鲜明，布局协调合理，层次清晰，错落有序，色调变化自然和谐。

餐厅宾客休息室的美化，是指利用某种特定造型的组合雕品对休息环境进行适当的布置，使环境更加优雅、舒适，以此来进一步烘托宴会的气氛，调节就餐者情绪，增进就餐者之间的感情交流，加强宴会的应用效果。在实践中，常用瓜灯、花篮、花瓶、花盆等作为装饰品，对休息室的天棚、墙角、茶几等处进一步美化装饰。一般情况下，瓜灯要吊在天棚上，花篮、花瓶放在茶几上，花盆放在花架上。这些雕品所表现的素材生活中经常见到。因此在创作时，造型要新颖别致，雕工要精细，组合要和谐，使作品既具有审美的民族性，同时又具有审美的时代性。

二、装饰筵席台面

装饰筵席台面，是指利用多种食雕作品的一定数量的组合，对筵席主餐台进行美化装饰。在实践中，常以一定寓意的看台或看盘或食雕花篮、花瓶等作为艺术美化的表现形式。这种应用，既美化了筵席台面，又美化了宴会环境。一般情况下，在大型中餐宴会中，在主餐台台面中央设置大型的看台或花台，如"长城和平鸽""鲜花迎宾"等。之所以设置大型看台或花台，一方面出于美化宴会环境和筵席台面的目的；另一方面，由于此类宴会所用餐台很大，最大台面直径可达 4 米，中间不宜放置菜肴，在圆桌中部设置看台或花台可以起到补缺的作用。在某些中小型宴会中，在餐台中部可设置小型看台或花台或看盘或食雕花篮、花瓶等。这类小型看台或看盘，气势不需要宏大，只求浓缩精美，意境突出，主题鲜明。如祝寿宴可设置"松鹤延年""寿星献桃"；喜庆宴可设置"龙凤呈祥""孔雀开屏""奖杯花台"等。对于花篮、花瓶，一般在小型宴会中使用，在造型上亦不可过大，只求造型精美，花卉组合和谐优雅，自然大方，色彩艳丽，疏密相间，抑扬适当。

对单只菜肴进行美化造型指对筵席菜肴的美化。具体地说就是利用食品雕刻作品对餐桌上的主菜有意识地进行艺术装点，使主菜具有很好食用性的同时，具备一定的艺术欣赏性，进而使整个席面的菜肴在质量、色彩、形态、寓意等方面得以提高、丰富和充实，表现出筵席高雅、谐和的整体美、达到与宴会设计相符，与台面美化和环境美化组合相互辉映的目的。对单只菜进行美化造型的雕品，在创作时多以花、草、鸟、兔、鹿、蝴蝶等为素材，雕品的形体不需过大，只求小巧玲珑，造型优雅，以突出对菜品的点缀艺术效果为目的。

第四节　食品雕刻运用的方法

食品雕刻的运用，除了具有雕塑艺术品使用方法的共性之外，还具有自己独特的个性。按照食雕艺术品使用效果的不同，其运用方法大致可分为点缀法、补充法、盛装法、情景组合法等四种方法。

一、点缀法

点缀法就是利用特定造型的食雕艺术品作为装饰品，对单只菜肴进行不同形式的艺术装点，使其具有一定的寓意、形态和色彩，提高菜肴的感观性状，达到美化菜肴的目的。在实践中，其具体的艺术表现方法是对单只菜肴进行围边或盘中衬托。

（一）围边

围边是根据菜肴造型及色彩搭配的需要，利用原料固有的色泽，将烹饪原料加工成平面的或立体的造型形体，采用搭配、排列等手法，形成一定的平面图案或立体造型，围饰于菜肴周边，对菜肴起到一定的点缀装饰作用。如"锅塌鹿血糕"的盘边一处摆设一立体的"奔腾小鹿""腰果带子"的圆盘边周围利用心里美萝卜、甜橙等刻拼成灯笼的平面图案，将菜肴围饰于内。

（二）盘中衬托

盘中衬托就是根据菜肴造型的需要，将特定造型的食雕作品放于盘中或菜肴原料之上，使菜肴具有一定的造型，达到点缀菜肴的目的。

摆放是雕刻作品得到合理使用的关键。在实践中，雕品摆放可以细分以下几种方法，每种摆放方法都会产生不同的装饰效果。

第一，将雕品摆放在菜肴中间的方法主要用于凉菜的装饰，尤其是用于排围手法装盘的凉菜。如"水晶肘子"，将肘子切成圆片，从盘边向盘中心围摆几圈，再在中间空余处摆放一朵食雕花卉如月季花、牡丹花等。

第二，将雕品夹放于菜肴之间的方法主要用于凉菜。如凉菜中的三拼、四拼，在相邻两种凉菜原料之间摆上食雕花卉或其他雕切饰品。这种方法在热菜中主要用于一盘两菜的菜肴装饰，即在两菜肴原料之间，摆放特定造型的雕刻制品，起到隔断或防止串味的作用。

第三，将雕品铺放于菜肴的表面的方法主要用于某些特殊造型的菜肴。如"拖网挂鱼"，用萝卜雕切成鱼网状，盖在清蒸鱼的上面。这种方法虽应用较少，但应用后有很强的艺术装饰效果。

第四，将雕品放于盘中的方法应用时分两种情况：一种方法是将雕品放于盘中，在其周围装置菜肴。这种方法应用较多，形式也多种多样。如在盘中放置"孔雀萝卜灯""山石亭塔""出水蛟龙"等，以适合不同菜肴造型的需要。另一种方法是将雕品放于盘中，作为特定菜肴盛器的载体。如"金龟送宝"，用倭瓜雕成的龟先放于盘中，在其"体内"点燃蜡烛，再将盛有元宝形菜肴的盘或碗放在其身上。此造型栩栩如生，别有一番情趣。

操作要领：①盘中衬托的雕刻饰品，雕刻要精细，造型要高雅，形体的大小要根据菜肴造型的需要，与菜肴搭配协调；②雕品的颜色要与菜肴和盛器的颜色相协调，切不可顺色；③注意雕品的卫生。

二、补充法

补充法就是利用立雕作品的主要部分与菜肴一起构成一个形象和寓意都比较完整的菜肴。

这种方法使用的雕品是菜肴形象的重要组成部分，与点缀方法应用的雕品截然不同。点缀法应用的雕品不能成为菜肴的一部分，它对菜肴只起到装饰美化的作用。也就是说，用了点缀菜肴的雕品，可使菜肴更加美观；如果不用，菜肴依然有其自身的形体和颜色，不会影响其形象的完整性。而用来补充菜肴的雕品，则必不可少；缺少了就会失去菜肴形象和寓意的完整性。如"孔雀开屏"，如果不用孔雀头来补充菜肴，就会失去"孔雀开屏"的完整形象。在实践中，应注意区别和使用。

操作要领：①用来补充菜肴的雕品，雕刻时只雕刻出要应用的主要部分，不必将其雕成比较完整的艺术形体。雕刻时要精细。②主要形体部分的造型，要根据构思意图进行雕刻，使其形态、大小、比例与菜肴相协调。只有这样，才能组合成一个结构紧凑、比例协调的完整形体。③在摆放时，注意与菜肴部分的衔接。衔接要紧凑，不能有脱离。

三、盛装法

盛装法是利用特定造型的食雕作品代替盛器，直接盛装菜肴，以此来美化器皿，增加菜肴形象感和艺术性。

用来盛装菜肴的雕品，可分为专用欣赏型和既可欣赏又可食型两种类型。

（一）专用欣赏型

雕品形体一般较大，雕刻时注重造型和外表的修饰。如各种形式的瓜盅、瓜船等。

（二）既作欣赏又可食用型

雕品形体一般较小，选料一般多用形体较小的蔬菜原料，也可用蛋糕、鸡蛋等原料。雕刻时注重造型的同时，主要侧重于其食用性，一般不做外表面的修饰。因此，这种类型的雕品往往个数较多，一般在 8～12 个之间，通常采用拼摆装盘造型。如"番茄盒""椒盒""小瓜船""蛋清篮"等等。

操作要领：①专供欣赏型的雕品，在雕刻时，选料要根据菜肴制作的要求，不可过大，也不可过小。要选择形体完整、皮面色匀光亮、无破损的原料。雕刻要精细，造型要别致，表面图纹要清晰，图案要祥和美观，富有诗意。②既作欣赏又可食用型，要特别注意其食用性。在雕刻时，既要考虑其盛装效果，又要保证菜肴的总量，不能只追求盛装的艺术效果而忽视它盛装菜肴的数量。要做到菜量不能少，盛装不外溢。③注意雕品的颜色要与衬托器的颜色相协调，避免顺色，以突出雕品盛装的艺术效果。④雕品在雕刻创作时，注意保持形体的完整性，不可漏刀破损，以防菜肴汁液外渗。

四、情景组合法

情景组合法就是根据宴会的需要，将不同种类、不同形式的食品雕刻作品，采用一定的艺术表现手法，通过搭配、排列、组合，形成具有一定造型和意趣的艺术组合作品。这种方法所使用的雕品，一般种类较多，形式各异，用量较大。组合后对宴会装饰的效果比前几种方法要隆重、强烈。在实践中，根据制作规模及其所产生装饰效果的不同又可分为以下几种具体方法。

（一）形成看台

形成看台是将大数量、多种类的特定造型的雕刻作品进行意境组合，形成具有一定寓意和一定规模的景观或场景的食雕艺术展台。形成看台在制作中由组合和布台两部分构成，主要用于对大中型宴会环境进行美化。

组合的方式主要有两种，即自然式和图案式。自然式是将雕品自由地摆放，不受任何限制，但需从摆放的高低、大小、疏密关系中体现出作品的某种感情、寓意或意境，给人们带来真正的美；图案式是将雕品按一定的图案要求去摆放，受图案美的限制，以图案美和色彩丰富取胜。两种方式是一对相互对立又相互联系的矛盾体，在实践中，既可独立运用，又可综合运用。

布台指台面布置，一般有两种形式，即全景布台和衬景布台。全景布台是指布台组合后，展台展现的是全景作品，具有全方位的视觉性。作品的主题思想是通过每件食雕作品的造型集中表现出来的，不需要衬景进一步说明。衬景布台是指布台组合后，看台展现的是意义不完全的景色作品，它必须与其衬景一起才能将看台的主题思想完美地表达出来。衬景一般多用相应景色的壁画，因此这种看台必须要靠墙设置。无论是全景式布台还是衬景式布台，在布台时，首先要根据整体设计，用一些刷有绿漆的铁丝或用一些雕刻用料做支撑物，设在台面中相应位置，并有一定的高低起伏，然后将主体部分的雕品和衬体部分的雕品各就各位，最后再做进一步的艺术调整。

操作要领：①看台形式主题要鲜明，寓意要深刻，意境要深远。在大型看台中，主要雕刻作品的造型要自然大方，气势要宏伟；次要雕品的大小要适当，造型要逼真、富有生机；②整套作品的布局要合理。自然式组合中雕品的摆设高低要错落有致，抑扬适当，大小要相间有别，疏密关系要协调，做到多而不乱，少而精彩；图案式组合的图案选择要精美，色彩要丰富；③布台时，不可死搬硬套，即在按图样布置的基础上，可以对各部分的位置进行适当地调整。同时还要注意雕品的摆放要稳妥，大型的雕刻不可浮放，要固定扎实。

（二）形成看盘

形成看盘就是将一定种类和数量的特定造型的雕刻作品进行情景组合，形成具有一定寓意的艺术组合作品。这种方法，主要用于某些中小型宴会的席面美化。

看盘的形式很多，根据表达主题内容所用雕品种类和数量的多少，大致可分为两种类型，即意境组合看盘和主雕形象看盘。意境组合看盘就是利用一定种类和数量特定造型的雕品进行意境组合，形成具有一定意境的看盘。这类看盘所用的雕品种类和数量比主雕形象看盘要多，比看台要少，其组合摆盘的方法和要求与看台基本相同，不同的是整套作品在规模和气势上比看台要小很多。主雕形象看盘即是以主雕的内容及其造型来表达筵席主题的一类看盘。在实践中，雕品可以是一种素材的立雕造型，也可以是两种或几种素材立雕造型的组合。主雕形象看盘的雕品的数量不可过多，进行造型组合时，要分清主次。

操作要领：①看盘的主次要鲜明，寓意要深刻；②雕品雕刻要精细，形体大小要适当，造型要高雅，姿态要优美；③看盘中的雕品摆设、布局要合理，高低起伏要错落有序，大小相间要得体，疏密关系要协调；④看盘中的雕品摆放要稳妥，大型立雕要立牢。

（三）形成花篮、花瓶、花盆

食雕花篮、花瓶、花盆也是食品雕刻组合中比较常见的一种应用形式。主要以各种花卉的艺术组合对宴会环境进行美化。

1．花篮

花篮的种类很多，形式也多样，但花卉组合的方式基本相同，即多用图案组合方式对花卉进行艺术组合造型。在实践中，经常以圆形、椭圆形的竹篮或塑料篮筐作为篮体，有时也用整雕花篮；用染上绿漆的铁丝或竹签作花枝；以绿色菜叶或植物枝叶作花枝叶。制作时，首先将几块萝卜放于篮中，使篮筐的底部稍高一些，以增加花篮的稳定性和便于造型。然后将食雕花卉通过"花枝"插入花篮中，最后将花叶插入花篮的空隙处。

2．花瓶

花瓶的种类很多，形式也多样，不同形式花瓶的花卉组合方式也不尽相同。花瓶中花卉的组合有两种方式，即自然式和图案式。一般情况下，经常用图案式组合来形成花瓶。这样的花瓶，花卉种类繁多，色彩艳丽，造型比较美观，很容易产生热烈的气氛。

花瓶一般多以整雕花瓶作为瓶体，以染上绿漆的铁丝或竹签为花枝，也可以用带叶的花枝、树枝或穿人铁丝或竹签的带叶芹菜作花枝，用绿色菜叶或花叶、绿草等作衬叶。制作时，首先将"花枝"插入"花瓶"，然后将各种花卉插在花枝上，最后用绿叶、绿草加以点缀装饰。

3．花盆

花盆中花卉组合的方式也有自然式和图案式两种。图案式组合多用于花和花枝均居于盆口上方的花盆造型。在实践中，常以实物花盆为盆体，中间放入几块萝卜块，插上花枝，然后将各种颜色不同种花卉插在花枝上，最后取一块萝卜剁碎，填入花盆内，将插花枝的萝卜块盖上。用于此种插花的花枝一般多用带叶的树枝、花枝或用插入铁丝或竹签的笋叶、芹菜等。

自然式组合多用于某些草本花的花盆造型。这类花盆中的花，往往枝长下弯，有时还铺溢于花盆下方。这类花盆一般要放在有一定高度的花架上。在实践中，常以花盆为盆体，盆中装入一定重量的物体，确保盆体的稳定性。以不同粗细和长短的染上绿漆的铁丝为花枝，以剪成不同形状的铁窗纱作衬底，从而突出此类花盆枝长下弯的效果。具体应用方法是先将铁窗纱固定在花盆中，使其自然外溢下展，并保持一定的长度。然后将所雕花卉分别插上"花枝"，再将这些花插摆于花盆内及铁窗纱之上，最后以香菜叶、芹菜叶等为花叶，将叶子插入每朵花的周围和窗纱上空隙处。

操作要领：①在图案式组合的花篮、花瓶、花盆中，花卉在组合布置时要选取一朵或几朵花作为主花，其他花作为陪衬花。在用整雕与花卉的组合中，要突出整雕的艺术效果。②在对花篮、花瓶插花时，花叶的使用不宜过多，以突出花卉的艺术效果。③在插花时要突出主花，用好附花，做到主次分明，疏密协调，抑扬适当。④花卉在组合时，要注意色彩的搭配。有时需要将同一种颜色或色彩相近的花卉组合在一起，给人一种整体感，有时还需要利用颜色反差或使颜色以一定的次序变化来突出主色调。⑤花瓶与花卉组合时，花瓶的颜色要素雅不可鲜艳。

第五节　食品雕刻运用的注意事项

正确地运用食品雕刻，是美化宴会环境、烘托宴会气氛、实现宴会目的的重要手段。为了使食品雕刻作品更具艺术欣赏力，使之与人意相辅，在食品雕刻具体运用的过程中必须注意以下几点：

一、根据宴会的档次选用雕品

宴会的档次是由筵席菜品的价值、就餐者的身份、宴会的影响力等诸多方面来决定的。因此不同档次的宴会，所需要雕品的种类、形式都有所不同。一般来说，大型高档次的宴会，应选用造型宏伟的大型立体雕刻，雕品的数量要多一些，形式要多样化；中档次的宴会，雕品在数量上相对要少一些；再低一点档次的宴会，就不需要数量较多的立雕作品，只选用几件特定造型的雕品对主菜进行装饰就可以了；如果宴会档次较低，筵席菜肴一般化，则不需配置食品雕刻作品。

二、根据宴会的主题选用雕品

食品雕刻艺术品种繁多，形式多样。不同种类和不同形式的造型，其使用的方式也有所不同，展现的艺术效果也各具特色，表达的寓意也丰富多彩。因此，雕品的应用组合要与宴会主题相和谐，不同主题的宴会应选配相应形式的雕品。这样运用的雕品，才能充分表达宴会的主题思想，使宴会气氛更加隆重热烈，真正做到传情达意。如婚宴配置"龙凤呈祥""喜上眉梢"等组合看台或看盘；寿宴配置"松鹤延年""寿星献桃"等看台或看盘。

三、根据宾客的风俗习惯选用雕品

不同国家、不同民族、不同信仰的宾客都有各自不同的风俗习惯。就花卉来说，日本人喜欢樱花，忌讳荷花；意大利人喜欢雏菊，忌讳菊花。就动物来讲，中国人认为孔雀是美丽的象征，而法国人则视其为祸鸟。这一切都说明，不同风俗习惯的人对一些事物的看法存在着差异。而食品雕刻所表现的素材包罗万象，其中不免会有一些素材内容的创作被一部分人认可，同时又被另一部分人否定。因此，在宴会中，作为能够促进人们感情交流的雕刻作品，它的运用必须去迎合人们的不同风俗习惯。为此，我们在选用雕品时，必须了解和尊重宾客的风俗习惯，最好以其最喜爱的花、鸟、鱼、兽等为素材进行雕品创作和运用，否则将适得其反。

四、注意运用不可过滥

食雕艺术品不可过多地运用，要根据宴会的内容、档次适当地控制雕品的用量，要以突出主菜和表明宴会主题思想为原则。一般情况下，一桌菜肴只需对几道主菜进行装饰即可，切忌每道菜都用食品雕刻。只有这样，才能使筵席菜肴美观而不俗艳，朴实而不浮华。雕品的情景组合，要以表明主题为目的，使作品主题突出、层次清晰、内容明快即可，切不可大量使用雕品，使组合作品华而不实。

五、注意使用的时间性和作品原料的失水性

　　放置食品雕刻的大型看台，一般贯穿宴会的始终；看盘是开宴前布置，冷菜结束之前撤下；其他随菜肴而上的食雕作品，则随菜肴而撤下。由于食品雕刻的原料多为含水量较大的新鲜果蔬，长时间的摆放，会因失水而变得枯萎，影响作品的生机和活力。为此对大型看台或看盘，要注意喷水；席面上使用时间较长的雕品，可以事先用小刷薄薄地刷一层香油或明油，起到防干保鲜的作用。

六、注意雕品的卫生

　　食雕作品的卫生程度对菜肴的卫生有着直接的影响。首先它与菜肴直接接触，这就有可能使不卫生的雕品污染菜肴；其次，食雕作品与菜肴接触的时间往往都很长，一般都贯穿整个宴会的始终，这又为不洁净的雕品污染菜肴提供了时间。因此，食品雕刻作品在创作过程中，选料要无污染、无虫蛀、无鼠咬，雕刻环境要清洁，雕刻刀具、用具要消毒；雕刻成品要注意保管。雕刻作品在应用过程中，取放要用消毒巾，操作环境要卫生，摆设好的围边雕品，不能在厨房久放，要加保鲜膜，放于阴凉处或冷藏柜中。只有这样才能使菜肴能够更好地食用。

　　总之，食品雕刻的运用，不仅要选择好运用的形式，更要巧妙地构思，画龙点睛，并通过色彩、造型等的合理配置，使其与整个宴会和谐统一，使菜点高雅、艳丽，使宴会隆重热烈，真正起到传情达意、增进友谊的作用。

第五章　花卉、禽鸟、鱼虾的雕刻

第一节　花卉的雕刻

一、花卉雕刻的基础知识

花卉以蓬勃盎然的生机、绚丽多彩的颜色、沁人心脾的芳香，自古以来就深受人们的喜爱，无论男女老少。花卉不仅装点着河山，美化着环境，同时又能陶冶情操，给人以美好的精神享受。正是人们爱花、喜欢花，所以把花卉作为主要的雕刻素材。利用雕刻的方法，将食物原料雕刻成各种各样的花卉，运用到菜点的制作和装饰中。

花卉雕刻是学习食品雕刻的重点，也是学习食品雕刻的入门基础。通过学习雕花，可以逐渐掌握食品雕刻中的各种刀法和手法，为以后的学习打下坚实的基础。由浅入深，由易到难，循序渐进，掌握食品雕刻的各种技巧，这样便能练就高超的食雕技艺。同时，花卉的雕刻造型方法和技巧对于提高菜点制作的色、形方面也有很大的帮助。

（一）花卉的基本结构

花卉的品种很多，形态、颜色也不一样。但是它们的基本结构是一样的，主要由花瓣、花芯、花萼、花托、花柄等组成。

1. 花瓣

一朵花主要是由花瓣构成，每种花卉的花瓣形状是有区别的。在食品雕刻中主要分为：圆形、桃尖形、细条状形、勺状形以及不规则锯齿状等形状，如圆形花瓣的有茶花、梅花等；桃尖形的有月季花、玫瑰花、荷花等；细条状形的主要是各种菊花；勺状形的主要有玉兰花等；不规则锯齿状的有牡丹花、康乃馨等。另外，同一朵花卉的花瓣大小、长短也有区别。一般情况下，外面的长、大，里面的短、小，这种变化是渐变的。

花瓣的颜色鲜艳、姹紫嫣红，但是其色彩也有浓淡、深浅的变化。比如，有的花瓣是上面部分的色彩深一些，而花瓣的根部色彩却浅一些，这种颜色是渐变的。

因此，如果需要给雕刻的花瓣着色，应注意把这种效果表现出来，否则着色反而会显得不自然。

不同的花卉，除了花瓣的形状、颜色不一样以外，花卉的花瓣数量和花瓣层数也不一定相同，每种花卉的层数最少1层，多的一般不会超过6层。

2．花芯

花芯是花卉繁殖器官的一部分，颜色多而鲜明，分为雄蕊和雌蕊。雌蕊位于花卉的正中心，呈柱形，柱头有些还分叉。雄蕊围在雌蕊的外边，呈丝状，上部有形状似米粒形的花药；花芯的颜色与花瓣的颜色对比比较鲜明，在数量上是雌蕊少而雄蕊多。在食品雕刻中，很多花卉在雕刻时是不用雕刻花芯的，而是用花瓣把花芯包起来，形成一个花苞，这样既降低了雕刻的复杂程度，同时又未使所雕花卉的艺术效果受到影响。

3．花萼

花萼在花瓣与花托连接的位置，由多个萼片环列分布。花萼的形状像小叶片，颜色大多为嫩绿色、翠绿色或深绿色，也有带紫色、红色的。花萼的瓣数为 3～5 片，有些与花瓣的数量一致。但是在食品雕刻中一般没有将花卉的花萼和花托雕刻出来，因为在通常情况下，使用花卉装饰菜点时是看不见花萼和花托的。

（二）花卉雕刻的要领及注意事项

花卉的雕刻方法在食品雕刻中是比较简单的，但是对基本功的要求却非常高，雕刻时的刀法和手法需要通过大量的练习来逐步提高，这是一个长期训练的过程，要做到勤学苦练、持之以恒。眼勤、脑勤、手勤，是学好花卉雕刻的关键要领。同时也要注意以下几个方面：

1．刀具使用适当

刀具的大小、软硬要适当。雕刻花卉用的刀具要硬一点的，不要太软，否则在雕刻时刀具会发生变形。另外，刀具是否平整锋利将会影响花瓣的厚薄和平整度，刀具不快，雕刻时不好控制力度，反而容易发生危险。

2．雕刻方法由易到难

花卉雕刻应先从简单的花卉雕刻开始，逐渐增加难度。通过雕刻简单的花卉，能逐步熟练掌握各种雕刻的刀法和手法，同时也能培养起学好食品雕刻的信心。

3．原材料新鲜

花卉雕刻要求花瓣平整光滑、厚薄均匀（宜薄不宜厚），这样的花才形象生动、逼真。雕刻花卉的原材料必须新鲜，质地紧密而坚实，不空心，肉内无筋。如雕刻的原料不好，就不容易达到这样的要求，会影响作品雕刻好后的艺术效果。

4．抓住花瓣形态特征

花卉雕刻时，要抓住花瓣的形态特征。花瓣形状的好坏直接影响着作品最后的艺术效果，初学者可以先用笔在纸上画一下花瓣的形状，然后再在原料上进行雕刻，这样要容易一些。

5. 掌握角度、深度和厚度

花卉雕刻过程中要掌握好角度、深度和厚度。

（1）角度

角度，是指花瓣与花瓣之间的距离，也是花瓣与底面水平线的角度。花瓣与花瓣的距离越大，花瓣的层数就越少；反之，就越多。花瓣与底面水平的角度是逐渐加大的，否则作品雕刻好后没有包裹状的花芯或是容易出现抽薹的现象。

（2）深度

深度，是指去废料或刻花瓣时下刀的深浅。去废料时的深度要求前后两刀的深浅要一致，这样废料才去得干净而不会伤到花瓣。刻花瓣时的深度要求是接近花瓣的底部，不要太深，否则花瓣容易掉。另外，雕刻花卉时下刀的深度也影响着花苞的大小，下刀越深，花苞越小；反之，就越大。

（3）厚度

厚度，是指花瓣的厚薄。花瓣的厚度要求是上部稍薄（特别是边缘），而根部稍厚，这样雕刻出的花瓣自然好看，经水浸泡后能向外翻卷，并且还挺得住形，不会太软。

6. 废料去除干净

花卉雕刻时，废料要去除干净，无残留。在花卉雕刻的过程中，去废料是一个比较难的操作，常出现去不干净、有残留的现象。废料去得掉或者去得净的关键是雕刻时要控制好刀具的角度和深度。简单地讲，就是前面一刀和后面一刀要相交。由于在雕刻时进刀的深度有时是看不见的，深浅的控制完全是靠雕刻者的感觉，而这种感觉是需要靠长期的训练才能做到的。

二、简易尖形五瓣花雕刻

简易花卉的雕刻方法比较简单，雕刻的刀法和手法也容易掌握。通过学习简易花卉的雕刻，既能进一步掌握一般花卉的基本结构，更能训练和提高雕刻的基本功，培养学习雕刻的信心和决心。简易花卉的雕刻快速而方便，灵活而实用，主要是用于菜点的装饰、点缀和菜肴围边，使菜点的"色""形"更加美观。以下是一些常用的简易花卉，它们在雕刻刀法、手法以及原料和刀具使用上都不一样。在雕刻的过程中，要去领会雕刻使用的刀法和手法，加强两手的配合，做到眼到、手到、心到，慢慢找到雕刻的手感，逐步提高雕刻技艺。

（一）简易尖形五瓣花的雕刻过程

这是一种用雕刻主刀快速雕刻简易五瓣花的方法。简易尖形五瓣花也是一种常雕的简易花卉，其用途广泛，但是花的结构和制作过程却比较简单。简单是一种美，绝不是粗制滥造。因此，雕刻时要把这种花的美表现出来。另外，在雕刻练习时，要重点体会雕刻的刀法（刻刀法）和手法（横握手法）以及手、眼、原料、刀具的相互配合。

主要原料：胡萝卜、绿色小尖椒。

雕刻工具：平口主刀、502胶水。

主要雕刻刀法：刻刀法。

制作步骤：

①将原料切成长4厘米左右的段，用雕刻刀把原料修成近似五棱柱的形状；②原料大头朝前，从五棱柱的棱上从上往下运刀，刻出一个尖形的面，然后再用刀刻出第一个花瓣；③采用同样的方法雕刻出余下的4个花瓣，并把5个花瓣底部连在一起取下来；④用绿色小尖椒刻出花萼，用小尖椒皮切细丝作为花的花芯；⑤用502胶水在雕好的花上粘好花芯、花萼；⑥将粘好的花泡入水中。过一段时间就可以使用。

（二）简易尖形五瓣花质量要求

①整体完整，形状自然美观，色彩鲜艳；②花瓣上薄下厚且5个花瓣底部要紧挨着连在一起；③花瓣平整光滑，完整无缺。

（三）简易尖形五瓣花的操作要领

①雕刻刀要锋利，运刀时要稳，注意厚薄的变化；②在使用502胶水粘接时，要注意操作安全；③雕好的花要泡入清水中，花瓣在吸收水分后会自然地翻卷变形，因此，花形显得更加自然美观。

（四）简易尖形五瓣花的应用

①主要用于菜点的装饰，作为盘饰使用；②作为整个雕刻作品中的一部分，与其他雕刻作品搭配使用。

三、简易尖瓣五角花雕刻

（一）简易尖瓣五角花雕刻过程

这是一种用戳刀快速雕刻简易五角花的方法。花的结构和制作过程都比较简单。在雕刻练习时，要重点体会雕刻的刀法（戳刀法）和手法（笔式握刀手法）以及手、眼、原料、刀具的相互配合。

主要原材料：南瓜、心里美萝卜等。

雕刻工具：平口主刀、V形戳刀、502胶水。

主要雕刻刀法：戳刀法。

制作步骤：①把南瓜或心里美萝卜的中心表面用笔分出相等的5份；②用V形戳刀对着中心点，斜着直戳，形成一个V形的槽；③戳刀退后一线，顺着V形槽直戳，形成一个V形的花瓣；④将5个花瓣雕刻好，再用主刀把它完整地取出来；⑤用主刀把花瓣的形状修整一下，使其更加美观好看；⑥戳刀戳出丝状的花芯并粘在花芯的位置上；⑦用绿色的心里美萝卜皮刻出花萼，并用502胶水粘在简易五瓣花的底部；⑧用清水浸泡待用。

（二）成品要求

①整体完整，形状自然美观，色彩鲜艳；②花瓣上薄根部稍厚，5个花瓣底部要自然地连在一起；③花瓣厚薄适中、平整光滑，边缘整齐无毛边，完整无缺。

（三）操作要领

①V形戳刀刀口必须锋利，可选用型号大一点的；②戳花瓣时，第一个V形槽不要戳得太深太大；③用戳刀起花瓣时用力要稳，不要戳破花瓣的形状；④戳刀快到底部时要收刀，不要把花瓣戳下来；⑤主刀在取花瓣时要注意刀尖的位置和深浅，防止取不下来或花的整体完整性被破坏。

（四）简易五角花的运用

①主要用于菜点的装饰中，作为盘饰使用；②作为整个雕刻作品中的一部分，与其他雕刻作品搭配使用。

四、简易番茄花雕刻

（一）简易番茄花雕刻过程

这是一种用雕刻主刀快速雕刻花卉的方法。花的结构和制作过程都比较简单，在雕刻练习时，要重点体会雕刻的刀法（旋刀法）和手法（横握刀手法）以及手、眼、原料、刀具的相互配合。旋刀法是一种用途很广的刀法，使用起来有一定的难度，需要通过大量的练习才能提高和掌握。

主要原材料：西红柿。

雕刻工具：平口主刀。

主要雕刻刀法：旋刀法。

制作步骤：①用主刀从番茄的中心开始，紧贴其表面完整地旋刻出长片状的番茄皮；②先用番茄皮卷出花芯，然后围着花芯把番茄皮一圈一圈地卷起来；③在卷好的番茄花旁边配几片雕刻好的叶子作点缀。

（二）成品要求

①色彩艳丽，花形自然、美观；②花芯要呈含苞待放状；③花瓣厚薄适当，边沿薄处呈不规则的形状。

（三）操作要领

①雕刻主刀要求锋利；②用于雕刻的番茄要求色彩鲜艳，硬度要大一点的；③番茄皮的宽度要在2厘米以上，并且只用番茄的表皮；④如果需要花形比较大而原料不够，可以多用一个番茄；⑤做好后的番茄花在使用时最好配绿色的叶子。

五、大丽花雕刻

整雕类花卉的雕刻是学习食品雕刻中必须要重点掌握的内容，也是学习、提高食品雕刻技艺的关键。特别是通过学习，可以熟练掌握食品雕刻中各种刀法和手法，可以为食品雕刻技艺的发展和提高打下坚实的基础。俗话说得好："雕得好花，不一定雕得好其他的。但是雕不好花，肯定雕不好其他的。"这话是有道理的。这也说明花卉的雕刻是学习食品雕刻的根本和基础。整雕类花卉在花卉雕刻中是比较复杂的，难度也是比较大的。特别是对于初学者而言更是如此。

在食品雕刻中花卉雕刻的种类非常多，形态各异，雕刻的方法和技巧也不尽相同。本节雕刻学习内容的选择主要是从这几个方面考虑的。首先是日常所见，比较熟悉的花卉。其次是花形漂亮、美观，应用广泛，易于雕刻的花卉。再次就是在雕刻的刀法和手法上有典型性，制作方法有一定代表性的花卉。通过这些花卉的雕刻学习，往往能够达到举一反三、触类旁通的学习效果。

（一）大丽花相关知识介绍

大丽花又叫大丽菊、天竺牡丹、苕牡丹、地瓜花、大理花、西番莲和洋菊等。目前，世界多数国家均有栽植，遍布世界各国，成为庭园中的常客。大丽花是墨西哥的国花，西雅图的市花，吉林省的省花，河北省张家口市的市花。据统计，大丽花品种已超过 3 万个，是世界上花卉品种最多的花卉之一。大丽花花期长，春夏季陆续开花，越夏后再度开花，霜降时凋谢。每朵花可延续 1 个月，花期持续半年。大丽花在我国南方 5—11 月开放。从花形看，大丽花有菊形、莲形、芍药形、蟹爪形等。大丽花的花色、花形繁多，丰富多彩，有红、黄、橙、紫、白等色，绚丽多姿，惹人喜爱。大丽花象征大方、富丽，大吉大利。

在食品雕刻中，根据大丽花花瓣的形状主要分为尖瓣大丽花和圆瓣大丽花。花的整体呈半球形。雕刻刀法主要采用戳刀法。

（二）大丽花（尖瓣大丽花）的雕刻过程

主要原材料：心里美萝卜、胡萝卜、南瓜等。

雕刻工具：雕刻主刀、V 形戳刀、大号 U 形戳刀。

制作步骤：

1. 制花坯

将心里美萝卜切开呈半球体，去掉表皮并修整光滑。

2. 雕刻出花芯

①用大号 U 形戳刀在半球体顶部中心的位置戳出一个深 1 厘米的圆柱，并将圆柱周围的原料去掉一层，留做花芯；②将圆柱体顶端切掉一截，顶部修成馒头形，用 V 形戳刀对着花芯戳出向里倾斜的小花瓣。

3．雕刻第一层花瓣

①用 V 形戳刀对着离花芯 5 毫米远的位置，斜着戳进。待戳刀与花芯相交后，即掉下一块三角形的废料，形成一个 V 形的花瓣槽。然后，采用同样的方法戳出一圈的花瓣槽；②用 V 形戳刀从 V 形花瓣槽边，后退一线的地方进刀，顺着花瓣槽的方向戳到花芯的位置，收刀后形成第一个花瓣。采用这种方法戳出剩下的花瓣。

4．雕刻第二层花瓣

①用雕刻主刀在第一层花瓣的下边去掉一圈料，使第一层花瓣凸现出来一部分；②用 V 形戳刀把第一层的两个花瓣中间的位置去废料，然后再戳出花瓣。

5．雕刻出其他花瓣

采用以上步骤和方法雕刻出第三层、第四层、第五层……花瓣，直到把半球形的花拯雕完。

6．浸泡待用

将雕刻完成后的大丽花用清水浸泡待用。

（三）成品要求

①花形整体呈半球形，形状自然、美观；②花瓣大小、长短变化，过渡自然；③花芯大小适当，一般不要超过第一层的高度；④花瓣厚薄均匀、完整，无残缺、无毛边；⑤废料去除干净，无残留。

（四）操作要领

①戳刀要保证锋利，否则戳的时候力度不好控制，花瓣也容易出现毛边；②花瓣的大小可以通过戳刀进刀的深浅来控制，不一定需要换戳刀；③花瓣排列时，一定要正对着花芯的方向；④在雕刻第四层、第五层时，可以适当增加每层花瓣的数量；⑤修整花坯大型的时候一定要使其呈半球形；⑥为了使大丽花更加美观，在原料修整去皮时最好留一点心里美萝卜的绿皮。

六、直瓣菊花雕刻

（一）菊花相关知识介绍

菊花，别名又叫寿客、金英、黄花、秋菊、陶菊、艺菊，是名贵的观赏花卉，品种多达三千余种。菊花是中国十大名花之一，在中国有三千多年的栽培历史，中国人极爱菊花，从宋朝起民间就有一年一度的菊花盛会。菊花被赋予了吉祥、长寿的含义，有清净、高洁、我爱你、真情、令人怀恋、品格高尚的意思。中国历代诗人画家，以菊花为题材吟诗作画众多，出现了大量的文学艺术作品，流传久远。菊花的色彩丰富，有红、黄、白、墨、紫、绿、橙、粉、棕、雪青、淡绿色等。花形各有不同，有扁形，有球形；有长絮，有短絮，有平絮，有卷絮；有空心和实心；也有挺直的和下垂的，式样繁多，品种复杂。

菊花有一定的食用价值，早在战国时期就有人食用新鲜的菊花。但不是所有的菊花都能食用，食用菊又叫真菊。唐宋时期，我国更有服用芳香植物而使身体散发香气的记载。当今在一些发达国家吃花已十分盛行，在我国的北京、天津、南京、广州、香港等地，也日渐成为时尚。在《神农本草经》中，把菊花列为药之上品，认为"久服利血气，轻身耐老延年"。

菊花是中国常用中药，具有疏风、清热、明目、解毒、预防高血脂、抗菌、抗病毒、抗炎、抗衰老等多种功效。现代药理研究表明，菊花可以治疗头痛、眩晕、目赤、心胸烦热、疔疮、肿毒、冠心病、降低血压、风热感冒，眼目昏花等症。

食品雕刻中，菊花雕刻的品种很多。主要是根据花瓣形状和雕刻所用原材料来给所雕刻的菊花命名。比如，大葱作为雕刻原料的菊花叫大葱菊；菊花花瓣像螃蟹脚的就叫蟹爪菊花。其中最基本、最基础、最有代表性的，就是直瓣菊花和白菜菊花的雕刻。

直瓣菊花是菊花雕刻中的基础，其他菊花雕刻大多数都是从它的雕刻方法上变化而来。其主要区别在于原料不同，花瓣的形状不同，但基本的雕刻步骤、方法、刀法和手法是一样的。

（一）直瓣菊花的雕刻过程

主要原材料：心里美萝卜、白萝卜、南瓜等。

雕刻工具：雕刻主刀、U 形戳刀。

制作步骤：

1. 做成花坯

先将原料用雕刻主刀修整成一个椭圆球形，然后在椭圆形的一端平切掉一块料。

2. 雕刻第一层花瓣

①用 U 形戳刀在原料的表面采用直戳的刀法戳出直条形的菊花花瓣；②采用相同的刀法戳出第一层花瓣，花瓣之间留一个花瓣的间隔，花瓣的根部要紧挨着。

3. 去废料

用主刀从下往上顺着原料的弧度把雕刻一层花瓣时留下的凹槽削平，为雕刻二层花瓣打好基础

4. 雕刻第二层花瓣

雕刻方法与雕刻第一层时的一样，只是把花瓣雕刻得稍短一些。

5. 参照以上雕刻方法雕刻出余下各层花瓣，花瓣的长度逐渐变短

6. 雕刻出花芯

①将花芯料修整成近似圆球的形状；②用 U 形戳刀戳出花芯部分的花瓣，花瓣要有内弯的弧度。

7. 用清水浸泡待用

（三）成品要求

①花形完整、自然、美观，不抽薹，整体效果好；②花瓣呈直条状，粗细均匀、完整、无毛边；③花芯大小适当，呈丝状包裹，中空而不实；④废料去除干净，无残留；⑤层与层之间花瓣长短变化过渡自然。

（四）操作要领

①戳刀要选刀口锋利，槽口深点的；②用 U 形戳刀戳花瓣时握刀要稳，用力要均匀；③菊花花瓣根部要稍粗一点，可以在戳刀快到花瓣底部时把戳刀的后部往上抬一下；④用主刀去废料时，一定要去到花瓣的根部，刀尖不能伤到前边的花瓣，否则花瓣容易断掉；⑤注意每层花瓣的角度变化，花芯的花瓣要短一点，花瓣间隔要密一点；⑥菊花用清水浸泡后可以用手整理一下大形，使菊花整体效果更好。

七、白菜菊花雕刻

白菜菊花是利用雕刻原料——大白菜，经水浸泡后会膨胀变形的特性来雕刻的。在菊花雕刻中是非常特别的一种雕刻技法，体现了食品雕刻的独特魅力。在食品雕刻的原料中，还有很多的原材料都有这种特性，如油菜、大葱、蒜苗、芹菜等。

（一）白菜菊花的雕刻过程

主要原材料：大白菜。

雕刻工具：雕刻主刀、U 形戳刀。

制作步骤：①选一棵散芯大白菜，切一段 8 厘米左右的白菜头，用作雕刻的原料；②用 U 形戳刀在每个白菜帮的表皮上戳数条长条状的花瓣，然后用手将余料拽下来；③采用以上的方法戳出第一、第二、第三层花瓣，每雕刻完一层就要把原料切短一点，使花瓣一层比一层短；④戳花芯部分时，可以在原料的里边戳，这样花瓣会朝里边弯曲；⑤将雕刻好的白菜菊花放入清水中浸泡，待花瓣吸水膨胀弯曲就可以了。

（二）成品要求

①花形完整、自然、美观，整体效果好；②花瓣呈直条状翻卷，粗细均匀、完整，无毛边；③花芯大小适当，呈丝条状包裹；④废料去除干净，无残留；⑤层与层之间花瓣长短变化过渡自然。

（三）操作要领

①戳刀应选刀口锋利、槽口深点的；②用 U 形戳刀戳花瓣时握刀要稳，用力要均匀；③戳花瓣时每一刀都要戳到白菜的根上，并且花瓣的根部要挨着，这样容易去废料；④花瓣根部要稍粗一点，可以在戳刀快到花瓣底部时把戳刀的后部往上

抬一下；⑤去废料时，手可以从左向右用力，把花瓣拽掉；⑥戳花瓣时，尽量不要戳到白菜筋，否则会影响花瓣的弯曲度。了解这个原理后，在雕刻时就可以根据情况，灵活地掌握和控制；⑦注意花芯的大小、高矮。花芯部分的花瓣要短一点，花瓣间隔要紧密一点；⑧白菜菊花用清水浸泡的时间不要太长，否则花瓣会弯曲过渡，影响整体效果。

八、月季花雕刻

（一）月季花相关知识

月季花别名月月红、四季花、胜春、月贵红，月贵花、月记、月月开、长春花、月月花、四季春等。月季花被誉为"花中皇后"，是中国十大名花之一。自然花期5—11月，开花连续不断，长达半年。月季花的种类繁多，花色、花形各异。月季花象征和平友爱、四季平安等。月季花是用来表达人们关爱、友谊、欢庆与祝贺的最通用的花卉。其花香悠远，还可提取香料。根、叶、花均可入药，具有活血消肿、消炎解毒的功效。

月季花是食品雕刻中最重要的花卉雕刻，是花卉雕刻的基础。因此，能雕刻好月季花就能很容易雕刻好其他花卉。在食品雕刻中，月季花主要有两种雕刻方法，即三瓣月季花和五瓣月季花。其中，三瓣月季花的雕刻难度要大一些。月季花花瓣为圆形，但是花瓣在开放的时候其边上会自然翻卷，看上去就像桃尖形。所以，在食品雕刻中，月季花瓣的形状都雕刻成桃尖形，这样的处理方法使月季花更加生动、逼真。

（二）五瓣月季化雕刻过程

主要原料：心里美萝卜、紫菜头、胡萝卜、白萝卜、青萝卜、土豆、南瓜等。

雕刻工具：平口雕刻刀。

制作步骤：

1. 雕刻花坯

将心里美萝卜对半切开，用刀修整一下，使其呈碗形，上下端各一个平面。原料越规整越便于雕刻。

2. 雕刻第一层花瓣

①在原料一端的平面上确定一个中心点，并以这个点为心画出一个正五边形；②以正五边形的一边作为第一层第一个花瓣的起刀处，采用刻刀法直刀斜刻，去废料后形成一个扇面形的平面；③用平口刀把扇面形的面修成桃尖形的面，作为花瓣的形状；④用平口刀从上往下运刀直刻，使花瓣从花坯上分离。要求花瓣上边薄根部稍厚；⑤采用以上刀法和手法雕刻出余下4个花瓣，这样第一层就雕刻完成。雕刻好后，花瓣呈向外翻卷的形状。

3. 雕刻第二层花瓣

第二层花瓣采用旋刀法进行雕刻。第二层花瓣的位置和前一层花瓣的位置要错开，也就是在前一层的两个花瓣之间，并且相邻的两个花瓣有约1/2的部位重叠。①确定第二层花瓣的位置；②去废料：采用旋刀法把雕刻前一层花瓣时留下的两个花瓣之间的棱角修掉，使其呈一个带有一定弧度的平面，要求面平整光滑；③刻出第二层花瓣的形状，然后采用旋刀法使花瓣从原料上分开；④雕刻出第二层余下的花瓣。

4. 雕刻第三层花瓣

采用雕刻第二层的方法和刀法雕刻出第三层花瓣。注意去废料的角度，这层花瓣要立起来，和水平成85°左右。

5. 雕刻第四层花瓣及花芯（花苞）

一般情况下，第四层开始收花芯。重复前面花瓣的雕刻方法，往里面雕刻。刀与原料的角度越来越小，刀尖逐渐向外，刀跟向内。花瓣与花瓣之间重叠包裹，形成花苞。

6. 整体修整、造型

雕刻完花芯，月季花就雕刻完成了。为了达到最佳的效果，必须把雕好的花放入清水中浸泡片刻，然后拿出来，用手指将花瓣稍往外翻，然后再放入水中浸泡一会儿，使其呈现出外层花瓣盛开，而花芯含苞待放的效果。

（三）五瓣月季花成品要求

①整体形态生动、逼真、美观大方，呈含苞待放状；②花瓣层次分明、平整、光滑、厚薄均匀、完整无缺、无毛边；③废料去除干净，无残留；④花芯高度适当，大小适当。

（四）五瓣月季花雕刻要领

①重视雕刻的基本训练，刀法要熟练，雕刻出的花瓣才能做到平整、光滑、厚薄适中；②花瓣为桃尖形，边缘要平整，无毛边，花瓣上部薄下部稍厚；③控制好花芯的高度和大小，雕刻出的月季花外层花瓣应盛开，肉层花瓣含苞待放；④去废料时，要注意刀尖的深度和角度，否则废料可能去不掉，或者去不净；⑤五瓣月季花第一、第二层雕刻5个花瓣，但是从第三层开始花瓣可以减一个，也可以不分层、不分瓣。花瓣之间互相包围，相互围绕；⑥月季花雕刻完成后，为了达到最佳的效果，应泡水，并用手整理。

（五）月季花雕刻知识的延伸

不同月季花的花语象征和代表的意义

①粉红色月季：初恋、优雅、高贵、感谢。

②红色月季：纯洁的爱、热恋、贞节、勇气。

③白色月季：尊敬、崇高、纯洁。

④橙黄色月季：富有青春气息、美丽。

⑤白色月季花：纯真、俭朴或赤子之心。

⑥黑色月季：有个性和创意。

⑦蓝紫色月季：珍贵、珍惜。

九、茶花的雕刻

（一）茶花相关知识介绍

茶花，又名山茶花、耐冬花、曼陀罗等。茶花原产我国西南，现世界各地普遍种植。茶花为中国传统名花，也是世界名花之一，是昆明、重庆、宁波、温州、金华等市的市花，云南省大理白族自治州州花。茶花因其植株形姿优美，叶浓绿而有光泽、花形艳丽缤纷，而受到世界各国人民的喜爱。茶花具有"唯有山茶殊耐久，独能深月占春风"的傲然风骨，被赋予了可爱、谦逊、谨慎、美德、高尚等意义。茶花的花期较长，一般从10月开花，翌年5月终花，盛花期1—3月。茶花制成的养生花茶有治疗咯血、咳嗽等疗效。

茶花是食品雕刻中最常见的花卉品种之一，是重点学习掌握的一个内容。茶花的雕刻和五瓣月季花的雕刻有联系，但是也有区别。主要的区别在于雕刻刀法和花瓣的形状以及花瓣位置排列等。五瓣月季花主要是用旋刀法雕刻，花瓣桃尖形，花瓣之间有重叠，也就是常说的"一瓣压一瓣"。茶花花瓣形状为圆形，同层花瓣之间一般不重叠，只是在雕刻花芯的时候采用旋刀法，花瓣间有少许重叠。另外，从花瓣大小比较，在相同的情况下，月季花花瓣要大一些。因此，在练习茶花雕刻的时候一定要把茶花的特征表现出来，否则两者之间区别不明显。

（二）茶花雕刻过程

主要原材料：心里美萝卜、圆白萝卜、胡萝卜、南瓜等。

主要雕刻工具：切刀、雕刻主刀。

制作步骤：

1. 制花坯

将心里美萝卜对半切开，用主刀把其修整成一个碗的形状。

2. 雕刻第一层花瓣

①在原料一端的平面上确定一个中心点，并以点为心画出一个正五边形；②以正五边形的一边作为第一层第一个花瓣的起刀处，直刀斜刻，去废料后形成一个扇面形的平面；③用平口刀把扇面形的面修成圆形的面，作为花瓣的形状；④用平口刀从上往下运刀直刻，使花瓣从花坯上分离，要求花瓣上边薄根部稍厚；⑤采用以上的刀法和手法雕刻出余下的4个花瓣，雕刻好后花瓣呈向外翻卷的形状。

3. 雕刻第二层花瓣

①去废料：用主刀把第一层花瓣之间的5个棱角修掉，使其呈一个中间粗、两

头稍细的五棱形；②在一层的两个花瓣之间的面上修整出圆形的花瓣；③雕刻出5个圆形的花瓣。

4. 雕刻第三、第四层花瓣

雕刻的方法和要领与前面两层相同。

5. 雕刻花芯

茶花在食品雕刻中一般不用雕刻花芯，而是采用月季花花芯的雕刻方法和技巧雕刻出茶花的花芯部分。把茶花花芯雕刻成花苞。

6. 将雕刻好的茶花用清水浸泡，然后再用手整理大型

（三）茶花的成品要求

①整体效果好，花形完整、自然、美观；②花瓣层次分明、平整、光滑、厚薄均匀、完整无缺、无毛边；③废料去除干净，无残留；④花芯高度、大小适当，呈含苞待放的样子。

（四）茶花雕刻要领

①重视雕刻的基本训练，刀法要熟练；②花瓣为圆形，边缘要平整，无毛边。花瓣上部薄下部稍厚；③控制好花芯的高度和大小呈含苞待放状；④去废料时要注意刀尖的深度和角度。否则废料可能去不掉，或者去不净；⑤茶花每层雕刻5个花瓣，但是花芯部分，花瓣可以不分层不分瓣。花瓣之间互相包围，相互围绕；⑥茶花雕刻完成后，为了达到最佳的效果，应泡水，并用手整理。

十、荷花的雕刻

（一）荷花相关知识介绍

荷花又名莲花、水芙蓉等，属多年生水生草本花卉。地下茎长而肥厚，有长节，叶盾圆形。荷花种类很多，分观赏和食用两大类。其出淤泥而不染之品格一直为世人称颂，是中国的传统名花。荷花是我国澳门特别行政区的区花，也是印度、泰国等国的国花。

荷花花瓣颜色有白、粉、深红、淡紫色、黄色或间色等变化；雄蕊多数；雌蕊离生，埋藏于倒圆锥状海绵质花托内，花托表面有蜂窝状孔洞，后逐渐膨大称为莲蓬，每一孔洞内生一小坚果（莲子）。荷花每日晨开暮闭，花期6—9月。果熟期9—10月。

荷花一身都是宝，荷叶能清暑解热，莲梗能通气宽胸，莲瓣能治暑热烦渴，莲子能健脾止泻，莲心能清火安神，莲房能消瘀止血，藕节还有解酒毒的功用。自叶到茎，自花到果实，无一不可入药。

荷花是花中品德高尚的花，代表坚贞、纯洁、无邪、清正的品质，具有迎骄阳而不惧，出淤泥而不染的气质，在低调中显现出了高雅。荷花花叶清秀，花香四溢，沁人心脾。在人们心目中是真善美的化身，吉祥丰兴的预兆，也是友谊的种子。此

外，在中国传统文化中，经常以荷花作为和平、和谐、合作、合力、团结、联合、圆满等象征。

在食品雕刻中，荷花的雕刻难度是比较大的，其雕刻过程中使用了食品雕刻的多种刀法，对雕刻者的基本功要求比较高。特别是要把荷花花瓣的凹形效果表现出来，是雕刻好荷花的关键技巧。

主要原材料：心里美萝卜、白萝卜、南瓜、青萝卜等。

雕刻工具：主刀、V形戳刀、U形戳刀、画笔。

制作步骤：

1. 雕刻花坯

将心里美萝卜切去两头，使其形状像鼓的大型，并用笔在其中一个面上画一个正五边形。

2. 雕刻第一层花瓣

①从五边形的一边起刀，由下往上运刀，把原料雕刻成一个中间粗、两头细的五棱形；②用主刀顺着五棱形的弧度雕刻出花瓣，并用刀尖雕刻出荷花花瓣的形状；③雕刻出余下的花瓣，并在原料的上边画出一个正五边形。

3. 雕刻第二层花瓣

①以原料上五边形的一边作为起刀点，从上往下顺着五棱形的弧度刻出一个中间粗、两头细的五棱形，并且在五棱形的每个面上画出花瓣的形状；②采用第一层荷花花瓣的雕刻方法雕刻出第二层花瓣。

4. 雕刻第三层花瓣

采用以上的雕刻方法雕刻出第三层花瓣。

5. 雕刻荷花的莲蓬

①将三层花瓣后的原料修整成圆柱形；②将圆柱形料切掉1/2，用V形戳刀在圆柱上戳出一圈丝状的花芯；③丝状花芯后面的凹状戳痕用主刀修掉，使圆柱上粗下稍细；④用刀把圆柱切掉一半的高度，将切面修整成中间高边上稍矮的形状。再用V形戳刀在边缘上戳一圈装饰线，将U形戳刀戳出装莲子的孔，最后用萝卜皮做莲子装入孔中。

6. 浸泡、整理

将雕刻好的荷花用清水浸泡，并用手整理使其形状更加完美。

（三）荷花雕刻成品的要求

①荷花整体完整无缺，无掉瓣，形态逼真、美观；②花瓣厚薄适中、平整光滑、无毛边，花瓣中间呈凹下去的勺状；③丝状花芯粗细均匀、完整；④莲蓬上大下小，中间高边缘低，莲子排列整齐对称。

（四）荷花雕刻要领

①雕刻花坯时，五棱形的中间粗，两头细，这样雕刻出的花瓣经水浸泡后，花

瓣中间才会凹下去，形成勺状花瓣；②荷花花瓣是比较长的桃尖形，雕刻时最好使用主刀的刀尖刻画，这样的花瓣边缘非常整齐、好看；③戳丝状花芯的 V 形戳刀要选小且锋利的，花芯一定要偏细一点才好看；④戳莲孔时先定中间的位置，然后再确定周围的，这样可使莲子容易排列整齐、好看；⑤雕刻好的荷花一定要用水浸泡，然后整理花形；⑥荷花可以只雕刻两层花瓣就开始雕莲蓬。可使雕刻难度变小。

十一、牡丹花的雕刻

（一）牡丹花相关知识介绍

牡丹又名木芍药、花王、富贵花等，原产于中国西部秦岭和大巴山一带山区，是我国特有的木本名贵花卉，特产花卉，有数千年的自然生长和两千多年的人工栽培历史。有关牡丹花的文化和艺术作品非常丰富。牡丹花以其花大、形美、色艳、香浓，为历代人们所称颂。素有"国色天香""花中之王"的美称，长期以来被人们当作富贵吉祥、繁荣兴旺的象征，尊为国花。牡丹花具有很高的观赏和药用价值。将牡丹的根加工制成"丹皮"，是名贵的中草药，有散淤血、清血、和血、止痛、通经之作用，另外，牡丹花还有降低血压、抗菌消炎之功效，久服可益身延寿。

牡丹以洛阳牡丹、菏泽牡丹最负盛名。花朵颜色众多，有红、白、粉、黄、紫、蓝、绿、黑及复色等。在现代科技进步的推动下，牡丹已实现四季开花，盛花期不断延长。

在食品雕刻中，牡丹花是一个重点学习的内容，在很多的雕刻作品中都有应用。牡丹花雕刻的原料和方法比较多，但是其雕刻的手法和技巧都是在月季花、茶花、大丽花、荷花等花卉雕刻的基础上变化而来。其主要的区别就是花瓣的形状。牡丹花花瓣的形状大型近似元宝或祥云，边缘有波浪形的齿状花纹。在食品雕刻中，牡丹花花蕊部分一般不雕刻，而是用花瓣包裹形成含苞待放的花苞。牡丹花的雕刻方法比较多，但是都大同小异。因此，在学习过程中应注意前后知识的连贯运用。

（二）牡丹花的雕刻过程

这是一种在五瓣月季花雕刻的基础上变化而来的牡丹花雕刻方法。主要的刀法和手法相似，最大的区别就是花瓣的形状：月季花的花瓣是桃尖形，牡丹花的花瓣形状是波浪形齿状。

主要原材料：心里美萝卜、青萝卜、白萝卜、胡萝卜、南瓜、土豆、芋头、红薯等。

雕刻工具：雕刻主刀。

雕刻步骤：

1. 雕刻花坯

将心里美萝卜对半切开，用刀修整一下，使其呈一个碗形，上下端各一个平面，与月季花的做法一样。

2．雕刻第一层花瓣

①在原料一端的平面上确定一个中心点，并以这个点为中心画出一个正五边形；②以正五边形的一边作为第一层第一个花瓣的起刀处，采用直刀斜刻，去废料后形成一个扇形的面；③用笔在扇面形面边缘画出波浪形的齿状面，作为牡丹花花瓣的形状，并用主刀刻出花瓣形状；④用平口刀从上往下运刀直刻。使花瓣从原料上分离。要求花瓣上边薄根部稍厚；⑤采用前面的方法和刀法雕刻出其余4个花瓣。这样第一层就雕刻完成了。雕刻好后，花瓣呈向外翻卷的形状。

3．雕刻第二层花瓣

①第二层花瓣采用旋刀法进行雕刻。第二层花瓣的位置和前一层花瓣的位置要错开，并且相邻的两个花瓣有约1/2的位置重叠；②确定第二层牡丹花瓣的位置，其花瓣位置的排列与五瓣月季花花瓣的位置排列相同；③去废料：采用旋刀法把雕刻前一层花瓣时留下的两个花瓣之间的棱角修掉，使其呈带有一定弧度的平面，要求面平整光滑；④刻出第二层花瓣的形状，然后采用旋刀法使花瓣从原料上分开。

4．雕刻第三层花瓣

采用雕刻第二层的方法和刀法雕刻出三层花瓣，注意去废料的角度变化。

5．雕刻第四层花瓣及花芯（花苞）

第四层开始收花芯。重复前面花瓣的雕刻方法往里边雕刻。花瓣与花瓣之间重叠包裹，形成花苞。

6．整体修整、造型

雕刻完花芯，牡丹花就雕刻完成。为了达到最佳的效果，必须将雕好的花放入清水中浸泡片刻，然后拿出来，用手指将花瓣稍往外翻，然后再放入水中浸泡一会儿，使其呈现出外层花瓣盛开，而花芯含苞待放的效果。

（三）牡丹花成品要求

①整体形态生动、逼真、美观大方，呈含苞待放的样子；②花瓣形状美观、层次分明、平整光滑、厚薄均匀、完整无缺；③废料去除干净，无残留；④花芯高度适当，大小适当。

（四）牡丹花雕刻要领

①重视雕刻基本功的训练，刀法要熟练，这样才能雕刻出平整、光滑、厚薄适中的花瓣；②花瓣为波浪形的齿状，边缘要薄，形状自然，下部稍厚；③控制好花芯的高度和大小，牡丹花的花芯要雕刻得偏大一点才好看，呈含苞待放状；④去废料时要注意刀尖的深度和角度，否则废料可能去不掉，或者去不净；⑤牡丹花一般不用雕刻花芯，如要雕刻，就需要用其他原料单独雕刻好后安在花芯的位置；⑥牡丹花雕刻完成后，为了达到最佳的效果，应泡水，并用手整理。

十二、玫瑰花的雕刻

（一）玫瑰花相关知识介绍

玫瑰花又称徘徊花、刺玫花，原产于中国，栽培历史悠久。玫瑰花是"爱情之花"。长久以来象征着美丽和爱情。玫瑰花味极香，素有国香之称。鲜花芳香油含量最高，可提取高级香料玫瑰油，玫瑰油价值比黄金还要昂贵，故玫瑰有"金花"之称。芳香油可以供食用及当化妆品用。花瓣可以制饼焰、玫瑰酒、玫瑰糖浆等。玫瑰花每年5—6月开花。但是，在现代科技进步的推动下，玫瑰花已实现四季开花，盛花期不断延长。

中医认为，玫瑰花可利气、行血，治风痹，散疲止痛，理气解郁，和血散瘀。《食物本草》谓其"主利肺脾，益肝胆，食之芳香甘美，令人神爽"。其美容效果甚佳，能有效地清除自由基，消除色素沉着，令人焕发青春活力。

玫瑰花还被认为是爱情、和平、友谊、勇气和献身精神的化身。红色玫瑰花象征爱、爱情和勇气；淡粉色玫瑰传递赞同或赞美的信息；粉色玫瑰代表优雅和高贵的风度；深粉色玫瑰表示感谢；白色玫瑰象征纯洁；黄色玫瑰象征喜庆和快乐。

在食品雕刻中，玫瑰花的雕刻方法主要是在三瓣月季花雕刻的基础上进行变化的，特别是花芯的雕刻。其主要的区别是：玫瑰花外层花瓣翻卷幅度大。花芯部分比较大，而且花瓣间重叠多而紧密。花芯花瓣的数量显得多而密，是玫瑰花雕刻与月季花雕刻最大的区别。玫瑰花的花瓣虽然是圆形的，但是在食品雕刻中一般都雕刻成桃尖形，这样显得更加美观、好看。

（二）玫瑰花雕刻过程

主要原材料：胡萝卜、心里美萝卜等。

雕刻工具：雕刻主刀、U形戳刀。

制作步骤：

1. 雕刻花坯

将胡萝卜切成5厘米长的段，用刀修整成酒杯形状，上粗下略细。

2. 雕刻第一层花瓣

①用U形戳刀在花坯上戳出一U形凹槽，大小占1/3；②将凹槽下部修整光滑后，用雕刻主刀刻出桃尖形状的花瓣，并把花瓣的边缘修整整齐，往外翻卷；③用主刀紧贴花瓣插入花坯中旋刻出花瓣；④采用以上方法雕刻出余下的两个花瓣，花瓣之间略有重叠。

3. 雕刻第二层花瓣

雕刻的方法与前面的一样，但花瓣的位置要错开，花瓣翻卷的幅度可以小一些。

4．雕刻花芯

雕刻方法和月季花的雕刻方法一样。只是花苞比较大，花瓣间重叠多而紧密。

5．浸泡、待用清水浸泡，整理待用

（三）玫瑰花雕刻成品要求

①玫瑰花整体完整，呈酒杯形，形象逼真、好看；②花瓣完整，翻卷幅度大而明显，花瓣形状为桃尖形；③花芯大小适当，花瓣之间重叠有序，显得紧密。

（四）玫瑰花雕刻要领

①U 形戳刀大小要合适，槽口深一点；②雕刻花坯时的大型要准确，应近似酒杯的形状；③刻花瓣时要分步骤进行，防止损坏花瓣的完整性；④花瓣要尽量翻卷，尽量显得薄；⑤雕刻花芯时，去废料的角度要小，尽量使花瓣的数量显得多而密。

十三、马踏莲的雕刻

（一）马踏莲相关知识的介绍

马蹄莲又名慈姑花、水芋、观音莲，原产非洲南部的河流或沼泽地中，中国分布在冀、陕、苏、川、闽、台、滇等地。马蹄莲叶片翠绿，花苞片洁白硕大，宛如马蹄，形状奇特。叶柄长一般为叶长的 2 倍，叶卵形，鲜绿色。花蕊圆柱形，鲜黄色，自然花期 3—8 月。马蹄莲的用途十分广泛，可药用，具有清热解毒的功效；可治烫伤，在创伤处，用鲜马蹄莲块茎适量，捣烂外敷能预防破伤风。但是马蹄莲有毒，禁忌内服。

马蹄莲代表的主要意义：博爱、圣洁虔诚、永恒、优雅、高贵、尊贵、希望等。

马蹄莲的气质清新高雅，在食品雕刻中经常使用。马蹄莲是独瓣花，结构不复杂。花瓣形状呈心形或桃尖形。但是要雕刻出花瓣平整光滑、自然翻卷的神韵，也是比较难的，特别是整雕马蹄莲花更能显示出作者高超的雕刻技艺。

（二）马蹄莲的雕刻过程

主要原材料：土豆、香芋、长白萝卜、青萝卜等。

雕刻工具：雕刻主刀。

制作步骤：

1．雕刻花坯

①将长白萝卜的下部斜切一刀，切面为椭圆形，侧面近似三角形；②将原料的椭圆形切面刻成桃尖形，将原料的下部刻成锥形，并且刻出向外翻卷的大型，然后用砂子打磨平整。

2．刻起花瓣

①将花坯倒过来，用主刀尖贴着花瓣的边缘插进去，确定好厚薄后旋刻一圈，

使花瓣上部从花坯上分开；②用刀对准马蹄莲花托的位置进刀，以花托为点，绕着旋刻一圈，留下锥形料。注意不要把里边的锥形料刻下来了。

3．雕刻柱形花芯

①用主刀把里边的锥形料分四刀刻成一个四棱形，作为雕刻柱形花芯的坯料；②把四棱形的棱角去掉，修成条状柱形，并用刀把花瓣修平整，使其厚薄均匀，特别是花瓣的边缘要薄。注意不要把柱形花芯刻掉了。

4．清水浸泡，整理待用

浸泡几分钟后，取出用手把花瓣向外边翻，使其形状更加逼真。

（三）马蹄莲雕刻成品要求

①马蹄莲整雕完成，完整无缺，形状自然美观；②花瓣厚薄合适，边缘翻卷，平整少刀痕；③柱形花芯长短、粗细恰当，呈条状柱形。

（四）马蹄莲雕刻的要领

①雕刻用主刀要求刀身尖而窄；②雕刻马蹄莲大型时要把花瓣边缘外翻的形状表现出来；③刻花瓣必须分几步来完成，先刻花瓣的上部，然后把花瓣从花逐上分开；④刻花芯时，可用左手拇指把花芯逐料托住，防止花芯和花瓣分开；⑤马蹄莲雕刻好后用手把花瓣往外翻压。如果效果不好，就可以在花边沿抹点食盐，然后再用手翻卷花瓣；⑥为了降低马蹄莲雕刻的难度，可以用其他颜色的原料单独雕刻花芯柱，然后安在花瓣内，效果也很好。

十四、实用组合雕类花卉的雕刻——牡丹花

组合雕花卉是在继承传统花卉雕刻技法的基础上，经过不断探索、创新而发展起来的一种花卉雕刻方法，是现在普遍采用的一种花卉雕刻方法。这种雕刻方法的好处是作品形态逼真，造型灵活、色彩鲜艳，艺术表现力更强。

组合雕类花卉的雕刻过程是：先分别雕好花卉的各个部件，然后再通过粘接组装成完整的花卉作品。一件作品可以用一种原料雕刻，也可以是多种原料雕刻而成。比如，组合雕牡丹花就是先雕刻好花瓣，然后雕刻花芯或是花苞，最后再组合成完整的牡丹花。

组合雕类花卉的雕刻过程中要使用一种特殊的工具——502胶水。这是一种化工产品，能使原料在几秒钟内粘牢。502胶水在食品雕刻中的使用在一定程度上促进了食品雕刻的发展，使食品雕刻无论是在原材料的使用上，还是雕刻造型的灵活多变上有了更多的选择和变化，也使食品雕刻的艺术表现力得到很大的提高。502胶水的使用原则是安全卫生，防止污染食品。

在这一部分的雕刻学习实例中，主要选取了在雕刻技法、造型手法上有一定代表性的几种组合雕类花卉。掌握了这几种组合雕类花卉的雕刻方法和手法，就能举一反三，雕刻出更多的组合雕类花卉。

（一）组合雕牡丹花的雕刻过程

主要原材料：南瓜、心里美萝卜、胡萝卜等。

雕刻工具：U 形拉刻刀、U 形戳刀、雕刻主刀、502 胶水、砂纸等。

制作步骤：①雕刻外层牡丹花花瓣。第一，胡萝卜去掉老皮，然后用大号 U 形拉刻刀或是大号 O 形拉刀拉刻出凹形的花瓣。第二，用雕刻主刀把花瓣取下来，花瓣边缘呈波浪形。第三，采用相同的方法雕刻出余下的花瓣。②雕刻牡丹花的花芯部分：雕刻方法和整雕牡丹花的花芯雕刻方法一样。③把雕刻好的花瓣、花芯由里到外依次用 502 胶水粘好，组成完整的牡丹。④雕刻好的牡丹花用清水浸泡，整理待用。

（二）成品要求

①牡丹花整体完整、层次分明，造型自然、美观；②花瓣形状自然美观，呈凹状翻卷，边缘为波浪形；③花瓣完整无缺、厚薄适中、平整；④花芯呈含苞待放状，大小合适。

（三）操作要领

①雕刻花瓣内侧时，不要把花瓣刻破了；②花瓣边沿形状要求自然而不能太规则；③牡丹花外层花瓣大，里层花瓣略小。

十五、实用组合雕类花卉的雕刻——菊花

（一）组合雕刻菊的雕刻过程

主要原材料：南瓜、心里美萝卜、胡萝卜等。

雕刻工具：V 形拉刻刀、雕刻主刀、502 胶水等。

制作步骤：①雕刻出菊花的花瓣。第一，用雕刻主刀将胡萝卜刻出一个有一定弧度的凹面。第二，用 V 形拉刀或是六边形拉刻刀雕刻出两头稍细中间粗的船形花瓣。②将花瓣粘在花托上，组装成完整的菊花。③清水浸泡，整理待用。

（二）成品要求

①菊花整体完整、层次分明，造型自然、美观；②花瓣形状自然美观，呈凹状条形，边缘整齐无毛边；③花瓣完整无缺、厚薄适中、平整。

（三）操作要领

①雕刻刀具要锋利；②拉刻菊花花瓣时，用力要均匀，握刀要稳；③雕刻菊花花瓣时，注意长短变化；④组装粘接花瓣时，花芯的花瓣应短一些，外层花瓣应长一些；⑤注意花托的形状，其近似一个倒葫芦形。

十六、实用组合雕类花卉的雕刻——玫瑰花

（一）组合雕玫瑰花雕刻过程

主要原材料：胡萝卜。

雕刻工具：雕刻主刀、U形戳刀、502胶水、水盆。

制作步骤：①雕刻出玫瑰花的花瓣：取一块原料，用刀雕刻出桃尖形的花瓣；②雕刻出玫瑰花橄榄形的花芯柱；③粘接组装玫瑰花：组装花芯；组装外层花瓣；④整理成型：将组装好的玫瑰花放入水中，用手给花瓣造型，做出翻卷的花瓣。

（二）成品要求

①整体完整，形状自然美观，色彩鲜艳；②玫瑰花的花芯呈含苞待放状，大小、高矮适当；③花瓣完整无缺，厚薄适中，翻卷自然美观。

（三）操作要领

①雕刻花瓣时，要保证每个花瓣的完整性，并且要把花瓣雕刻得尽量薄一些；②花瓣在组装前不要泡水。否则会变硬，从而影响玫瑰花的组装；③粘接组装时，花芯部分的花瓣应互相围绕、包裹，要显得紧密。

第二节　禽鸟的雕刻

一、鸟类雕刻的基础知识

鸟类是自然界常见的生物，是人类的朋友。目前，全世界为人所知的鸟类一共有9 000多种，中国记载的有1 300多种，其中，有些是中国特有鸟种。鸟是两足、恒温、卵生的脊椎动物，身披羽毛，前肢演化成翅膀，有坚硬的喙。鸟的体形大小不一，既有很小的蜂鸟，也有巨大的鸵鸟。产于古巴的吸蜜蜂鸟的体长只有5厘米左右，其中喙和尾部约占一半，是世界上体形最小的鸟类。世界上体形最大的鸟类是生活在非洲和阿拉伯地区的非洲鸵鸟。

禽鸟雕刻在食品雕刻中占据着举足轻重的地位，是食品雕刻中最常用和最爱用的一类雕刻题材，也是学习食品雕刻的必修内容。鸟类生性活泼，在食品雕刻中常以温、柔、雅、舒、闲、聪、伶等仪态出现，自古以来就深受人们的喜欢。由于鸟类大多数都有绚丽多彩的羽饰，婉转动听的歌喉，生动飞翔的姿态，而且寓意吉祥，体态多姿，线条优美，极富动感，因此在烹饪装饰艺术中用途广泛。

禽鸟类雕刻与花卉类雕刻比较而言，其结构更加复杂，造型变化更多，雕刻难度更大。但是，雕刻的刀法和手法有些是一样的。所以，在学习雕刻的过程中，往往会出现花卉雕刻学得好，学禽鸟雕刻就会进步快一些，雕刻得好一些。反之，学禽鸟雕刻就会慢一些，雕刻得差一些。这也充分说明花卉雕刻是学习食品雕刻的入门基础。

禽鸟的种类多，外部形态也不完全相同，不同禽鸟的辨别主要是根据外形的差异变化来识别的，其最大的差别是在头、颈、尾这几个部位。而其他部位的差异就很小，几乎是一样的，如翅膀、身体、羽毛结构等。正因为禽鸟类雕刻有这个特点和规律，所以在学习时一定要把鸟类的外形特征、基本结构搞懂，把基本形态的鸟类雕刻好，才能做到举一反三，甚至自行设计鸟类进行雕刻。

食品雕刻中的禽鸟绝大多数是自然界真实存在的。食品雕刻是一个艺术创造的过程，不是对原物体的简单复制。正因为如此，我们在雕刻的过程中也应该运用一些艺术加工的手法，如夸张、省略、概括等。要学会抓大型、抓特征、抓比例，要懂得删繁就简。禽鸟重要的特征和特点，一定要抓住保留，并且还可以适当地夸张。但是，对于一些不重要的或是太复杂的地方就可以省略或简单化处理。有句话说得好，艺术源于生活，高于生活。

在学习雕刻禽鸟的时候还要遵循先简后难的规律，从简单的、小型的鸟类开始。在鸟类姿态造型、神态刻画上也应从基本的、常规的开始，只有这样，才能逐步提高雕刻的水平。

（一）鸟类整体的基本结构

总的来讲，鸟的身体是左右对称的，形体呈纺锤形（或蛋形），长有一对翅膀，有一个坚硬有力的喙，喙内无牙有舌。体表有羽毛。有一对脚爪，脚上长有鳞片，一般有 4 个脚趾，趾端有爪。在食品雕刻中，一般把鸟类的外部形态分为嘴、头、颈、躯干、翅膀、尾部、腿爪 7 个部分。

（二）鸟类各部位的结构和雕刻

1. 鸟类嘴、头的结构和雕刻

（1）鸟嘴

鸟嘴位于头部的前额和下颏之间，分为上嘴和下嘴。上嘴一般要比下嘴长而大一些。嘴的形状有窄尖、长尖、扁圆、短阔、短细、勾状、锥形、褉形等多种。但是，在食品雕刻中，一般把鸟嘴分为尖形嘴、长形嘴、扁形嘴和钩形嘴。

①尖形嘴。鸟类多数为尖形嘴，如喜鹊、锦鸡、孔雀、凤凰、燕子、麻雀等。②长形嘴。主要有仙鹤、白鹭、戴胜、鹈鹕、鹳、翠鸟、蜂鸟等。③扁形嘴。主要有天鹅、鸳鸯、鸭子、大雁等。④钩形嘴。主要是一些比较凶猛的鸟类，如老鹰、金雕、鹦鹉、猫头鹰、隼、鸥、鹫等。

（2）鸟头、颈

鸟的头部一般为圆形或椭圆形。头部除了嘴以外主要有眼睛、耳等器官。

（3）鸟类头、嘴、颈雕刻实例

鸟类头、嘴部的雕刻是禽鸟类雕刻的重点，它是识别不同种类禽鸟的标志，是禽鸟的最大特征。禽鸟类作品最后的精、气、神好不好，艺术表现力强不强，在很大程度上就是由头和嘴的雕刻效果决定的。因此，在观察、学习禽鸟类雕刻时，要注意对不同禽鸟的头、嘴特征加以区别，要把它的特征、特点表现出来，只有这样，才能使作品形象生动、逼真，表情达意清楚明白。下面，雕刻实例中的鸟头颈雕刻是一种基本型的雕刻方法，是鸟类头颈雕刻的重要基础，而其他鸟类的头颈雕刻是在基本型鸟头颈雕刻的基础上进行变化，其雕刻的方法、技巧，使用的刀法、手法都大同小异。

主要原材料：南瓜、胡萝卜等。

雕刻工具：雕刻主刀、U形戳刀、划线刀、绘图笔。

制作步骤：①取一段原料，用刀将原料的一端刻成斧棱形，并在斧棱形原料上用绘图笔画出鸟头、颈的外形，然后用刀雕刻出来；②雕刻鸟的嘴部，可以先把鸟嘴刻成三角形，然后倒棱；③U形戳刀戳出鸟嘴的嘴壳线和嘴角线。雕刻出鼻孔、舌头等器官；④确定双眼的位置，雕刻出圆形的眼睛。雕刻出眼眉线和过眼线，并把眼睛修整成圆球形；⑤雕刻出鸟头部的耳羽，以及脸颊、喉部等位置处的凹凸点和绒毛；⑥雕刻出鸟的脖颈形状以及羽毛，也可以装上仿真眼。

（4）鸟类头、嘴、颈雕刻成品要求

①鸟头颈整体大小、长短比例要求拾当、准确；②嘴分上下两个嘴壳，其上嘴壳应比下嘴壳略长而且大一些；③嘴壳前部应尖而窄，然后逐渐变宽、变厚；④嘴部的开口一定要切到位，不能有张不开嘴的感觉；⑤鸟眼睛的位置在上嘴壳后边、嘴角斜上方；⑥雕刻鸟类脸部的凹凸点和绒毛应该突出、分明。

（5）鸟类头、嘴、颈部雕刻要领

①鸟类头颈各部位的特征、特点，组成结构要熟悉，做到心中有数；②雕刻鸟类头颈部大型前，可以先用笔在纸上画一下鸟类头颈部大型，然后再在原料上画，最后才用雕刻刀雕刻；③多观察和多画鸟类头颈部，对头颈部各个部位的形态、位置要准确、熟悉，做到心中有数。

鸟类的躯干呈蛋形或是椭圆形，前面连着颈，后面连着尾巴，是鸟类身体最大的一部分。上体部分分为肩、背、腰；下体部分分为胸、腹；躯干两侧叫作肋。鸟类的尾巴实际上是由羽毛构成的，不是肉质的尾巴。躯干上的羽毛相对来讲比较短小。

2. 鸟类翅膀的结构与雕刻

（1）鸟类翅膀的形状和结构

鸟类的翅膀是由一对前肢进化而来的，它位于躯干上方肩部两侧，两翅膀之间由肩羽连接覆盖。一对翅膀是鸟类特有的飞行器官和形态特征。鸟的种类很多，其翅膀的大小、宽窄、长短是有区别的，主要有尖翅膀、圆翅膀、方翅膀等。但是，各种鸟类翅膀的组成结构、形态特征、姿态变化是基本相似的。鸟类翅膀的羽毛主要有覆羽和飞羽两种。覆羽就是将翅膀的皮肉和骨骼覆盖住的那部分羽毛；飞羽就是长在翅膀的顶端和一侧，并能像扇子一样展开和收拢的那部分羽毛。其功能主要是用于飞翔，因此叫作飞羽。其中，覆羽又分为初级覆羽、大覆羽、中覆羽、小覆羽；飞羽分为初级飞羽、次级飞羽、三级飞羽。

（2）鸟类各形翅膀雕刻实例

鸟类翅膀雕刻对于所有鸟类的雕刻来说都是最重要、最显眼、最能展现鸟类优美风姿的地方。因此，在雕刻鸟类翅膀时要特别认真、仔细，要把翅膀雕刻得细致精巧。在食品雕刻中，根据鸟翅膀与身体的位置关系来分，可以分为收拢式翅膀、半开式翅膀、展开式翅膀。

原材料：南瓜、胡萝卜、香芋等。

雕刻工具：雕刻主刀、U 和 V 形戳刀。

制作步骤：

1）收拢式翅膀

翅膀与身体紧贴在一起，鸟一般呈站立或休息的姿态。

①取一块南瓜料，用主刀按照收拢式鸟翅膀的形状雕刻出翅膀的大型；②在雕刻好的翅膀大型原料上，用绘图笔分出不同羽毛的分布位置和结构；③依次雕刻出小覆羽和中覆羽，然后再依次雕刻出大覆羽和初级覆羽以及小翼羽；④依次雕刻出三级飞羽、次级飞羽和初级飞羽；⑤去掉飞羽下边的废料，将翅膀修薄、修平；⑥用 V 形戳刀在小、中覆羽毛中间戳出翎骨，并整理成形。

2）全展开式翅膀

翅膀与身体分开，完全展开，鸟呈飞翔或嬉戏的姿态。

①取一块南瓜料，用主刀按照全展开式翅膀的形状雕刻出翅膀的大型；②在雕刻好的翅膀大型原料上，用绘图笔分出不同羽毛的分布位置和结构并雕刻出小覆羽；③依次雕刻出中覆羽，然后再依次雕刻出大覆羽、初级覆羽和小翼羽，去掉初级覆羽和大覆羽下边的一层废料，使羽毛上部边缘突出出来；④雕刻出三级飞羽、次级飞羽和初级飞羽，并用划线刀刻出羽毛上的羽轴和羽丝，去掉飞羽下面的废料，清水浸泡待用；⑤必要时，雕刻出翅膀的背面羽毛。

3）半展开式翅膀

翅膀与身体分开，但没有完全展开，鸟一般呈起飞或嬉戏的姿态。

①取一块南瓜料，用主刀按照半展开式翅膀的形状雕刻出翅膀的大型，并雕刻出翅膀的小覆羽；②在雕刻好的翅膀大型原料上用绘图笔分出不同羽毛的分布位置和结构。依次雕刻出小覆羽和中覆羽，然后再依次雕刻出大覆羽、初级覆羽和小翼羽；③去掉初级覆羽和大覆羽下边的一层废料，使羽毛上部边缘突出出来；④雕刻出三级飞羽、次级飞羽和初级飞羽。并用划线刀刻出羽毛上的羽轴和羽丝。去掉飞羽下边的废料，清水浸泡待用。

（3）鸟类翅膀雕刻成品的要求

①翅膀的大型要求准确，3 种翅膀的姿态区别明显；②翅膀各部位羽毛排列位置准确，覆羽位置排列时应错开，飞羽位置排列时应相互重叠；③翅膀羽毛长短、

大小应该有明显区别，一般情况下，覆羽形状是短、圆、薄，似鱼鳞状；④翅膀的大小、长短要合乎要求，羽毛片要求厚薄适中，边缘整齐无缺口、毛边；⑤翅膀雕刻的刀法要熟练、流畅，废料去除要干净。

（4）鸟类翅膀雕刻要领

①雕刻翅膀大型前，可以先用笔在纸上画一下翅膀大型，然后再在原料上画，最后才是雕刻刀雕刻。这种方法对于快速掌握翅膀大型雕刻是非常有用的。②熟悉翅膀各个部位羽毛的形状和位置有列。其方法是：多观察，多绘画。③翅膀羽毛中覆羽的形状要小一些，短一些，飞羽要大一些，长一些。其中，初级飞羽最长、最大。④翅膀的大小、长短和鸟的种类有关。一般鸟类的翅膀长度与身长相当。擅长飞翔的鸟类以及大型猛禽类的翅膀应是其身体的 2～3 倍。总之，不宜过长或是过短。但是，偏长、偏大的比偏短、偏小的整体效果要好些。⑤加强基本功练习。如用主刀雕刻羽毛最能体现出作者的基本功和操作的熟练程度。⑥翅膀雕刻好后，可以用手把翅膀的飞羽往上压一压，使其上翘。这样处理能使翅膀看起来更加生动、逼真。

3．鸟类尾部的形态结构和雕刻

（1）鸟类尾部的结构和特点

鸟类尾巴的作用是飞行时控制速度和方向。扩展开时就像一把折扇，合拢时羽毛可以相互重叠，但是最中间的一对羽毛始终在最上面。尾羽由成对的羽毛组成，羽毛一般有 10～20 片，最多可达到 32 片，而最少的只有 4 片羽毛。尾羽由主尾羽和副尾羽组成。整体排列是以主尾羽为中心，副尾羽分别排列在两旁。鸟尾的形状因鸟的种类而异，有的尾羽毛长度大致相等，有的尾羽两侧较中间的尾羽渐次缩短，有的尾羽中间较两侧渐次缩短。

在食品雕刻中，鸟尾的形状是区分各种鸟类的重要标志之一。按照食品雕刻的习惯分法大体上可以分为 6 大类，即平尾（鹭、鹤、海鸥等）、圆尾（鸽子、老鹰等）、凸尾（杜鹃、鸭子、天鹅等）、凹尾（红嘴相思鸟、绣眼鸟等）、燕尾（燕子、燕鸥等）、长尾（绶带鸟、锦鸡、喜鹊等）。

（2）鸟类尾部雕刻实例

原材料：南瓜、胡萝卜、香芋等。

雕刻工具：雕刻主刀、U 形戳刀、V 形戳刀、划线刀、砂纸。

制作步骤：

1）鸟类圆尾雕刻实例

①南瓜去老皮，切下一块料，修整平整，在原料上确定主尾羽的位置和走向，并用 V 形戳刀雕刻出羽轴；②用主刀或是 U 形戳刀雕刻出主尾羽的形状，并去掉主尾羽下边的废料，使主尾羽突显出来；③雕刻出主尾羽两侧的副尾羽。主尾羽和副尾羽的长度、大小基本上是一样的，只是尾羽的根部排列要紧密些，就像打开的

折扇形状；④用划线刀雕刻出尾羽上的羽轴和羽丝；⑤去掉尾羽下边的废料，将鸟尾取下来。清水浸泡，整理待用。

2）鸟类凸尾雕刻实例

鸟类凸尾的雕刻步骤、方法、技巧与鸟类圆尾的雕刻一样。其区别在于凸尾主尾羽的两侧副尾羽较中间的主尾羽渐次缩短，主尾羽最长。

3）鸟类凹尾雕刻实例

鸟类凹尾的雕刻步骤、方法、技巧与鸟类凸尾的雕刻一样。其区别在于，凹尾的主尾羽两侧副尾羽较中间的主尾羽渐次加长，两根主尾羽最短。

4）鸟类燕尾雕刻实例

鸟类燕尾的雕刻步骤、方法、技巧与鸟类凹尾的雕刻一样。燕尾的主尾羽的两侧副尾羽较中间的主尾羽渐次加长，两根主尾羽最短。主要区别在于，两侧副尾羽的最外边两片羽毛最长，而且形状呈三角形，细长而窄、尖。

5）鸟类平尾雕刻实例

鸟类平尾的雕刻步骤、方法、技巧与鸟类圆尾的雕刻一样。主尾羽和副尾羽的羽毛排列均匀、齐整，几乎呈一条直线，弧度很小。

6）鸟类长尾雕刻实例（如喜鹊尾部）

雕刻鸟类长尾时主羽应突出其长而大的特点，其长度一般为鸟身长度的 2～3 倍，有的甚至更长。

①南瓜去老皮，切下一块料，修整平整。在原料上确定两根主尾羽的位置、走向和形状，并用 V 形戳刀雕刻出羽轴；②先用主刀雕刻出两根主尾羽的形状。主尾羽的中部要宽一些，根部较窄，羽毛尖部应尖而且细窄，再用主刀去掉主尾羽下边的废料，使主尾羽突显出来；③雕刻出主尾羽两边的位于主尾羽两侧的副尾羽；④用划线刀或是 V 形戳刀雕刻出主尾羽上的羽丝；⑤用雕刻主刀从羽毛尖部开始斜片到羽毛的根部，去掉尾羽下边的废料，把雕刻好的尾部取下来，整理待用。

（3）鸟类尾部雕刻成品要求

①鸟类尾部的大型准确，成品刀口细腻，刀痕少。不同鸟类尾部区别明显。②鸟类尾部的羽毛应成对出现，其中主尾羽一般是两根，只是有的鸟的主尾羽被挡住了一根。③鸟类尾部的大小、长短和鸟的种类有关。一般鸟类的尾巴长度与身长相当（长尾巴鸟除外）。也有些长尾鸟的尾巴是其身长的 2～3 倍。总之不宜太过短小。在雕刻中，鸟尾偏长比偏短的整体效果要好一些。④雕刻鸟类尾巴的刀法要熟练、流畅，废料去除要干净。⑤雕刻鸟类尾部时，要注意鸟尾羽左右的排列是对称的。

（4）鸟类尾部雕刻要领

①雕刻鸟类尾部前，可以先用笔在纸上画一下鸟类尾部大型，然后再在原料上雕刻。这种方法对于快速掌握鸟类尾部大型雕刻是非常有用的。②熟悉鸟类各种尾部形状和羽毛的排列位置。其方法是：多观察，多绘画。③雕刻鸟类尾部羽毛时，

毛尖要雕刻薄一些，毛根部稍厚并且不要完全分开。④加强基本功的练习，刀具要锋利，特别是划线刀。

4. 鸟类腿爪部的结构和雕刻

（1）鸟类腿爪部的结构和特点

鸟类腿爪部就是鸟类的后肢，长在鸟类的腹部。从上往下依次为股（大腿）、胫（小腿）、跗跖和趾。股部多隐藏在鸟的身体内两侧而不外露；胫部大多数有羽毛覆盖；跗跖和趾是鸟腿爪最显露的部分。

在食品雕刻中，出于雕刻习惯，也为了便于理解，一般把鸟类的胫部叫作鸟类的大腿，而把鸟类的跗跖叫作小腿。这和鸟类实际的叫法是有区别的。在这点上，学习雕刻鸟类时一定要注意加以区分。后面的鸟类腿爪各部分的叫法就按食品雕刻中的习惯叫法命名。

鸟类的大腿近似三角形，上有羽毛覆盖。小腿形直较细，由皮、筋、骨组成，无肌肉，小腿表面有鳞状花纹。大多数鸟类的脚爪有 4 趾，但是一些比较老的雄鸟的后趾上方小腿上会长有角质的距。鸟类的脚趾大多数都是前 3（外趾、中趾、外趾），后 1（后趾）。在食品雕刻中主要是根据趾的位置排列方式和结构特点进行分类，没有生物学分类中那么细致、复杂。可以分为离趾足（雀鸟类、鹰类等）；对趾足（杜鹃、啄木鸟、鹦鹉等）；蹼足（鸳鸯、天鹅、鸬鹚、鸭子等）。

（2）鸟类腿爪部雕刻实例

原材料：南瓜、胡萝卜、香芋等。

雕刻工具：雕刻主刀、U 形戳刀、V 形戳刀、划线刀、砂纸。

制作步骤：

1）鸟类离趾足雕刻实例 1

①取一段原料雕刻出鸟类离趾足的大型。脚趾前 3 后 1 形成一个三角形的面；②确定每个脚趾的位置，用雕刻主刀把爪趾分开，修整出爪趾的关节；③去掉爪趾上的棱角，修圆；④雕刻出脚指甲和脚掌心；⑤雕刻出小腿和脚趾上的鳞状花纹；⑥去掉鸟脚上的废料，使鸟脚独立出来。

2）鸟类离趾足雕刻实例 2

鸟类对趾足雕刻和鸟类离趾足雕刻的方法和技巧是一样的，其区别在于对趾足的脚趾是前后各两个脚趾分布。

3）鸟类对趾足雕刻实例

鸟类对趾足雕刻和鸟类离趾足雕刻的方法和技巧是一样的，其区别在于对趾足的脚趾是前后各两个脚趾分布。

4）鸟类蹼足雕刻实例

①取一段原料雕刻出鸟类蹼足的大型，脚趾前 3 后 1 形成一个三角形的面；②确定每个脚趾的位置，用雕刻 U 形戳刀把爪趾分开，修整出爪趾的关节；③雕

刻出小腿和脚趾上的脚指甲并雕刻出前面 3 个脚趾间相连的蹼；④去掉鸟脚爪上的废料，使鸟脚爪独立出来。

（3）鸟类腿爪部雕刻成品要求

①鸟类腿爪部的大型准确，成品刀口细腻，刀痕少，3 种鸟类腿爪区别明显；②鸟类腿爪部中趾应最大、最长，后趾最小；③鸟脚趾的关节要体现出来，特别是鸟脚抓握时关节更加明里；④雕刻鸟小腿和脚趾上的鳞状花纹的刀法要熟练、流畅，废料去除要干净；⑤雕刻蹼足类鸟腿爪时，蹼膜一般要比脚趾低一些；⑥鸟类腿爪部的脚指甲应根据具体的鸟类品种灵活掌握其大小、长短和弯曲度。

（4）鸟类腿爪部雕刻要领

①雕刻腿爪前，可以先用笔在纸上画一下腿爪大型，然后再在原料上雕刻。这种方法对于快速掌握腿爪大型雕刻是非常有用的；②熟悉鸟类腿爪各个部位的形状和位置，其方法也是多观察，多绘画；③鸟类腿爪的大小、长短和鸟的种类有关，一般体形大的鸟类，腿爪长、粗大；体形小的鸟类，腿爪短、细小一些；④加强基本功的练习，刀具要锋利，特别是划线刀；⑤雕刻鸟类腿爪时，也可以采用组合雕刻的方法进行，这样既节省原料，同时造型更加灵活多变。

二、相思鸟的雕刻

（一）相思鸟相关知识介绍

相思鸟别名红嘴玉、红嘴绿观音、恋鸟等。红嘴相思鸟为湖南省省鸟，在中国主要分布在秦岭以南。红嘴相思鸟体长约 14 厘米，嘴呈鲜红色，上体为橄榄绿色，脸淡黄色，两翅具明显的红黄色翼斑，额、喉至胸呈黄色或橙色，腹乳黄色。红嘴相思鸟羽毛华丽、动作活泼、姿态优美、鸣声短促悦耳，婉转动听。因雌雄鸟经常形影不离，对伴侣极其忠诚，故被视为忠贞爱情的象征，常作为结婚礼品馈赠，是非常珍贵的一种鸟类，颇受人们喜爱。

在食品雕刻中，相思鸟的雕刻是作为禽鸟类雕刻的基础，地位很重要。可以说，很多其他种类的禽鸟雕刻都是在相思鸟雕刻的基础上进行变化和创造的。

（二）相思鸟雕刻过程

主要原材料：胡萝卜、南瓜、青笋头、青萝卜等。

雕刻工具：雕刻主刀、划线刀、U 形戳刀。

制作步骤：

1. 确定相思鸟的姿态和身体大型

①取一根南瓜，把一端切成楔形（斧棱形），并在原料上画出相思鸟的大型；②从鸟嘴开始下刀，雕刻出相思鸟的头颈外形轮廓。

2. 雕刻鸟嘴部

①雕刻出三角形的鸟嘴，再把三角形分成大和小两个三角形，并用主刀把鸟嘴

裂线刻出来；②戳出鸟嘴的嘴角线。

3．雕刻鸟的头、颈部

①把鸟头修整圆滑，确定鸟眼睛的位置和头部的结构线；②用 U 形戳刀雕刻出鸟的眼睛以及鸟头部的凹凸点；③用 U 形戳刀雕刻出头部眼睛的黑眼仁，并用牙签做出相思鸟的鼻孔；④用划线刀雕刻出鸟头部各部位的绒毛和鸟的脖颈形状以及羽毛；。

4．雕刻鸟的躯干

根据鸟头部的大小画出鸟的躯干大型，并雕刻出来。

5．雕刻鸟的翅膀

①用 U 形戳刀在鸟的躯干上戳出翅膀的大型；②用划线刀和主刀雕刻出鸟翅膀上覆羽；③用主刀或 U 形戳刀雕刻出鸟翅膀的飞羽。

6．雕刻鸟的尾部

按照前面雕刻鸟尾部的方法雕刻出相思鸟的凹形尾。

7．雕刻鸟的腿爪部

按照前面雕刻鸟腿爪部的方法雕刻出相思鸟的腿爪部。

①用划线刀和主刀雕刻出鸟的尾下覆羽和鸟大腿上覆羽；②用胡萝卜雕刻出相思鸟的一对脚爪。

（三）相思鸟雕刻成品要求

①相思鸟形体较小，嘴短小，头圆，颈部较短，尾部为凹形尾，长度与身体长度相当；②鸟各个部位比例恰当，雕刻刀法熟练、准确，作品刀痕少；③废料去除干净，无残留。

（四）相思鸟雕刻注意事项及要领

①对相思鸟的形态特征以及翅膀、尾巴的羽毛等结构要熟悉；②雕刻前应先在纸上画一下相思鸟，其头和身体可以看成是两个椭圆形；③雕刻鸟的大型时可以借鉴国画画鸟的方法，即"鸟不离球、蛋、扇"，就是说鸟头为圆形，躯干为蛋形，尾巴为扇形；④对于前面所学的鸟各部位的雕刻要认真练习掌握；⑤相思鸟的尾巴可以单独雕刻好，然后再粘上去，这样相思鸟尾巴就可以上下左右任意造型。

三、喜鹊的雕刻

（一）喜鹊相关知识介绍

喜鹊又名鹊，分布范围很广，几乎遍布世界各大陆。在中国，除草原和荒漠地区外，见于全国各地。喜鹊是很有人缘的鸟类之一，多生活在人类聚居地区，喜欢把巢筑在民宅旁的大树上，在居民点附近活动。喜鹊体形较大，头、颈、背至尾均为黑色，并自前往后分别呈现紫色、绿蓝色、绿色等光泽，双翅黑色而在翼肩有一大块白斑。嘴、脚是黑色。腹面以胸为界，前黑后白。尾羽较长，其长度超过身体的长度。

喜鹊自古以来深受人们喜爱,在中国民间将喜鹊作为吉祥、好运与福气的象征。喜鹊叫声婉转,据说喜鹊能够预报天气的晴雨,古书《禽经》中有这样的记载:"仰鸣则阴,俯鸣则雨,人闻其声则喜。"鹊桥相会、鹊登高枝、喜上眉(梅)梢等是中国传统艺术中常见的题材,它还经常出现在中国传统诗歌、对联中。在中国的民间,画鹊兆喜的风俗在民间都颇为流行。此外,传说每年的七夕,人间所有的喜鹊会飞上天河,搭起一条鹊桥,引分离的牛郎和织女相会,牛郎织女鹊桥相会的鹊桥在中华文化中常常成为男女情缘的象征。喜鹊,作为离人最近的鸟,已经深入了我们的生活和文化中。

在食品雕刻中,喜鹊的雕刻方法与相思鸟的雕刻方法大同小异。主要区别在于喜鹊体形要大一些,头偏小,嘴、颈稍长,尾巴的形状属于长尾型。

至于两者间毛色的区别一般来讲在食品雕刻中是不能体现出来的。因此,在学习雕刻喜鹊时一定要借鉴相思鸟的雕刻方法、技巧,这样才能够比较容易地掌握喜鹊的雕刻技术。

(二)喜鹊雕刻过程

主要原材料:胡萝卜、南瓜、青萝卜等。

雕刻工具:雕刻主刀、U形戳刀、划线刀等。

制作步骤:

1．确定喜鹊的姿态和整体大型

①取一块南瓜,把一端切成楔形(斧棱形),并在原料上画出喜鹊的大型;②从鸟嘴开始下刀,雕刻出喜鹊头、颈部的整体大型(外形轮廓)。

2．雕刻出喜鹊的嘴部

借鉴相思鸟嘴部的雕刻方法,只是喜鹊的嘴要长一点。①雕刻出三角形的鸟嘴,使鸟嘴张开;②戳出鸟嘴的嘴角线。

3．雕刻喜鹊的头部、颈部

①把鸟头修整圆滑,确定鸟眼睛的位置和头部的结构线;②用划线刀雕刻出喜鹊的眼线;③雕刻出喜鹊后脑部的小绒毛;④用U形戳刀雕刻出鸟眼睛和眼里的黑眼仁;⑤用划线刀雕刻出鸟头部各部位的绒毛和鸟的脖颈形状以及羽毛。

4．雕刻喜鹊的躯干

根据鸟头部的大小画出喜鹊的躯干大型,并雕刻出来。

5．雕刻喜鹊的翅膀

6．雕刻喜鹊的尾部

按照前面雕刻鸟尾部的方法雕刻出喜鹊的长形尾。

7．雕刻喜鹊的腿爪部

按照前面雕刻鸟腿爪部的方法雕刻出喜鹊的腿爪。

8．整体修整成型

把雕刻好的喜鹊各部位有机地安装组合在一起。

（三）喜鹊雕刻成品要求

①喜鹊嘴短、尖，头圆，颈部较短，尾部为长形尾，尾巴的长度是身体长度的2倍；②喜鹊各个部位比例恰当，雕刻刀法熟练、准确，作品刀痕少。

（四）喜鹊雕刻注意事项及要领

①对喜鹊的形态特征以及翅膀、尾巴的结构要熟悉；②雕刻前，应先在纸上画一下喜鹊，其头和身体可以看成是两个椭圆形；③在原料上确定喜鹊大型时可以借鉴中国画鸟的方法，即"鸟不离球、蛋、扇"；④对于前面所学的鸟各部位的雕刻要认真练习，熟练掌握；⑤喜鹊的尾巴和翅膀可以单独雕刻好，然后再粘上去，这样喜鹊的姿态变化就比较灵活多变。

（五）喜鹊类雕刻作品的应用

①主要用在婚宴、寿宴、庆功宴、庆典宴以及家人聚会等宴会中；②主要用于盘饰和雕刻看盘的制作。

四、翠鸟的雕刻

（一）翠鸟相关知识介绍

翠鸟又名鱼虎、鱼狗、钓鱼翁、金鸟仔、钓鱼郎、拍鱼郎等。中国的翠鸟有3种：斑头翠鸟、蓝耳翠鸟和普通翠鸟。其中，普通翠鸟最常见，分布也最广。主要分布于中部和南部，为留鸟。翠鸟头大，身体小，嘴壳硬，嘴长而直，有角棱，末端尖锐。其体形有点像啄木鸟，但尾巴比啄木鸟短小一些，喙比啄木鸟长一些。翠鸟的整体色彩分布十分艳丽。头至后颈部为带有光泽的深绿色，其中布满蓝色斑点，从背部至尾部为光鲜的宝蓝色，翼面也为绿色，带有蓝色斑点，翼下及腹面则为明显的橘红色，体羽主要为亮蓝色，头顶黑色，额具白领圈。浓橄榄色的头部有青绿色斑纹，眼下有一青绿色纹，眼后具有强光泽的橙褐色。面颊和喉部为白色，脚为红色，下体羽为橙棕色。胸下栗棕色，翅翼黑褐色，短圆，3个前趾中有2个基部愈合。脚珊瑚红色。翠鸟的尾巴很短，但飞起来很灵活。

翠鸟常直挺挺地停息在近水的低枝或岩石上，伺机捕食鱼虾等。翠鸟常栖息于有灌丛或疏林的、水清澈而缓流的小河、溪涧、湖泊、鱼塘等水域，以鱼或昆虫为食。翠鸟捕食鱼虾扎入水中后，还能保持极佳的视力，因为，它的眼睛进入水中后，能迅速调整水中因为光线造成的视角反差。所以，翠鸟的捕鱼成功率几乎是百发百中，毫无虚发。翠鸟在西方也叫青鸟，象征着幸福和美好。

在雕刻翠鸟时，其雕刻的方法和技巧与相思鸟的雕刻基本一致，区别主要是在头和尾巴的形状。翠鸟是长嘴，尾部是较短的凸尾。由于翠鸟的色彩丰富、艳丽，雕刻时很难表现出来，因此在选用原料时注意应选择颜色比较浅的原料，最好是绿色的。当然，也可以采用组合雕的方法雕刻，但这对于初学者来说难度太大了。

（二）翠鸟的雕刻过程

主要原材料：胡萝卜、南瓜、青萝卜、心里美萝卜、青笋头等。

雕刻工具：雕刻主刀、U 形戳刀、划线刀等。

制作步骤：

1．确定翠鸟的姿态和整体大型

①取一块南瓜，把一端切成楔形（斧棱形），并在原料上画出翠鸟的大型；②从鸟嘴开始下刀雕刻出翠鸟头、颈部的整体大型（外形轮廓）。

2．雕刻出翠鸟的嘴部

借鉴相思鸟嘴部的雕刻方法，只是在外形上翠鸟的嘴特别长而尖。①雕刻出三角形的鸟嘴，使嘴张开；②戳出鸟嘴的嘴角线。

3．雕刻翠鸟的头部、颈部

①把鸟头修整圆滑，确定鸟眼睛的位置和头部的结构线；②用 U 形戳刀雕刻出鸟眼睛和眼里的黑眼仁；③用划线刀雕刻出鸟头部各部位的绒毛和鸟的脖颈形状以及羽毛。

4．雕刻翠鸟的躯干和大腿

根据鸟头部的大小画出翠鸟的躯干大型，并雕刻出来。

5．雕刻翠鸟的尾部

按照前面雕刻鸟尾部的方法雕刻出翠鸟的尾巴。

6．雕刻翠鸟的翅膀

7．雕刻翠鸟的腿爪部

按照前面雕刻鸟腿爪部的方法雕刻出翠鸟的腿爪。

8．整体修整成型

把雕刻好的翠鸟各部位有机地安装组合在一起。

（三）翠鸟雕刻成品要求

①翠鸟各个部位比例恰当，特征突出。其嘴长而尖、头大而圆，颈部较短，身体小巧；②雕刻刀法熟练、准确，作品刀痕少。

（四）雕刻注意事项及要领

①对翠鸟的形态特征以及翅膀、尾巴等结构要熟悉；②雕刻时，应结合相思鸟和喜鹊的雕刻方法和技巧，对前面所学的鸟类各部位的雕刻要认真练习，熟练掌握；③翠鸟虽小，但是也可以采用组合雕的方式进行雕刻，尾巴、腿爪和翅膀可以单独雕刻好，然后再粘上去，这样翠鸟的姿态变化就比较灵活而且色彩更加丰富；④为了整体效果好，也可以把其脚爪进行艺术处理，雕刻成前三后一的样式。

（五）翠鸟类雕刻作品的应用

主要用于盘饰和雕刻看盘的制作，特别适宜与荷花、荷叶搭配在一起组成作品。

五、鸳鸯的雕刻

（一）鸳鸯相关知识介绍

鸳鸯，古称"匹鸟"，似野鸭，体形较小。嘴扁，颈长，趾间有蹼，善游泳，翼长，能飞。雄的羽色绚丽，头后有呈赤、紫、绿等色的羽冠；嘴红色，脚黄色。雌的体形稍小，羽毛苍褐色，嘴灰黑色。常栖息于内陆湖泊和溪流边。在我国内蒙古和东北北部繁殖，越冬时飞到长江以南直到华南一带，为我国著名特产珍禽之一。

中国古代，最早是把鸳鸯比作兄弟的。最早把鸳鸯比作夫妻，是出自唐代诗人卢照邻《长安古意》，诗中有"愿做鸳鸯不羡仙"一句，赞美了美好的爱情，含有男女情爱的意思。基于人们对鸳鸯的这种认识，我国历代流传着不少以它们为题材的，歌颂纯真爱情的美丽传说和神话故事。鸳鸯经常成双在水面上相亲相爱，悠闲自得，风韵迷人。在人们的心目中是永恒爱情的象征，是一夫一妻、相亲相爱、白头偕老的表率。甚至认为鸳鸯一旦结为配偶，便陪伴终生，所以人们常将鸳鸯的图案绣在各种各样的物品上送给自己喜欢的人，以此表达自己的爱意。

鸳鸯是一种美丽的禽鸟，中国传统文化赋予它很多美好的寓意，因此在食品雕刻中也是经常表现的题材。在雕刻鸳鸯时，形体要雕刻得小巧一点，应选用颜色稍浅一点的原材料。

（二）鸳鸯的雕刻过程

主要原材料：胡萝卜、南瓜、青萝卜、心里美萝卜等。

雕刻工具：雕刻主刀、U形戳刀、划线刀等。

制作步骤：

1. 确定鸳鸯的姿态和整体大型

①取一根南瓜，把一端切成模型（斧棱形），并在原料上画出鸳鸯的大型；②从鸟嘴开始下刀雕刻出鸳鸯头、颈部的整体大型（外形轮廓）。

2. 雕刻出鸳鸯的嘴部

借鉴相思鸟嘴部的雕刻方法，只是在外形上鸳鸯是扁平嘴。①雕刻出三角形的鸟嘴，然后用刀把嘴尖修圆、去棱角；②戳出鸟嘴的嘴角线。

3. 雕刻鸳鸯的头部、颈部

①把鸟头修整圆滑，确定鸟眼睛的位置和头部的结构线；②用划线刀、主刀雕刻出鸳鸯头顶的羽冠；③用U形戳刀和主刀雕刻出鸳鸯眼睛和眼里的黑眼仁；④用V形戳刀和主刀雕刻出鸳鸯头部各部位的绒毛和脖颈的形状以及尖形的羽毛。

4．雕刻鸳鸯的躯干

根据鸳鸯头部的大小画出鸳鸯的躯干大型，并雕刻出来。

5．雕刻鸳鸯的翅膀

6．雕刻鸳鸯的尾部和相思羽

尾巴按照前面雕刻鸟尾部的方法雕刻。

7．整体修整成型

（三）鸳鸯鸟雕刻成品要求

①鸳鸯各个部位比例恰当，特征突出，其嘴扁平、头顶有羽冠，颈部较短，身体小巧；②雕刻刀法熟练、准确，作品刀痕少。

（四）雕刻注意事项及要领

①对鸳鸯的形态特征、翅膀、尾巴等结构要熟悉；②雕刻时，应结合相思鸟和喜鹊的雕刻方法和技巧；③鸳鸯雕刻过程中，大多数情况下可以不雕刻腿脚。

（五）鸳鸯类雕刻作品的应用

①主要用于盘饰和雕刻看盘的制作，特别适宜与荷花、荷叶搭配在一起组成作品；②主要用于婚庆类主题的宴会中。

六、鹦鹉的雕刻

（一）鹦鹉相关知识介绍

鹦鹉是指鹦形目中众多艳丽、爱叫的鸟。鹦鹉主要生活在低地热带森林，也常飞至果园、农田和空旷草场中。分布于山地的鹦鹉种类较少，它们一般以配偶和家族形成小群活动，栖息在林中树枝上，主要以树洞为巢。多数鹦鹉主食树上或者地面上的植物果实、种子、坚果、浆果、嫩芽嫩枝等，兼食少量昆虫。鹦鹉种类非常繁多，形态各异，羽色艳丽。鹦鹉中体形最大的当属华贵高雅的紫蓝金刚鹦鹉，最小的是蓝冠短尾鹦鹉。其中最美丽、最独特，人们最熟悉的鹦鹉是虎皮鹦鹉和葵花凤头鹦鹉等。鹦鹉羽毛大多色彩绚丽。鹦鹉鸣叫响亮，是典型的攀禽，对趾型足，两趾向前两趾向后，适合抓握。鹦鹉的钩喙独具特色，强劲有力，可以食用坚果。

鹦鹉与人类的文明发展息息相关，它们也是人们最好的伙伴和朋友。鹦鹉训练后可表演许多新奇有趣的节目，是不可多得的鸟类"表演艺术家"。人们对鹦鹉最为钟爱的技能当属效仿人言。事实上，它们的"口技"在鸟类中是十分超群的。但这也只是一种条件反射、机械模仿而已。这种仿效行为在科学上叫作效鸣。鹦鹉聪明伶俐，善于学习，特别是它能模仿人的语言，因此备受宠爱。人们喜爱这些美丽的飞禽，把它们作为智慧的象征，是各种艺术经常表现的题材之一。

在食品雕刻中，重点是要雕刻出鹦鹉头部的特点，其脸颊比较大而且较突出，钩嘴宽而短。至于其他部位的雕刻可以参照喜鹊的雕刻方法和技巧。

（二）鹦鹉的雕刻过程

主要原材料：胡萝卜、南瓜、青萝卜、心里美萝卜等。

雕刻工具：雕刻主刀、U 形戳刀、划线刀等。

制作步骤：

1. 确定鹦鹉的姿态和身体大型

①取一块南瓜，把一端切成楔形（斧棱形），并在原料上画出鹦鹉的大型；②从鸟嘴开始下刀雕刻出鹦鹉头、颈、背部的整体大型（外形轮廓）。

2. 雕刻鹦鹉的嘴部

借鉴喜鹊鸟嘴部的雕刻方法，只是在外形上鹦鹉的嘴呈钩状，而且显得比较宽厚。①雕刻出钩形的鸟嘴，用主刀斜刻去掉棱角；②戳出鸟嘴的嘴角线，并雕刻出鹦鹉的脖颈。

3. 雕刻鹦鹉的头部、颈部

①把鸟头修整圆滑，确定眼睛的位置和头部的结构线；②雕刻出眼睛和眼里的黑眼仁；③用主刀和划线刀雕刻出头部各部位的绒毛和脖颈形状以及羽毛；④雕刻鹦鹉的躯干。

5. 雕刻鹦鹉的翅膀

①确定翅膀的位置和形状，并用 U 形戳刀戳出；②雕刻出翅膀上的覆羽和飞羽。

6. 雕刻鹦鹉的大腿部分

7. 雕刻鹦鹉的尾巴部分

按照前面雕刻鸟尾部的方法雕刻出鹦鹉的尾巴。

8. 雕刻鹦鹉的腿爪部分

按照前面雕刻鸟腿爪部的方法雕刻出鹦鹉对趾型的腿爪。

9. 整体修整成型

把雕刻好的鹦鹉各部位有机地安装组合在一起，做成一个完整的雕刻作品。

（三）鹦鹉雕刻成品要求

①鹦鹉各个部位比例恰当，特征突出，其嘴呈钩状；②雕刻刀法熟练、准确，作品刀痕少。

（四）雕刻注意事项及要领

①对鹦鹉的形态特征、翅膀、尾巴等结构要熟悉；②雕刻时，应结合喜鹊的雕刻方法和技巧，对前面所学的鸟各部位的雕刻要认真练习，熟练掌握；③鹦鹉的嘴比较像老鹰的钩形嘴，头部比较大而且外形特点突出，雕刻时要注意把握好；④鹦鹉的尾巴比较长，可以借鉴喜鹊尾巴的雕刻方法；⑤可以采用组合雕的方式进行雕刻。嘴巴、尾巴、腿爪和翅膀可以分别用不同的原料单独雕刻好，然后再粘上去。这样姿态变化就比较灵活，而且色彩更加丰富。

七、红腹锦鸡的雕刻

(一)红腹锦鸡相关知识介绍

红腹锦鸡又名金鸡、山鸡、采鸡等,为中国特有。分布的核心区域在中国甘肃和陕西南部的秦岭地区。雄鸟羽色华丽,头具金黄色丝状羽冠,上体除上背浓绿色外,其余为金黄色,后颈披有橙棕色而缀有黑边的扇状羽,形成披肩状。下体深红色,尾羽比较长,中央一对尾羽黑褐色,满缀以黄色斑点;外侧尾羽黄色而具黑褐色波状斜纹;最外侧 3 对尾羽栗褐色,具黑褐色斜纹。脚黄色,全身羽毛颜色互相衬托,赤橙黄绿青蓝紫俱全,光彩夺目,是驰名中外的观赏鸟类。

人们认为红腹锦鸡是传说中的"凤凰",自古以来深受人们喜爱,将红腹锦鸡作为吉祥、好运、喜庆、福气、美丽、高贵的象征。"金鸡报晓""前程似锦""锦上添花"等是中国传统艺术中常见的题材。

在食品雕刻中,锦鸡的头、尾部是雕刻的重点和难点。雕刻头部羽冠时可以借鉴鸳鸯鸟羽冠的雕刻方法。另外,锦鸡的披肩羽是其重要特征,雕刻时要注意和一般羽毛的形状相区别。锦鸡是长尾巴,长度可以是其身体的两倍。

(二)锦鸡的雕刻过程

主要原材料:胡萝卜、南瓜、青萝卜、心里美萝卜等。

雕刻工具:雕刻主刀、U 形戳刀、划线刀等。

制作步骤:

1.确定锦鸡的姿态和身体大型

2.雕刻锦鸡的头颈部分

注意借鉴喜鹊头颈部的雕刻方法和技巧。

①取一块南瓜,把一端切成楔形(斧棱形),并在原料上画出锦鸡头颈部分的大型;②从鸟嘴开始下刀雕刻出锦鸡头、颈、背部的整体大型(外形轮廓);③雕刻出尖形的鸟嘴,用主刀斜刻去掉棱角;④戳出鸟嘴的嘴角线,并雕刻出锦鸡的脖颈;⑤确定锦鸡的眼睛和披肩扇状羽的位置,并雕刻出来。

3.雕刻锦鸡的躯干部分

①把锦鸡头雕刻好后,安在选好的原料上,根据头的大小确定锦鸡躯干的大小;②雕刻出锦鸡的尾上覆羽,并安装在锦鸡躯干的后边。

4.雕刻锦鸡的尾巴和翅膀以及锦鸡的腿爪

5.整体修整成型

把雕刻好的锦鸡各部位有机地安装组合在一起,做成一个完整的雕刻作品。

(七)锦鸡雕刻成品要求

①锦鸡各个部位比例恰当,特征突出;②锦鸡形态生动、逼真;③雕刻刀法熟练、准确,作品刀痕少。

（七）雕刻注意事项及要领

①对锦鸡的形态特征、翅膀、尾巴等结构要熟悉；②雕刻时，应结合喜鹊的雕刻方法和技巧；③锦鸡的主要特征在头和尾。雕刻时要注意把握，表现准确；④锦鸡的尾巴比较长，雕刻方法可以借鉴喜鹊尾巴的雕刻方法；⑤可以采用组合雕的方式进行雕刻。尾巴、腿爪和翅膀可以分别单独雕刻好，然后再组合。

八、鹰的雕刻

（一）鹰的相关知识介绍

广义的鹰泛指小型至中型的白昼活动的隼形目鸟类，种类很多。广义的鹰也常用来称呼鹰科的其他种鸟类。主要有：金雕、白肩雕、玉带海雕、白尾海雕、鸢、秃鹫、兀鹫、胡兀鹫、高山兀鹫等 10 种。鹰是众多猛禽的典型代表，飞翔能力极强，是视力最好的动物之一。在我国，最常见的有苍鹰、雀鹰和松雀鹰 3 种。鹰体形较大，体态雄健，嘴弯曲似钩，蜡膜裸出，两眼侧置，翅膀宽大、刚劲有力。尾羽形状呈扇形，多数为 12 枚；脚和趾强健有力，通常 3 趾向前，1 趾向后，呈不等趾型。趾端钩爪锐利，体羽色较单调，多数为灰褐、棕褐或灰白色混合斑纹羽色。以上特征都说明鹰是自然界中的好猎手。

鹰多在白天活动，它们善于捕猎，飞行技巧高超，给人以勇猛威武的气势。雄鹰一旦发现猎物，并不会急于出击，往往会先在天空盘旋几圈，通过对猎物的观察，它们会选择最好的时间、最佳的俯冲路线抓捕猎物，一旦出手，必求一击必中。

鹰的眼神凌厉，疾飞如风，勇猛睿智。鹰是最能证明天空的浩瀚无边和心灵的通脱旷达的飞鸟。在人类心目中是力量和速度的象征。在各国的文化中具有神话色彩，受到人们的爱戴，被视为神明顶礼膜拜。无论是我国的满族、蒙古族、哈萨克族或是国外的古罗马帝国等都有神鹰崇拜。现在许多国家还把它们选为国鸟，象征国家精神。人们将勇士比作"雄鹰"，将战机称为"战鹰"。这种"鹰击长空竞自由"的精神，已经深深烙印在了人们的心里。我国有唯一以"鹰"为别名的城市——平顶山市。"鹏程万里""大展宏图""壮志凌云"等就是把鹰作为表现题材。

在食品雕刻中，鹰的雕刻非常有特点，运用了很多夸张的雕刻手法和造型，重点是头部、翅膀和脚爪、羽毛的刻画。总之，要把鹰独特的气质表现出来。

（二）雄鹰的雕刻过程

主要原材料：胡萝卜、南瓜、香芋等。

雕刻工具：雕刻主刀、U 形戳刀、划线刀等。

制作步骤：

1. 鹰头颈部的雕刻

雕刻的方法和技巧可以借鉴鹦鹉头部的雕刻。

①取一块原料，在原料上画出鹰头部的大型和嘴、眼等；②雕刻出鹰钩形的嘴和鹰的眼线；③雕刻出鹰嘴上的老皮；④戳出鹰的嘴角线，雕刻出鹰的眼睛；⑤雕刻出鹰头部各部位的羽毛。

2．鹰身体、尾巴和翅膀的雕刻过程

①将雕刻好的鹰头部接在原料上，根据头部的大小和姿态雕刻出鹰的躯干大型，并用主刀雕刻出躯干上的羽毛；②雕刻出鹰的翅膀，覆羽和飞羽分开雕刻，然后组合在一起；③雕刻出鹰的尾巴。

3．鹰腿爪的雕刻

采用组合雕的方式。①取一块原料，在上面画出鹰脚爪的大型；②雕刻出鹰爪的中趾和后趾；③分别雕刻出鹰爪的外趾和内趾，并分别粘接在中趾的两边。

4．组装成型

（三）雄鹰雕刻成品要求

①雄鹰形态生动、逼真，各个部位比例恰当，特征突出；②雕刻刀法熟练、准确，作品刀痕少。

（四）雕刻注意事项及要领

①对鹰的形态特征、翅膀、尾巴和腿爪等结构要熟悉。②雕刻时，应采用写实和写意相结合的雕刻手法进行创作。③鹰雕刻的重点在头、爪和翅膀。在雕刻时可以适当夸张一点。④鹰的羽毛在雕刻时既不要太规则，也不要太乱。羽毛的排列应长短结合。取废料时可以下刀深一点，取厚一点，使羽毛有如风吹起的感觉。⑤眼睛大约在额头与嘴角 1/2 处，尽量靠近嘴边，这样鹰显得更凶猛。⑥可以采用组合雕的方式进行雕刻，尾巴、腿爪和翅膀可以分别单独雕刻好，然后再组合。

九、雄鸡的雕刻

（一）雄鸡相关知识介绍

雄鸡即公鸡，是人类饲养最普遍的家禽。雄鸡品种很多。公鸡是生物钟家禽，啼能报晓。公鸡打鸣、报晓是乡村生活的一道美丽风景。公鸡体格健壮，头昂尾翘，身体具有典型的 U 字形特征；翅膀短，不能高飞；被毛紧密、有光泽；行动灵活，活泼好动。单冠直立，有 5～6 个冠齿；耳垂和肉髯均为鲜红色，臊短而尖；成年公鸡背部、尾部羽毛有彩色的金属光泽；脚爪粗壮，脚趾前三后一，小腿上还有距。

鸡是太阳的使者或传令者，也是十二生肖中的一属。数千年来，公鸡留下了许多美好的神话传说。我国古代称它为"五德之禽"。《韩诗外传》说，它头上有冠，是文德；足后有距能斗，是武德；敌在前敢拼，是勇德；有食物招呼同类，是仁德；守夜不失时，守时报晓，是信德。现代人们赞美鸡，主要是赞美鸡的武勇之德和守时报晓之信德。所以人们不但在过年时剪鸡，而且也把新年首日定为鸡日。传说鸡还是日中乌，鸡鸣日出，带来光明。

公鸡形体健美，毛色华丽，气宇轩昂、行动敏捷，是时间的使者，勤奋的化身，与人们生活关系密切。它的气魄和英姿，自古以来就深受文人墨客的赏识，常以雄鸡作为诗、画创作的素材。

在食品雕刻中，雄鸡雕刻的时候定大型特别重要，要点就是其身体背部呈 U 字形，要仰头挺胸、翘尾，这样才能表现出雄鸡的气质来。

（二）雄鸡的雕刻过程

主要原材料：胡萝卜、南瓜、香芋、青萝卜等。

雕刻工具：雕刻主刀、拉刻刀、戳刀、划线刀等。

制作步骤：

（1）选料

根据公鸡的姿态粘接原料，并且把公鸡的大型画在上边。

（2）雕刻公鸡的头颈部分

①雕刻出头颈部分的大型，并刻出张开的鸡嘴；②用 V 形戳刀戳出鸡嘴的嘴角线；③确定眼睛的位置，雕刻出鸡下嘴的肉坠；④雕刻出鸡的眼睛，用主刀雕刻出鸡舌头；⑤取一块原料，画出鸡冠的形状，并雕刻出来；⑥雕刻出鸡的肉坠，粘上鸡冠，并把头颈部分修整光滑；⑦雕刻出公鸡脖颈上的羽毛。

3．雕刻公鸡的躯干和翅膀部分

①雕刻出公鸡的躯干大型，并用 U 形戳刀或 U 形拉刻刀雕刻出公鸡翅膀的大型；②雕刻出翅膀的覆羽；③雕刻出翅膀的飞羽；④雕刻出鸡大腿上的羽毛。

4．刻出公鸡的主尾羽和副尾羽

5．组装成型

（三）公鸡雕刻成品要求

①公鸡形象生动、逼真；②各个部位比例恰当，雕刻刀法熟练、准确，作品刀痕少；③废料去除干净，无残留。

（四）雕刻注意事项及要领

①对公鸡的形态特征，翅膀、尾巴的羽毛结构要熟悉；②雕刻前应先在纸上画一下公鸡形象；③公鸡在造型上应抬头挺胸、翘尾，背部呈 U 字形；④公鸡的尾巴可以单独雕刻好，然后再粘上去；⑤公鸡尾巴羽毛应该长短有变化，粘接角度有变化。这样显得自然、美观。

十、孔雀的雕刻

（一）孔雀相关知识介绍

孔雀又名为越鸟，产于热带，在中国仅见于云南和西藏东南部。孔雀是一种大型的陆栖雉类，有绿孔雀、蓝孔雀、黑孔雀和白孔雀 4 种。孔雀群居在热带森林中或河岸边，也有生活在灌木丛、竹林、树林的开阔地，多见成对活动，也有三五成群的。孔雀的食物以蘑菇、嫩草、树叶、白蚁和其他昆虫为主。雄孔雀头顶上有羽冠，颈部羽毛呈绿色或蓝色，多带有金属光泽。雄孔雀的尾毛很长，羽支细长，犹如金绿色丝绒，其末端有众多由紫、蓝、黄、红等颜色构成的大型眼状斑。开屏时如彩扇，反射着光彩，好像无数面小镜子，鲜艳夺目，尤为艳丽。尾屏主要由尾部上方的覆羽构成，这些覆羽极长，羽尖具虹彩光泽的眼圈周围绕以蓝色及青铜色。求偶表演时，雄孔雀将尾屏下的尾部竖起，从而将尾屏竖起及向前，尾羽颤动，闪烁发光，并发出嘎嘎响声。这就是所谓的"孔雀开屏"。雌孔雀无尾屏，背面浓褐色，并泛着绿光，没有雄孔雀美丽。

孔雀被视为最美丽的观赏鸟，是吉祥、善良、美丽、华贵的象征。无论在古代东方还是西方都是尊贵的象征。在东方的传说中，孔雀是由百鸟之王凤凰得到交合之气后育生的，与大鹏为同母所生，被如来佛祖封为大明王菩萨。在西方的神话中，孔雀则是天后赫拉的圣鸟，因为赫拉在罗马神话中被称为朱诺，所以孔雀又被称为"朱诺之鸟"。

由于孔雀的体形巨大，在食品雕刻中，多采用组合雕的方式进行雕刻。孔雀的头呈三角形，尾羽要大，色彩上应尽量多变化。造型上一般配牡丹花、玉兰花、月季花、山石、树木等。

（二）孔雀的雕刻过程

主要原材料：萝卜类、南瓜类、香芋等。

雕刻工具：雕刻主刀、拉刻刀、戳刀、划线刀等。

制作步骤：

1. 雕刻孔雀的头颈部分

①取一根南瓜，在原料上画出孔雀的头颈大型；②雕刻出头颈部分的大型，并且刻出张开的孔雀嘴；③用主刀把上下嘴壳的棱角去掉，用 V 形戳刀戳出孔雀的嘴角线；④确定眼睛的位置，雕刻出孔雀眼睛的上眼线；⑤雕刻出孔雀的眼睛；⑥确定孔雀的下颜、脸颊、耳羽的位置并雕刻出来；⑦把孔雀头部修整光滑，雕刻出孔雀的头翎并且粘上；⑧雕刻出孔雀脖颈的形状和姿态。

2. 雕刻孔雀的躯干部分

①根据确定好的孔雀整体姿态，选好雕刻躯干的原料；②将雕刻好的孔雀头颈部分按照要求粘接在原料上；③雕刻出孔雀脖颈部的鳞羽；④采用雕刻锦鸡躯干的方法和技巧雕刻出孔雀的躯干。

3. 雕刻孔雀的翅膀和尾羽

①采用锦鸡翅膀雕刻的方法和技巧雕刻出孔雀的翅膀；②雕刻出孔雀尾部的羽毛。

4．雕刻孔雀的腿爪

采用雕刻锦鸡腿爪的方法和技巧雕刻出孔雀的腿爪。

5．组装成型

把雕刻成型的孔雀部件有机地组合成完整的作品。

（三）公鸡雕刻成品要求

①孔雀形象生动、逼真；②孔雀各个部位比例恰当，翅膀和腿爪的位置、大小适当；③雕刻刀法熟练、准确。废料去除干净，无残留，作品刀痕少。

（四）雕刻注意事项及要领

①对孔雀的形态特征，翅膀、尾巴的羽毛结构要熟悉；②雕刻前，应先在纸上画一下孔雀的形象；③孔雀的脖子比较长，雕刻时要正确把握其姿态变化；④孔雀的尾巴羽毛比较多，因此可以单独雕刻好，然后再粘上去；⑤孔雀头部呈三角形，雕刻时应注意正确把握和控制；⑥孔雀的尾巴较大，是其身体的 3 倍以上，可以适当夸张一点。

十一、凤凰的雕刻

（一）凤凰相关知识介绍

凤凰是中国古代传说中的"百鸟之王"。凤凰和龙一样为中华民族的图腾。相传轩辕黄帝统一了三大部落，七十二个小部落，建立起世界上第一个有共主的国家。黄帝打算制定一个统一的图腾。在原来各大小部落使用过的图腾的基础上，创造了一个新的图腾——龙。龙的图腾组成后，还剩下一些部落图腾没有用上，这又如何是好呢？黄帝第一妻室嫘祖是一位绝顶聪明的女人，嫘祖受到黄帝制定的新图腾的启示后，她把剩余下来各部落的图腾，经过精心挑选，也仿照黄帝制定龙的图腾的方法：孔雀头、天鹅身、金鸡翅、金山鸡羽毛、金色雀颜色……组成了一对漂亮华丽的大鸟。造字的仓颉替这两只大鸟取名叫"凤"和"凰"。凤，代表雄，凰，代表雌，连起来就叫"凤凰"。这就是"凤凰"的来历。

凤凰和麒麟一样，是雌雄统称，雄为凤，雌为凰，其总称为凤凰。凤和凰不是任何现实中存在的鸟类的别称或化身，是因为有了"凤凰"这个概念以后，人们才试图从现实中找到一些鸟的形象，去附和、实体化这种并不存在于现实之中的凤凰。

凤凰性格高洁，非晨露不饮，非嫩竹不食，非千年梧桐不栖。神话传说中说，凤凰每次死后，会周身燃起大火，然后在烈火中获得重生，并获得较之以前更强大的生命力，称为"凤凰涅槃"。如此周而复始，凤凰获得了永生。

凤凰也是中国皇权的象征，常和龙一起使用，凤从属于龙，用于皇后嫔妃，龙凤呈祥是最具中国特色的图腾。民间美术中也有大量的类似造型。凤也代表阴，尽管凤凰也分雄雌，但一般将其看作阴性。而凤凰亦有"爱情""夫妻"的意思。总之，凤凰是人们心目中的吉祥鸟，是尊贵、崇高、贤德的象征，也象征天下太平、社会和谐等。

据现存文献推断凤凰具有以下特征：①凤形体甚高，约六尺至一丈，不善飞行，穴居；②凤喙如鸡，颂如燕，具有柔而细长的脖颈（蛇颈）；④凤雌雄鸣叫不同声（雄曰"即即"，雌曰"足足"）；⑤凤以植物为食（竹根），好结集为群，来则成百；⑥凤足脚甚高（体态如鹤），行走步态倨傲而善于舞蹈。

由于凤凰是传说中的神鸟，因此它的形态特征、特点就没有一个固定的标准。但是在食品雕刻中，仍然要把凤凰的特征、特点雕刻出来。凤凰的体形巨大，结构复杂，所以主要采用组合雕的方式进行雕刻。

（二）凤凰的雕刻过程

主要原材料：胡萝卜、南瓜、青萝卜、香芋等。

雕刻工具：雕刻主刀、拉刻刀、戳刀、划线刀等。

制作步骤：

1．选料

根据凤凰的姿态和整体造型的需要选择好雕刻的原料。

2．雕刻凤凰的头颈部分

①在原料上画出凤凰头颈部分的大型；②雕刻出头颈部分的大型，并且雕刻出张开的凤嘴、凤冠、头翎、凤坠等的大型；③用 V 形戳刀戳出凤嘴的嘴角线，雕刻出凤凰凤冠、头领部分的细节；④确定眼睛的位置，雕刻出凤凰的眉毛和眼睛；⑤雕刻出凤凰下嘴的肉坠；⑥雕刻出凤凰脖颈的羽毛并组装成型；⑦给雕刻好的凤凰头颈装上眼睛。

3．雕刻出凤凰的主尾羽

4．雕刻凤凰的躯干和翅膀部分

①将雕刻好的凤凰头颈粘接在躯干坯料上。雕刻出凤凰的躯干大型并修整成型后用砂纸打磨光滑；②雕刻出凤凰躯干的细节，并用 V 形戳刀或 V 形拉刻刀雕刻出凤凰的尾上覆羽和副尾羽；③雕刻出凤凰展开的翅膀。

5．组装成型

（三）凤凰雕刻成品要求

①整体完整，形象生动、逼真；②凤凰各个部位比例恰当，雕刻刀法熟练、准确，作品刀痕少；③废料去除干净，无残留。

（五）雕刻注意事项及要领

①对凤凰的形态特征、外形结构要熟悉；②雕刻前，应先在纸上画一下凤凰的外形；③凤凰雕刻一般都采用组合雕刻的方式进行；④凤凰的形象有很多变化，但是雕刻的方法和步骤是一样的，在具体的雕刻中可以灵活掌握；⑤凤凰尾巴羽毛在组装时应该注意粘接角度的变化，要显得自然美观，飘逸潇洒；⑥凤凰雕刻作品特别适宜与龙、花草、竹木搭配。

第三节　鱼虾的雕刻

一、鱼虾雕刻的基础知识

鱼虾类的动物，栖居于地球上几乎所有的水生环境—从淡水的湖泊、河流到咸水的海洋。鱼虾类的动物终年生活在水中，也有少部分可以离开水短暂地生活。鱼虾是用鳃呼吸，用鳍辅助身体平衡与运动的动物。鱼虾类的动物大都生有适于游泳和适于水底生活的流线型体形。有些鱼类（如金鱼、热带鱼等）体态多姿、色彩艳丽，还具有较高的观赏价值。鱼虾类富含优质蛋白质和矿物质等，营养丰富，滋味鲜美，易被人体消化吸收，对人类体力和智力的发展具有重大作用，是重要的烹饪食材。

在中国很多鱼类都以吉祥的内涵表现在传统文化上，比如利用"鱼"与"余"的谐音，来表达"连年有余""吉庆有余"的祥瑞之兆。年画中也有很多以鱼为内容的。另外，鱼也是激流勇进、聪明灵活、美好富有、人丁兴旺等美好内涵的象征。人们还用鱼和水难以分开的关系来代表恋人、夫妻之间的爱情。其中，鲤鱼和金鱼特别受到大家的喜爱。

鱼虾类的雕刻作品小巧玲珑，趣味十足，雕刻方法相对简单，而烹饪中很多菜点的主料就是一些鱼虾类原材料。因此，应用在这类菜点的装饰中效果非常好，往往能起到画龙点睛、锦上添花的作用。

在雕刻的过程中，要把每种鱼虾的基本特征和特点表现出来，不同鱼虾类的区别主要是整体形态的不同，头部的变化以及鱼鳍形状上的差异。而在具体的雕刻刀法和方法上基本上是一样的。

鱼类在姿态造型上主要有张嘴、闭嘴，摇头摆尾、弹跳等。虾类的比较简单，就是身体的自然弯曲，但是不能把虾身雕刻成卷曲状。对于鱼虾类，有些部位的雕刻也可以适当地变形和适度地夸张。如鱼尾、鱼鳍以及虾的颚足、步足等。

鱼类的基本结构：鱼的种类很多，在外形上差别很大，但是结构上的区别较小。鱼的身体可以分为鱼头、鱼身、鱼尾3部分。

鱼的头部主要有鱼嘴、鱼眼、鱼鳃、鼻孔，一部分鱼类在唇部还长有触须。鱼头所占身体的比例会因为鱼的种类不同而有所变化。鱼眼位于头部前方偏上的位置，不能闭合。鱼鳃是鱼的呼吸器官，鱼鼻孔很小，不易发现。鱼身部分主要有鱼鳞、鱼鳍等。鱼尾比较灵活，有的像燕尾形，有的像剪刀形等形状。

二、鲤鱼的雕刻

（一）鲤鱼相关知识介绍

鲤鱼是在亚洲原产的温带淡水鱼，喜欢生活在平原上的暖和湖泊，或水流缓慢的河川里，很早便在中国和日本被当作观赏鱼或食用鱼。鲤鱼经人工培育的品种很多，其体态颜色各异，深受大家的喜爱。鲤鱼整体外形呈三角形，头所占身体比例比较小。背鳍的根部长，没有腹鳍。通常口边有须，但也有的没有须。鲤鱼属于底栖杂食性鱼类，荤素兼食。

鲤鱼是我国传统的吉祥物，人们有爱鲤崇鲤的习俗。传说春秋时期，孔子的夫人生下一个男孩，恰巧友人送来几尾鲤鱼。孔子"嘉以为瑞"，为儿子取名鲤，字伯鱼。由此可见，在春秋时人们就已经开始把鲤鱼看作祥瑞之物，"鲤鱼跳龙门"的故事更是广为流传。

在食品雕刻中，鲤鱼的形态一般雕刻成跳跃、游动的样子。其变化主要是尾部和尾鳍的姿态。作为初学者，可以先雕刻简单一点的姿态，然后再慢慢增加难度。

（二）鲤鱼的雕刻过程

主要原材料：南瓜、胡萝卜、青萝卜、香芋等。

雕刻工具：雕刻主刀、U 形戳刀、V 形拉刻刀。

制作步骤：

①雕刻鲤鱼的大型，第一，取一块状厚料，在上面勾画出鲤鱼的大致轮廓。第二，用主刀或是拉刻刀沿着鲤鱼的大致轮廓雕刻出鲤鱼的大型。第三，在大型上确定鲤鱼的头、身、尾 3 个部位的位置和形状。②用 U 形戳刀雕刻出鲤鱼的鱼嘴。③用主刀雕刻出鲤鱼的尾鳍大型。④用拉刻刀雕刻出鲤鱼比较鼓的肚皮。⑤用砂纸把鲤鱼的坯料表面打磨光滑。⑥用小号 U 形戳刀雕刻出鲤鱼的眼睛。⑦雕刻出鲤鱼的鳃孔和腮盖上的纹路。⑧用主刀或是拉刻刀雕刻出鱼鳞，用 V 形戳刀雕刻出鳞片上的鳞骨。⑨用 V 形拉刻刀或是主刀雕刻出鲤鱼尾鳍上的条纹。⑩另取原料雕刻出鲤鱼的背鳍、胸鳍和臀鳍并粘接在鲤鱼的身体上。

（三）鲤鱼雕刻成品要求

①整体形象生动逼真，鲤鱼各部位比例准确；②雕刻刀法娴熟，刀痕少，废料去除干净；③鲤鱼的鳞片大小均匀过渡，位置前后错开；④鲤鱼眼睛位置准确，呈圆形突出。

（四）雕刻要领及注意事项

①雕刻前要熟悉鲤鱼的形态特征和各部位的特点，最好是先画一下；②鲤鱼身体整体呈三角形，背鳍大约占整个身体的一半长度；③鲤鱼头部不要雕刻得太大，尾巴不要雕刻得偏小；④雕刻鲤鱼鳞片时应注意进刀的角度和去废料的角度；⑤雕刻鱼鳞片时，一般是从鱼头往鱼尾雕刻，从鱼背开始往鱼肚方向雕刻；⑥雕刻时，

鲤鱼的鳍、触须和尾巴在造型上可以适当夸张一点。

三、金鱼的雕刻

（一）金鱼相关知识介绍

金鱼起源于我国，也称"金鲫鱼"，是我国特有的观赏鱼。在人类文明史上，中国金鱼已陪伴着人类生活了十几个世纪，是世界观赏鱼史上最早的品种。经过长时间培育，品种不断优化，品种很多。金鱼的颜色有红、橙、紫、蓝、墨、银白、五花等。金鱼是一种天然的活的艺术品，它们形态优美，身姿奇异，色彩绚丽，既能美化环境，又能陶冶人的情操，很受人们喜爱。在国人心中，很早就奠定了其国鱼的尊贵身份。其中，金色或红色种类的金鱼尤其惹人喜爱。

在中国传统文化中，金鱼也是我国传统的吉祥物，代表着吉祥美好、财富富裕等。作为世界上最有文化内涵的观赏鱼，至今仍向世人演绎着动静之美的传奇。

金鱼种类很多，其形态特征的区别也很大，但是在雕刻方法和雕刻刀法上几乎一样。龙眼金鱼是人们最熟悉的，在众多的金鱼种类中也是最有代表性的，它的形态特征最典型。龙眼金鱼身体小，尾巴大，眼睛突出，大如龙眼，姿态优美，色彩艳丽，因此在食品雕刻中，龙眼金鱼是主要的雕刻品种。

（二）金鱼雕刻过程

主要原材料：南瓜、胡萝卜、心里美萝卜、红薯等。

雕刻工具：雕刻主刀、U 形戳刀、V 形拉刻刀。

制作步骤：①取一块状原料，画出金鱼的头和身体的大型图案；②用主刀雕刻出鱼嘴，用拉刻刀雕刻出金鱼颗粒状的头顶；③用 V 形戳刀或是拉刻刀雕刻出金鱼的鳃；④给金鱼安上眼睛，并雕刻出金鱼身体的形状；⑤雕刻出金鱼的肚皮，并用砂纸打磨光滑；⑥雕刻出金鱼身体上的鳞片和鳞骨；⑦将雕刻好的金鱼头身部分粘接在原料上，并刻画出金鱼尾巴的大型图案；⑧雕刻出金鱼尾巴的大型，并用拉刻刀和 U 形戳刀雕刻出金鱼尾巴的起伏；⑨用拉刻刀雕刻出金鱼尾巴上的条状纹路，粘接上雕刻好的鱼鳍。

（三）金鱼雕刻成品要求

①整体形象生动逼真，金鱼各部位比例准确；②雕刻刀法娴熟，刀痕少，废料去除干净；③金鱼的鳞片大小均匀过渡，位置前后错开；④金鱼眼睛位置准确，呈圆球形突出；⑤雕刻好的金鱼尾巴要有轻盈、灵动、飘逸的感觉。

（四）雕刻要领及注意事项

①雕刻前，要熟悉金鱼的形态特征和各部位的特点，最好是先画一下；②金鱼身体圆，肚子显得大而鼓；③金鱼头部不要雕刻得太大，尾巴要雕刻得宽大一点，这样显得好看；④雕刻鱼鳞片时一般是从鱼头往鱼尾雕刻，从鱼背开始往鱼肚方向雕刻；⑤金鱼的尾巴可以看成是由两个鲤鱼的尾巴构成的。

四、神仙鱼的雕刻

（一）神仙鱼相关知识介绍

神仙鱼，又名燕鱼、天使鱼、小鳍帆鱼等，原产南美洲的圭亚那、巴西。神仙鱼头小而尖，体侧扁，呈菱形，背鳍和臀鳍很长很大，挺拔如三角帆，上下对称。神仙鱼的腹鳍特别长，如飘动的丝带。从侧面看，神仙鱼游动，宛如在水中飞翔的燕子，故神仙鱼又称燕鱼。

美丽得清尘脱俗的神仙鱼，体态高雅、潇洒娴静，游姿俊俏优美，色彩艳丽，被誉为热带观赏鱼中的"皇后鱼"，受到人们的喜爱。

（二）神仙鱼的雕刻过程

主要原材料：南瓜、胡萝卜、青萝卜、心里美萝卜等。

雕刻工具：主刀、拉刻刀、戳刀等。

制作步骤：①取一块原料，在上面画出神仙鱼的大型；②用主刀在三角形的前面切出一个三角形的口，雕刻出神仙鱼的嘴巴大型；③用 U 形戳刀戳出鱼嘴的嘴角线；④雕刻出神仙鱼头和身体的分界，即鳃孔；⑤用主刀雕刻出神仙鱼的腹鳍；⑥雕刻出神仙鱼的背鳍、臀鳍和尾鳍；⑦用拉刻刀或是 V 形戳刀雕刻出神仙鱼背鳍、臀鳍和尾鳍上的条纹；⑧雕刻出鱼身上的鳞片。

（三）神仙鱼雕刻成品要求

①神仙鱼形态生动、逼真，比例协调；②雕刻的刀法熟练，鱼鳞大小均匀，作品刀痕较少。

（四）神仙鱼的雕刻要领和注意事项

①雕刻神仙鱼的大型时可以把其看成是两个三角形；②神仙鱼的背鳍和臀鳍的形状和大小要一样，是对称的；③在雕刻时，神仙鱼的腹鳍可以雕刻得长一点，这样效果更好；④神仙鱼的胸鳍比较小，可以不雕。

五、虾类的雕刻

（一）虾类相关知识介绍

虾类主要分为海水虾和淡水虾，虾类的种类很多，包括青虾、河虾、草虾、小龙虾、对虾、明虾、基围虾、琵琶虾、龙虾等。其中，对虾是我国特产，因其个大，出售时常成对出售而得名对虾。虾是游泳的能手，它游泳时那些虾足像木桨一样频频整齐地向后划水，身体就徐徐向前驱动了。受惊吓时，它的腹部敏捷地屈伸，尾部向下前方划水，能连续向后跃动，速度十分快捷。

现代医学研究证实，虾具有很高的食疗价值，并用作中药材。虾能增强人体的免疫力，补肾壮阳，抗早衰。常吃虾皮有镇静作用，常用来治疗神经衰弱、神经功能紊乱诸症。海虾还可以为大脑提供营养的美味食品。海虾中含有 3 种重要的脂肪酸，能使人长时间保持精力集中。

（二）虾类的基本结构

虾体长而扁，分头胸和腹两部分。半透明、侧扁、腹部可弯曲，末端有尾扇。头胸由甲壳覆盖，腹部由 7 节体节组成。头胸甲前端有一尖长呈锯齿状的额剑及一对能转动带有柄的复眼。虾用鳃呼吸，其鳃位于头胸部两侧，为甲壳所覆盖。虾的口在头胸部的底部。头胸部有 2 对触角，负责嗅觉、触觉及平衡。头胸部还有 3 对颚足，帮助把持食物，有 5 对步足，主要用来捕食及爬行。虾没有鱼那样的尾鳍，只有 5 对泳足及一对粗短的尾肢。尾肢与腹部最后一节合为尾扇，能控制游泳方向。

（三）虾类的雕刻过程

主要原材料：青萝卜、南瓜、胡萝卜、青笋头等。

雕刻工具：主刀、拉刻刀、U 形戳刀等。

制作步骤：①取一块原料，在上面画出虾的身体大型；②首先雕刻出虾的背部曲线；③在虾的头部雕刻出呈锯齿状的额剑；④雕刻出虾的一对眼睛；⑤用 U 形戳刀戳出眼睛前的护眼甲；⑥用细线拉刻刀雕刻出虾头和虾身的体节；⑦雕刻出虾头、胸和躯干部的颚足和泳足；⑧安上虾须，并把虾从原料上取下来。

（四）虾的雕刻成品要求

①虾形态生动、逼真，比例协调，虾身呈弓形并长于虾头；②雕刻的刀法熟练，作品刀痕较少。

（五）虾的雕刻要领和注意事项

①雕刻虾时，头要向上，身体不要太直，要弯曲呈弓形，但是，虾身不能雕刻成卷曲的形状；②在雕刻虾的过程中，要多使用拉刻刀，防止产生太多的刀痕；③虾的颚足可以雕刻得稍长些，泳足稍短。

第六章　昆虫、畜兽、底座和装饰物的雕刻

第一节　昆虫的雕刻

昆虫是所有生物中种类及数量最多的一群。昆虫遍布全球，是世界上最繁盛的动物，已发现100多万种。昆虫在生物圈中扮演着很重要的角色：虫媒花需要得到昆虫的帮助，才能传播花粉；而蜜蜂采集的蜂蜜，也是人们喜欢的食品之一。在东南亚和南美的一些地方，昆虫也是当地人的食品。但有部分昆虫也对人类有危害。据不完全统计，中国各地能作为食物食用的昆虫有数十种。

一、昆虫类雕刻的基础知识

昆虫的种类很多，但在食品雕刻中，作为雕刻题材的昆虫并不是很多，主要是一些色彩艳丽、形态小巧可爱、富有情趣的昆虫。这些昆虫在人们的思想意识中本来就有较好的印象，容易接受。而一些对人有害、让人反感和厌恶的昆虫是绝对不能在食品雕刻中出现的，特别是用于菜点装饰时，一定要考虑用餐者的心理感受。

昆虫类雕刻作品在实际应用中大多不是作为作品主体出现的，更多是作为配角和点缀。但是，在整个作品中的作用却很大，它能使整个雕刻作品产生强烈的对比和节奏感，使作品显得精致、细腻而有意韵，令人赏心悦目，让人产生一种深深的陶醉感。

在学习昆虫类雕刻的过程中，首先要先了解昆虫的结构，一般是找到活的昆虫、标本，或是一些图片，仔细观察它们的外形、色彩和各部位细部结构，然后再画一下，最后才是按照老师的雕刻方法、步骤进行练习。

（一）昆虫类的基本结构（以螳螂为例）

昆虫的构造有异于脊椎动物，它们的身体并没有内骨骼的支持，外裹一层由几丁质构成的壳。这层壳会分节以利于运动，犹如骑士的甲胄。昆虫一生要经过多个形态变化。成虫身体由一系列体节构成，进一步集合成3个体段，骨骼包在体外部。

身体分为头、胸、腹 3 部分，通常有 2 对翅、6 条腿和 1 对触角，翅和足都位于胸部。

（二）昆虫类雕刻的特点和要领

①雕刻成品形体要求小巧、精致，特别是一些细节之处如果雕刻得好，能给主体作品增添很多色彩；②采用组合雕刻的方式进行雕刻，特别是脚、翅膀等部位；③要对昆虫的形态结构，做深入地观察分析，雕刻前一定要先画一下；④雕刻昆虫的脚、触角要显得细小，翅膀要尽量地薄；⑤雕刻昆虫类的原材料选料广泛，多用边角余料进行雕刻。

（二）昆虫类雕刻的特点和要领

①雕刻成品形体要求小巧、精致，特别是一些细节之处如果雕刻得好，能给主体作品增添很多色彩；②采用组合雕刻的方式进行雕刻，特别是脚、翅膀等部位；③要对昆虫的形态结构，做深入地观察分析，雕刻前一定要先画一下；④雕刻昆虫的脚、触角要显得细小，翅膀要尽量地薄。⑤雕刻昆虫类的原材料选料广泛，多用边角余料进行雕刻。

二、蝴蝶的雕刻

（一）蝴蝶相关知识介绍

蝶，通称为"蝴蝶"，也称作"蝴婕"。全世界有 14 000 余种，大部分分布在美洲，尤其在亚马孙河流域品种最多。在世界其他地区除了南北极寒冷地带以外，都有分布。我国台湾地区也以蝴蝶品种繁多著名。它们是昆虫演进中最后一类生物，最大的是澳大利亚的一种蝴蝶，展翅可达 26 厘米；最小的是灰蝶，展翅只有15 毫米。

蝶类白天活动。蝶类成虫吸食花蜜或腐败液体，多数幼虫为植食性。大多数种类的幼虫以杂草或野生植物为食，少部分种类的幼虫因取食农作物而成为害虫，还有极少种类的幼虫因吃蚜虫而成为益虫。蝴蝶身体小巧，腹瘦长，翅膀和身体有各种花斑，头部有一对棒状或锤状触须，翅膀阔大，颜色艳丽，静止时四翅竖于背部，翅是鳞翅，体和翅被扁平的鳞状毛覆盖。蝴蝶翅膀上的鳞毛不仅能使蝴蝶艳丽无比，还像蝴蝶的一件雨衣。因为蝴蝶翅膀的鳞片里含有丰富的脂肪，能把蝴蝶保护起来，因此即使下小雨时，蝴蝶也能飞行。蝶类翅色绚丽多彩，人们往往把它作为观赏昆虫。

在食品雕刻中，蝴蝶雕刻方法比较简单，主要是要雕刻出蝴蝶的形态特征和特点。蝴蝶的翅膀比身体大很多，前翅要比后翅大，两边翅膀是以身体为轴对称，这种对称不仅是形状上的对称，而且在花纹、色彩上也是对称的。另外，蝴蝶的触须可以雕刻得长一点，这样效果更好。

（二）蝴蝶的雕刻过程

主要原材料：南瓜、胡萝卜、心里美萝卜等。

雕刻工具：主刀、拉刻刀、U形戳刀等。

制作步骤：①用主刀切一厚片原料，在上面画出蝴蝶的大型，并用主刀雕刻出来；②用主刀或是拉刻刀雕刻出蝴蝶的头部、胸部和腹部；③用主刀和戳刀雕刻出蝴蝶翅膀上的花纹，并用其他颜色的原料填上，进行岔色；④用主刀把雕刻好的蝴蝶从翅膀处分开，使翅膀呈展开的姿态。

（三）蝴蝶雕刻成品要求

①蝴蝶整体对称，完整无缺，形象生动、逼真，展翅欲飞；②蝴蝶的触须、头、胸和腹比例恰当，细节刻画清楚、明快。

（四）蝴蝶雕刻要领和注意事项

①雕刻原料新鲜，质地要求紧密、不空；②雕刻前要熟悉蝴蝶的外形，最好是先画一下；③由于主要采用整雕的方式制作，因此操作时要细心、稳当；④两片翅膀厚薄适当，平整光滑。

三、蝈蝈的雕刻

（一）蝈蝈相关知识介绍

蝈蝈为三大鸣虫之首，分布很广。蝈蝈的身体呈扁形或圆柱形，全身鲜绿或黄绿色。头大、颜面近平直；触角褐色，丝状，长度超过身体；复眼椭圆形。前胸脖甲发达，盖住中胸和后胸，呈盾形。雄虫翅短，有发音器；3对足，后足发达，善跳跃。蝈蝈属杂食性，天然蝈蝈主要以捕食昆虫及田间害虫为生，是田间卫士，也是捕捉害虫的能手。另外，蝈蝈还是大禹氏族的图腾。所以，后世用蝈蝈来祭祀大禹。

中国独有的蝈蝈文化源远流长，这种独特的文化至今仍在延续。人们喜欢饲养蝈蝈，因为作为一项消遣娱乐活动，饲养蝈蝈本身对身体还有一定的保健作用，同时极大地促进了身心健康。

在食品雕刻中，蝈蝈的雕刻方法是比较难的，难点在于蝈蝈体形小，结构却比较复杂，因此，在雕刻前一定要仔细观察蝈蝈的形态特征、特点，采用组合雕的方式雕刻。正因为如此，雕刻精致的蝈蝈在应用时往往能给人眼前一亮的感觉。就像齐白石大师的草虫画一样，画的草虫形神兼备，活灵活现，而与他相配的花草、瓜果却是大写意的。这样的搭配使整个作品显得更加细腻、出神入化，令人赏心悦目。

（二）蝈蝈的雕刻过程

主要原材料：南瓜、青笋头、胡萝卜、心里美萝卜等。

雕刻工具：主刀、拉刻刀等。

制作步骤：①取一块状原料，在上面画出蝈蝈的整体大型，并用拉刻刀刻出来；②雕刻出蝈蝈的头、脖甲、翅膀以及腹部的细节；③雕刻出蝈蝈的前、后足；④给雕刻好的蝈蝈装上前后足和触须。

（三）蝈蝈雕刻成品要求

①成品整体完整，形象生动逼真；②蝈蝈各个部位比例恰当，细节突出；③蝈蝈的前足和翅膀细小，后足粗大，而且长。

（四）雕刻注意事项和要领

①雕刻主刀的刀尖部分要特别锋利，便于雕刻细节；②蝈蝈雕刻成品宜小不宜大，小的效果更好；③蝈蝈的前后足可以采用平刻的雕刻方法，这样就能一次雕刻好几对足，提高了工作效率。

四、螳螂的雕刻

（一）螳螂相关知识介绍

螳螂亦称刀螂，无脊椎动物。螳螂是一种昆虫，头呈三角形且活动自如，复眼大而明亮，触角细长，颈可自由转动。前足腿节和胫节有利刺，胫节镰刀状，常向腿节折叠，形成可以捕捉猎物的前足；前翅扇状，休息时叠于背上；腹部肥大。除极地外，广布世界各地。螳螂为肉食性昆虫，凶猛好斗，动作灵敏，捕食时所用时间仅为 0.01 秒。螳螂取食范围广泛，且食量大，在农、林区可捕食不少害虫，是农、林、果树和观赏植物害虫的天敌，因此是益虫。

在食品雕刻中，螳螂不是作为雕刻的主体，大多是作为配角出现，但是，却能使整个雕刻作品显得精致、细腻而有意韵，令人赏心悦目。

（二）螳螂的雕刻过程

主要原材料：青萝卜、南瓜、青笋头等。

雕刻工具：主刀、拉刻刀。

制作步骤：①取一块状原料，在上面画出螳螂的整体大型，并雕刻出来；②用主刀或拉刻刀雕刻出螳螂的头部，包括眼睛、嘴巴等；③雕刻出螳螂的胸部，并用主刀把螳螂的翅膀雕刻出来；④雕刻出螳螂的腹部大型并雕刻出细节；⑤雕刻出螳螂的前足和后足；⑥把雕刻好的螳螂各个部位有机地粘接起来。

（三）螳螂雕刻成品要求

①螳螂雕刻成品整体完整，各个部位比例协调；②成品表面光滑，刀痕少，刀法熟练。

（四）螂雕刻要领和注意事项

①注意螳螂形态特征的刻画，其头部是三角形的，腹部肥大，前足粗大有利刺；②雕刻的主刀和拉刻刀必须锋利，便于细节的雕刻；③螳螂腿足的雕刻可以借鉴蝈蝈腿足的雕刻方法和技巧，可以采用平刻的方式雕刻。

第二节　畜兽的雕刻

一、实用畜兽类雕刻的基础知识

（一）畜兽类雕刻相关知识介绍

畜兽类的种类很多，但是与人类关系密切的主要有两大类。一类是人类为了经济或其他目的而驯化和饲养的兽类，如猪、牛、鹿、羊、马、骆驼、家兔、猫、狗等；一类是猛兽和传说中的吉祥神兽，如老虎、狮子、麒麟、龙等。人类最早饲养家畜起源于一万多年前，这是人类走向文明的重要标志之一，家畜为人类提供了较稳定的食物来源，为人类的发展进步做出了重大贡献。"畜"最初是兽类，现在的主要家畜都被认为是由史前的野生动物驯养而来的。狗是最古老的驯养动物，从旧石器时代起就已经有了。中国人古代所称的"六畜"是指马、牛、羊、鸡、狗、猪，即中国古代最常见的 6 种家畜。但是，鸡在现在一般不再称为家畜。

畜兽和人类的关系密切，有些和人类还有很深的感情，在我国的传统文化中还被赋予很多美好而吉祥的含义。因此，一些畜兽类题材的艺术作品往往能得到人们的喜爱。

（二）畜兽类的形态结构特征

畜兽类的雕刻在食品雕刻中难度是很大的。畜兽类雕刻主要的题材有马、牛、羊、兔、鹿以及老虎、狮子、麒麟、龙等。畜兽类的动物种类很多，身体结构上主要分为头部、颈部、躯干和四肢四部分。在体形和结构上主要有以下共同特征：

①所有动物的脊椎都是弯曲的，不是直线的。当动物的头处于正常位置时，脊椎会从头部向下弯曲直到尾部。②所有动物的胸腔部位都占据身体一半以上的体积。③所有动物的前腿都要比后腿短。前腿的腿形接近直线形，和后腿相比，前腿就像支撑身体的柱子。④不同种类动物之间形态区别很大。其中头部的区别最大，而身体躯干等部位的结构特征却比较相似。⑤去除头颈部和四肢的身体躯干，几乎所有动物的身长都是身宽的两倍。因此，可以看成是一个宽 1 长 2 的长方形。

在本节畜兽类雕刻的学习中，主要是把马作为畜兽类雕刻的典型代表来学习。通过对马的雕刻学习，可以举一反三，比较容易地学会对公牛、鹿、羊、虎、狮等动物的雕刻。

二、骏马的雕刻

（一）骏马相关知识介绍

马是草食性的哺乳动物，史前即为人类所驯化，家马也是由野马驯化而来的。中国是最早开始驯化马匹的国家之一。马在古代曾是农业生产、交通运输和军事等活动的主要动力。全世界马的品种约有 200 多种，中国有 30 多种，主要分为乘用型、快步型、重挽型、挽乘兼用型。不同品种的马体格大小相差悬殊。马易于调教，通过听、嗅和视等感觉器官，能形成牢固的记忆。

马在中华民族的文化中地位极高，具有一系列的象征意义和寓意。马是能力、圣贤、人才、有作为的象征，古人常常以"千里马"来比喻。千里马是日行千里的优秀骏马，相传周穆王有 8 匹骏马，常常骑着他巡游天下。八骏的名称：一匹叫绝地，足不践土，脚不落地，可以腾空而飞；一匹叫翻羽，可以跑得比飞鸟还快；一匹叫奔菁，夜行万里；一匹叫超影，可以追着太阳飞奔；一匹叫逾辉，马毛的色彩灿烂无比，光芒四射；一匹叫超光，一匹马身十个影子；一匹叫腾雾，驾着云雾而飞奔；一匹叫挟翼，身上长有翅膀，像大鹏一样展翅翱翔九万里。有的古书把"八骏"想象为 8 种毛色各异的骏马。它们分别有很好听的名字：赤骥、盗狮、白义、盗骊、山子、渠黄、骅骝、绿耳。其实，骏马的神奇传说都是在形容贤良的人才。

"天行健，君子以自强不息！"龙马精神是中华民族自古以来所崇尚的自强不息、奋斗不止、进取、向上的民族精神。祖先们认为，龙马就是仁马，它是黄河的精灵，是炎黄子孙的化身，代表了华夏民族的主体精神和最高道德。它身高八尺五寸，长长的颈项，显得伟岸无比。骨骼生有翅翼，翼的边缘有一圈彩色的鬃毛，引颈长啸，发出动听而和谐的声音。这匹由我们民族的魂魄所生造出的龙马，雄壮无比，力大无穷，追月逐日，披星跨斗，乘风御雨，不舍昼夜。这正是中华民族战天斗地，征服自然的生动写照，也是炎黄子孙克服困难，乐观向上，永远前进的生动比喻。

（二）马体的比例关系

①马站立时，其头长与颈长大致相等。马的躯干长度大致等于 3 个多马头的长度；②马的躯干长度与马的身高大致相当，其中腿长高于身宽；③前肢关节"21"位置要比后肢关节"11"的位置略低，这也是所有哺乳动物的一个特点；④前肢关节"24"位于腹线的上方，后肢关节"25"位于腹线的下方；⑤骏马的背部开阔、平实，腰部坚挺瘦劲，肋部结构紧密匀称、弧度合理，肚腹部紧凑、结实，也就是所谓的"良腹"；⑥马头呈梯形，眼睛位于头部的 1/3 处，脸颊分界线在马头部 1/2 处；⑦马的眼睛大而且突出，是陆地动物中最大的，耳形如削竹，是良马的特征；⑧马的肌肉发达，特别是胸部的肌肉群，小腿部位主要是由骨骼、筋腱和皮肤构成，基本无肌肉；⑨马躯干的长度是其宽度的两倍多，这也是畜兽类动物的共同特点。

（三）骏马整体大型的手绘方法

①轻轻画一个各边都向外延伸的矩形；②在前方的中点处找到肩点，两条直线的顶端就是马肩隆和髋部的最高点；③添加胸线、腹部线和臀线；④勾画出脖子和头，脖子和头部长度差不多长，确定肘部关节和后腿关节；⑤画出马的四肢和尾巴，注意马腿的长度和关节的位置及比例关系。

（四）骏马的雕刻过程

了解和熟悉马体的基本结构是学好骏马雕刻的前提。必须对骏马身体各部位的形态结构很熟悉，包括肌肉和骨骼的结构分布等，马的雕刻作品要表现出骏马肌肉饱满、骨质坚实、生气勃勃、所向无敌的气势。在雕刻顺序上，一般是先雕刻马的头部，然后是身体大型和四肢大型，最后才是细节的处理。

主要原材料：南瓜、胡萝卜、香芋、红薯等。

雕刻工具：主刀、拉刻刀、戳刀、502 胶水、砂纸等。

制作步骤：

1. 马的头部雕刻过程

①取一梯形原料，分成 3 等份，确定眼睛的位置，画出鼻梁形状，并用主刀雕刻出来；②把马嘴部的棱角修圆，并雕刻出马突出的眼眶；③用拉刻刀或是 V 形戳刀雕刻出马的鼻子，并用砂纸打磨光滑；④用主刀雕刻出马的鼻孔；⑤确定马的眼睛位置，并雕刻出来；⑥雕刻出马眼睛下面的肌肉；⑦确定马嘴张开的嘴线，并雕刻出马的嘴；⑧雕刻出马的牙齿、长脸颊和脸部的肌肉。

2. 马的躯干部位、四肢以及毛发、尾巴雕刻

①把雕刻好的马头粘接在雕刻马身的原料上，画出马的身体姿态；②首先确定马背部的运动曲线，并雕刻出来；③确定马前胸和后腿的位置，并雕刻出来；④雕刻出马的耳朵，粘接在马的头顶上；⑤用主刀把头和脖子的连接处修整一下，雕刻出挤压褶；⑥雕刻出马的脖子；⑦雕刻出马的前腿和后腿；⑧雕刻出马的鬃毛和尾巴，并粘接在马棚区干上边。

3. 马的肌肉、表皮褶皱等细节的雕刻处理

①用砂纸把雕刻好的马身体打磨光滑；②用大、中、小号拉刻刀和戳刀交替使用，雕刻出骏马脖颈、躯干和四肢的肌肉和褶皱。

（五）骏马雕刻成品要求

①骏马的整体姿态优美、雄壮，各个部位结构准确，比例协调；②作品整体完整，雕刻手法、刀法熟练，刀痕和破皮的现象少；③写意和写实相结合的雕刻方法运用恰到好处。

（六）骏马雕刻要领和注意事项

①雕刻前，一定要熟悉马的形态结构和各部位比例关系；②雕刻前，可以按照前面所讲马的手绘方法先画一下骏马的整体形象；③雕刻时，要注意骏马的眼睛大

约位于头部的 1/3 处，很大而且突出，鼻孔是卷起的；④熟悉骏马的骨骼和肌肉的结构分布，对于雕刻好马的前、后腿和肌肉效果的处理有很大的帮助；⑤骏马的雕刻最好采用写实和写意相结合的雕刻处理方法进行创作，肌肉和毛发可以在写实的基础上夸张一点，这样更能表现出骏马的神韵；⑥在对骏马的肌肉进行处理时，大小拉刻刀和戳刀要先大后小，交替使用，然后用砂纸打磨出效果。

三、梅花鹿的雕刻

（一）梅花鹿相关知识介绍

鹿科动物是哺乳动物中最富有价值的种类。中国是世界上产鹿种类最多的国家。梅花鹿是鹿科的一种，其价值和受喜爱程度是最高的，分布于东亚，其范围是从西伯利亚到韩国，以及中国的东部、中国台湾地区和越南；在日本等西太平洋岛屿也有分布。梅花鹿体形中等，生活于森林边缘和山地草原地区，它的性情机警，行动敏捷，听觉、嗅觉均很发达，视觉稍弱，胆小易惊。奔跑迅速，跳跃能力很强，尤其擅长攀登陡坡，可以连续大跨度地跳跃，速度轻快敏捷，姿态优美潇洒，能在灌木丛中穿梭自如，若隐若现。梅花鹿头部略圆，颜面部较长，鼻端裸露，眼大而圆，耳长且直立，颈部长，四肢细长，主蹄狭而尖，侧蹄小，尾较短。梅花鹿毛色夏季为栗红色，有许多白斑，形似梅花；冬季为烟褐色，白斑不显著。梅花鹿颈部有鬃毛。雄性第二年起生角，每年增加 1 叉，5 岁后分 4 叉止。角上共有 4 个叉，眉叉和主干成一个钝角，在近基部向前伸出，次叉和眉叉距离较大，位置较高，主干在其末端再次分成两个小支。主干一般向两侧弯曲，略呈半弧形，眉叉向前上方横抱，角尖稍向内弯曲，非常锐利。

梅花鹿全身是宝，它的价值是多方面的。自古以来，梅花鹿产品（尤其是鹿茸）就一直是皇室和达官贵族的长寿补品，现在也已经成为普通百姓防病强身、滋补美容、延年益寿的保健佳品。著名药物学家李时珍强调，鹿茸功擅"生精补髓，养血益阳，强筋健骨，益气强志，治一切虚损、耳聋、目暗、眩晕虚痢"。鹿血的医疗作用在《本草纲目》中记载为"大补虚损，益精血，解痘毒、药毒"等，并提出"有效而服之者，刺鹿头角间血，酒和饮之更佳"的服用方法。中国历代医学家认为，鹿为仙兽，全身皆益于人，其肉有益无损。现代医学研究也证明，鹿肉含蛋白质、无机盐、维生素等，对人体有较好的营养作用，千百年来，鹿产品的医药价值逐渐在实践中得到了证明。鹿制品给人类提供了极其丰富的产品，其中最贵重的产品之一就是鹿茸（梅花鹿的鹿茸质量最优），其次如鹿胎、鹿心、鹿血、鹿筋、鹿鞭、鹿尾等，都是医药的贵重原料。这些鹿制品都具有极高的药用价值和保健功效。

梅花鹿自古以来也被人们视为健康、幸福、吉祥的象征。就字音而言，鹿因谐音而表达的吉祥意义最为普遍。首先，鹿音谐"禄"，在吉祥图案中用鹿表现民间"五福"（福、禄、寿、喜、财）中的禄。一百头鹿的纹图称"百禄"，鹿和蝙蝠一起的纹图称"福禄双全"或"福禄久长"。鹿和福、寿二字搭配称"福禄寿"。其次，鹿音谐"路"，如两只鹿的纹图称"路路顺利"。再次，鹿音谐"陆"（六），如鹿与鹤的文图称"六合同春"或"鹿鹤同春"。与此同时，鹿也被纳入神学和政治的范围之中。据传，鹿为长寿仙兽，纯阳多寿之物，人们以鹿为长寿象征，在多种场所用以表达祝寿、祈寿的主题。在传统寿画中，鹿常与寿星为伴，以祝长寿。鹿也是位置的象征，"逐鹿中原""鹿死谁手"两个成语都以鹿喻帝位。

（二）梅花鹿的形态结构和各部位比例关系

鹿的身体细而尖，形优美，身体瘦骨嶙峋，腿特别细小，骨骼非常突出，肌腱和腿骨之间非常薄。

（三）梅花鹿的雕刻

了解和熟悉梅花鹿身体的基本结构是学好梅花鹿雕刻的前提。必须对梅花鹿身体各部位的形态结构熟悉，包括肌肉和骨骼的结构分布等，梅花鹿的雕刻作品要表现出梅花鹿速度轻快敏捷，姿态优美潇洒，跳跃能力强的神态和韵味。在雕刻顺序上一般是先雕刻梅花鹿的头部，然后雕刻梅花鹿的身体大型和四肢大型，最后才是细节的处理。

主要原材料：南瓜、胡萝卜、香芋、红薯等。

雕刻工具：主刀、拉刻刀、戳刀、502 胶水、砂纸等。

制作步骤：①取一梯形埋料，分成 3 等份；②确定眼睛的位置，并在眼睛处下刀雕刻出的鼻梁和唇部轮廓；③用主刀雕刻出鹿的鼻孔和嘴裂线；④用 U 形戳刀雕刻出鹿的嘴角和脸颊；⑤使眼睛部位突出，雕刻出鹿的眼睛；⑥雕刻出鹿的耳朵和犄角；⑦给鹿头部装上犄角和耳朵；⑧将雕刻好的鹿头粘接在雕刻鹿躯干的坯料上，并画出梅花鹿的躯干和四肢；⑨雕刻出鹿的躯干和四肢；⑩用砂纸打磨光滑后，用拉刻刀和戳刀雕刻出梅花鹿的肌肉、褶皱等细节。

（四）梅花鹿雕刻成品要求

①梅花鹿的整体姿态优美、健壮，各个部位结构准确，比例协调；②作品整体完整，雕刻手法、刀法熟练，刀痕和破皮的现象少。

（五）梅花鹿雕刻的要领和注意事项

①雕刻前，一定要熟悉梅花鹿的形态结构和各部位的比例关系；②雕刻前，可以按照前面所讲的梅花鹿的手绘方法先画一下梅花鹿的整体形象；③雕刻时，要注意借鉴骏马的雕刻方法和要领；④熟悉梅花鹿骨骼和肌肉的结构分布对于雕刻好梅花鹿的前腿、后腿和肌肉效果的处理有很大的帮助；⑤梅花鹿的四肢比较细小，特别是小腿部分几乎没有肌肉，全是由毛皮和筋腱组成的；⑥梅花鹿的肌肉处理时，大小拉刻刀和戳刀要先大后小，交替使用，然后用砂纸打磨出效果。

四、老虎的雕刻

（一）老虎相关知识介绍

老虎俗称虎、大虫，是猫科动物中体形最大的一种，是亚洲的特有种类。虎对于环境具有高度的适应能力，它们分布的范围极广，原产地主要是东北亚和东南亚。只要是食源充沛、有水源、环境利于隐蔽这 3 个条件，虎一般都能适应。然而，由于人类对虎生存空间的过渡挤压，使得虎只得躲进深山密林生存而成为"山林之王"。

虎是种高度进化的猎食动物，也是自然界生态中不可或缺的一环，是当今亚洲现存的处于食物链顶端的食肉动物之一。老虎生性低调、谨慎、凶猛，一旦发威将势不可当。老虎位居食物链终端，自然界中无天敌，会主动回避人类。老虎拥有猫科动物中最长的犬齿、最大号的爪子，集速度、力量、敏捷于一身，前肢一次挥击力量可达 1 000 千克，爪刺入深度达 11 厘米，一次跳跃最长可达 6 米，擅长捕食。

虎是世界上最广为人知的动物之一。古时，人们对虎这种动物是相当畏惧的。古人对自己畏惧的东西普遍采取了"敬而远之"的态度，于是，古人在这些事物之前冠以"老"字，以表示敬畏和不敢得罪的意思。有些地方在说到老虎时，往往不敢直呼其名而呼之以"大虫"。另外，虎的象征意义在中国和亚洲文化中都有体现。在中国，虎的形象随处可见，殷墟甲骨文中就有虎字，现在汉字中的虎就很像一只虎。据说，汉字中的"王"就来自于老虎前额上的斑纹。还有许多成语、民间俗语中都有虎出现。在许多旗帜、战袍，甚至运动会的吉祥物中也都可以见到描画它们的图案。老虎在中国自古就是"兽中之王"。虎图腾崇拜最早源于伏羲时期，并早于龙图腾，也就出现了"毛虫之长"的虎与"鳞虫之长"的龙并列。所以，古人常有左龙右虎作为护卫的习惯。因此，虎成为势不可当、不可战胜、不容侵犯的代名词。虎生性威猛无比，古人多用虎象征威武勇猛。比如，"虎将"喻指英勇善战的将军；"虎子"喻指雄健而奋发有为的儿子；"虎步"喻指威武雄壮的步伐；"虎踞"形容威猛豪迈。

（二）老虎形体结构的特点

①老虎属于猫科类动物，其身体的长度要比身高长，与所有猫科动物的身体结构几乎完全一样。从外形和运动方式来看，也是大同小异。②老虎身体窄长，有一个强健的背部。虎皮上有美丽的花纹。腿长而逐渐细削，虎掌宽大厚实。脖子与身体衔接的地方表现出一种优美的线条。③老虎身体的长度略为 5 个头部的长度，其中腿长略高于身宽，后腿的下关节部分要比上关节部分短。④虎头正面看上去呈圆形，耳朵小，眼睛位于头部的 1/2 处，脸颊分界线大约在头部 1/3 处。

（三）老虎的雕刻

了解和熟悉老虎身体的基本结构是学好老虎雕刻的前提。必须对老虎身体各部位的形态结构熟悉，包括肌肉和骨骼的结构、分布等，老虎类题材的雕刻作品要表现出老虎的威猛无比，势不可当、不可战胜以及"百兽之王"的气势。在雕刻顺序上，一般是先雕刻头部，然后是身体大型和四肢大型，最后才是细节的处理。

主要原材料：南瓜、胡萝卜、香芋、红薯等。

雕刻工具：主刀、拉刻刀、戳刀、502胶水、砂纸等。

制作步骤：

（1）老虎的头部雕刻

①取一梯形原料，在其表面画出老虎头部的眼睛、鼻子等位置和大型；②用拉刻刀雕刻出老虎头部的眼睛、鼻子等大型；③雕刻出老虎的眼睛和鼻子的细节；④雕刻出老虎嘴巴的大型；⑤用U形拉刻刀或是U形戳刀雕刻出老虎嘴巴的嘴线；⑥雕刻出老虎的耳朵；⑦雕刻出老虎的牙齿和舌头；⑧用拉刻刀雕刻出老虎的脸颊和腮毛的大型；⑨用V形拉刻刀雕刻出老虎的腮毛；⑩老虎头部效果图。

2. 老虎的躯干部位和四肢的雕刻以及肌肉、褶皱等细节的雕刻处理

①确定所雕刻老虎的姿态，然后取一块原料，画出老虎身体大型；②首先雕刻出老虎背部的动态曲线，然后再雕刻出老虎的四肢大型；③用拉刻刀雕刻出老虎的肌肉和褶皱大型；④用砂纸把老虎的身体打磨平整；⑤将雕刻好的老虎头部和老虎尾巴粘接在雕刻好的身体上；⑥用V形拉刻刀雕刻出老虎身体上的虎纹；⑦给雕刻好的老虎装上老虎须和爪趾。

（四）老虎雕刻成品要求

①老虎的整体姿态威武雄壮、气势如虹，各个部位结构准确，比例协调；②作品整体完整，雕刻手法、刀法熟练，刀痕和破皮的现象少；③写意和写实的表现手法在老虎雕刻中运用合理。

（五）老虎雕刻的要领和注意事项

①雕刻前，一定要熟悉老虎的形态结构和各部位比例关系；②雕刻前，可以按照前面所讲的老虎的手绘方法，先画一下老虎的整体形象；③雕刻时，要借鉴骏马的雕刻方法和要领，特别是躯干和四肢的大型；④熟悉老虎骨骼和肌肉的结构分布对于雕刻好老虎的前腿、后腿和肌肉效果的处理有很大的帮助；⑤老虎的四肢比较粗壮，特别是虎掌显得大而厚实，老虎的小腿部分几乎没有肌肉，全是由毛皮和筋腱组成的；⑥对老虎的肌肉进行处理时，大小拉刻刀和戳刀要先大后小，交替使用，然后用砂纸适度打磨出效果；⑦雕刻老虎的过程中，其身体表面的处理和前面所学动物的雕刻有很大的不同，老虎躯体的表面不要处理得太光滑和太平整；⑧雕刻老虎时，要多使用拉刻刀和戳刀，少用主刀。要学会善用砂纸，这样雕刻出的老虎作品刀痕和破皮的现象较少。

五、麒麟的雕刻

（一）麒麟相关知识介绍

麒麟，亦作"骐麟"，简称"麟"，是中国古代传说中的一种动物。麒麟不是地上的，而是天上的神物，常伴神灵出现，是神的坐骑。麒麟一般不会飞，但是成年的麒麟会飞。成年的麒麟能大能小，平时比较温和，但是，麒麟是凶猛的瑞兽，且护主心特别强。麒麟是吉祥神兽，主太平、聪慧、祥瑞，能给人带来丰年、福禄、长寿与美好，也有招财纳福、镇宅辟邪的作用。

在中国众多的民间传说中，关于麒麟的故事虽然并不是很多，但其在民众生活中都实实在在地体现出它特有的珍贵和灵异。麒麟文化是中国的传统民俗文化。盼麒麟送子，就是中国古代的生育崇拜之一。传说中，麒麟为仁兽，是吉祥的象征，能为人带来子嗣。相传孔子将生之夕，有麒麟吐玉书于其家，上写"水精之子孙，衰周而素王"，意谓他有帝王之德而未居其位。因此，麒麟也用来比喻才能杰出的人。

麒麟的雕刻在食品雕刻中是一个重点内容。在学习雕刻的过程中，要充分借鉴骏马和梅花鹿的雕刻方法和技巧，特别是麒麟身体和四肢部分的雕刻。

（二）麒麟的各种造型参考

麒麟是中国古人按中国人的思维方式、复合构思所产生、创造出的动物，雄性称麒，雌性称麟。古人把麒麟当作仁兽、瑞兽，与凤、龟、龙共称为"四灵"。从麒麟外部形状上看，身体像鹿，集龙头、鹿角、狮眼、虎背、熊腰、牛尾、鱼鳞皮于一身。这种造型其实是把那些备受人们珍爱的动物所具备的优点全部集中在麒麟这一幻想中的神兽的建构上，这充分体现了中国人的"集美"思想。所谓"集美"，通俗地说，是将一切美好的东西集中在一个事物上的一种表现。这种理念一直是几千年来中国人精神世界和物质世界中所不断努力追求的目标和愿望。

（三）麒麟的雕刻

主要原材料：南瓜、胡萝卜、香芋、红薯等。

雕刻工具：主刀、拉刻刀、戳刀、502 胶水、砂纸等。

制作步骤：

1. 麒麟的头部雕刻

①取一梯形原料，确定麒麟鼻子和额头的位置；②在鼻子和额头处各切一个三角形的缺口，并用 U 形拉刻刀或 U 形戳刀雕刻出鼻翼、眼眶和额头的凹凸点；③雕刻出鼻翼和眼部的大型，并用主刀尖旋刻出鼻孔；④雕刻出麒麟的眼睛；⑤用主刀雕刻出麒麟翻卷的嘴唇；⑥雕刻出麒麟的眉毛和耳朵；⑦雕刻出麒麟上嘴的牙齿；⑧雕刻出麒麟的下嘴唇、下牙齿；⑨雕刻出麒麟脸部的咬肌和腮刺；⑩雕刻出麒麟的角，并粘接在耳朵的后边；⑪雕刻麒麟头部的毛发、水须、胡子等；⑫将雕刻好

的毛发、水须、胡子等有机地组装在一起，形成完整的麒麟头。

2. 麒麟的躯干和四肢的雕刻

①确定麒麟的整体姿态，再取一块状长方形原料，在表面画出麒麟的躯干大型；②根据画出的躯干大型，首先沿着麒麟的背部姿态曲线雕刻出肩、背、腰、臀等；③在麒麟的前后肢位置上粘接上一块原料，然后画出前后肢的大型，并雕刻出来；④用拉刻刀或是U形戳刀雕刻出麒麟身体上的肌肉和凹凸点，并用砂纸打磨光滑；⑤雕刻出麒麟身体上的鳞片；⑥雕刻出麒麟的尾巴，并把雕刻好的头部和尾巴组装在躯干上。

（四）麒麟雕刻成品要求

①麒麟的整体姿态威武雄壮，各个部位结构准确，比例协调；②作品整体完整，雕刻手法、刀法熟练，刀痕和破皮的现象少；③写意和写实的表现手法在麒麟雕刻中运用合理。

（五）麒麟雕刻的要领和注意事项

①雕刻前，一定要熟悉麒麟的形态结构和各部位的比例关系；②雕刻前，可以按照前面所讲的马的手绘方法先画一下麒麟的整体形象；③雕刻时，要借鉴骏马和梅花鹿的雕刻方法和要领，特别是躯干和四肢的大型；④麒麟的四肢和马、鹿相似，只是麒麟的肌肉没有马那么突出，麒麟的蹄子和鹿、牛相同；⑤雕刻麒麟时，要多使用拉刻刀和戳刀，少用主刀，要学会善用砂纸，这样雕刻出的作品刀痕和破皮的现象很少；⑥为了使麒麟雕刻作品的整体效果更好，可以雕刻一些文字，突出主题思想。

六、龙的雕刻

（一）龙相关知识介绍

龙是中华民族古代劳动人民创造的一种理想中的动物形象，是神话与传说中的神异动物，是一种善变、能兴云雨利万物的神异动物，为鳞虫之长。

"龙"是只存在于神话传说中而不存在于生物界中的一种虚构的生物。传说中的龙具有强大的本领，其能走、能飞、能游泳；能显能隐，能细能巨，能短能长，能兴云降雨。春分登天，秋分潜渊，呼风唤雨，无所不能。

封建时代龙是帝王的象征，代表着至高无上的权势，是高贵、尊荣的象征。龙在中国传统的十二生肖中排第五，其与白虎、朱雀、玄武一起并称"四神兽"。龙与凤凰、麒麟、龟一起并称"四瑞兽"。在民间，常将龙和凤凰组合成"龙凤呈祥""龙飞凤舞"等图案和形象，象征着祥瑞长寿、幸福和美、天下太平、风调雨顺、生活富足等。

传说中华民族的祖先黄帝和炎帝都是龙子，所以中华各族人民也就是"龙的传人"。龙成了中国的象征、中华民族的象征和中国文化的象征。对每一个炎黄子孙来说，龙的形象是一种符号，一种情绪，一种血肉相连的情感。"龙的子孙""龙的传人"这些称谓，常令中国人激动、奋发、自豪。龙的形象和文化早已渗透到了中国社会的各个方面，各个领域，成为中华文化的凝聚和积淀。

传说中国龙是由九种动物合而为一，是兼备各种动物之所长的异类。具体由哪九种动物组成是有争议的。其形有九似：头似牛，角似鹿，眼似虎，牙似象，鬃似狮，身似蛇，鳞似鱼，爪似鹰，尾似狗。其背有八十一鳞，具九九阳数。其声如戛铜盘。口旁有须髯，额下有明珠，喉下有逆鳞。头上有博山，又名尺木，龙无尺木不能升天。呵气成云，既能变水，又能变火。另一说是："嘴像马，眼像虎，须像羊，角像鹿，耳像牛，鬃像狮，鳞像鲤，身像蛇，爪像鹰"；还有一说是："头似驼，眼似鬼，耳似牛，角似鹿，项似蛇，腹似蜃，鳞似鲤，爪似鹰，掌似虎。"正因为如此，龙的形态结构并没有统一的标准，身体造型变化多端。但是，按照龙的动态姿势可以分为团龙、坐龙、行龙、升龙、降龙等；按照龙爪数量的多少又可以分为三爪、四爪、五爪龙。元代以前的龙基本是三爪的，有时前两足为三爪，后两足为四爪。明代流行四爪龙，清代则是五爪龙为多。周朝有"五爪天子，四爪诸侯，三爪大夫"的等级规定；民间也有"五爪为龙，四爪为蟒"的说法。

在龙的造型变化中，要注意把握好龙的"三挺、三要、三不"的特点。所谓三挺就是：脖子挺，腰挺，尾巴挺；三要就是：要有粗细变化，要有转折变化，要各部位衔接自然；三不就是：不低头，不闭嘴，不闭眼。因此，只要抓住龙的特点和造型要点，就能自由变化，创造出形态各异、姿态万千的龙的形象来。

（二）中国龙的雕刻

了解和熟悉中国龙身体的基本结构是学好龙雕刻的前提，必须对龙身体各部位的形态结构熟悉。中国龙类题材的雕刻作品要表现出龙威猛无比、势不可当、不可战胜、唯我独尊的气势。

主要原材料：南瓜、胡萝卜、香芋、红薯等。

雕刻工具：主刀、拉刻刀、戳刀、502 胶水、砂纸等。

制作步骤：

1. 龙的头部雕刻

①取南瓜切成梯形长方块。在窄的一头确定鼻子和额头的位置，并各切出一个三角形的缺口；②确定双眼、额头、鼻梁和鼻翼的位置并雕刻出大型；③细致地雕刻出龙的鼻翼；④用 U 形戳刀或大号拉刻刀雕刻出龙的鼻梁和眼眶；⑤雕刻出龙的眼睛和水须；⑥确定龙上嘴唇翻卷的形状，并用主刀雕刻出来；⑦雕刻出龙的上牙齿，把獠牙、前长牙和尖牙一起雕刻出来；⑧确定龙下嘴唇翻卷的形状，并雕刻出来；⑨雕刻出下牙齿的形状；⑩确定龙的脸颊位置和大型，并雕刻出脸颊和腮刺；⑪雕刻出龙的角、耳朵和毛发；⑫给雕刻好的龙头粘上耳朵、龙角、胡须、龙须以及毛发。

2．龙的躯干部位的雕刻

①取一个瓜肉比较厚实且个大的南瓜，确定龙身体的姿态和大型，并用主刀雕刻出来；②去掉龙身大型的棱角，确定龙背鳍的走向，并用中号拉刻刀沿着龙背鳍走向拉刻出一条凹槽；③用大号拉刻刀或是中号 U 形戳刀雕刻出龙的腹甲；④用砂纸将雕刻好的龙身打磨平整后，再用主刀或 V 形拉刻刀雕刻出龙身上的鳞片；⑤另取胡萝卜雕刻出龙的背鳍，并粘接在凹槽内；⑥雕刻出龙尾巴，并将龙尾巴粘接在龙身体的尾部。

3．龙四肢的雕刻

①取一块状南瓜原料，描画出龙腿的大型，并用主刀雕刻出来；②用 U 形戳刀或大号拉刻刀雕刻出龙大腿上的凹凸点，并用砂纸打磨光滑；③画出龙大腿前面的火焰披毛，并用拉刻刀和主刀雕刻出来；④用主刀雕刻出龙大腿上的护甲；⑤雕刻出龙的 5 个爪趾；⑥将爪趾粘接在小腿上；⑦用拉刻刀和 U 形戳刀雕刻出小腿上的细节，并在龙大小腿的关节处粘接上肘毛。

4．组装成型

将雕刻好的龙头、龙身、龙腿等部件组装成完整的中国龙。

（五）龙雕刻成品的要求

①作品整体完整，各部位结构准确，比例恰当，形态生动，气势如虹；②刀法熟练、细腻，作品刀痕较少；③采用零雕整装的方法和写实与写意相结合的雕刻手法进行雕刻创作；④龙的整体线条流畅，腿爪苍劲有力，肌肉块大小饱满，牙齿锋利，鼻头圆润，具有阳刚之美。

（六）龙雕刻的要领和注意事项

①龙的头部是雕刻的重点和难点，雕刻时要熟悉龙头部的结构特征；②龙身体姿态要灵活，要注意首、腹、尾 3 个身段的粗细变化；③雕刻过程中，应注意雕刻工具的合理使用，多用戳刀或拉刻刀。

第三节　底座和装饰物的雕刻

一个完整、优秀的食品雕刻作品，既包括雕刻主体部分，同时也包括了底座和装饰物品等。虽然这些底座和装饰物品雕刻难度不大，结构简单，但是对于整个雕刻作品来说确实意义非凡，其作用非常重要，不可缺少。正是有了底座和装饰物，食雕作品才会显得更加完整和美观，同时，艺术表现力也会更强。在食品雕刻中比较重要的底座和装饰物有：假山石、浪花、云彩、太阳、月亮、火焰、元宝、古松、花草树木、亭台楼阁等。

一、底座和装饰物雕刻的基础知识

（一）底座和装饰物在食品雕刻中的作用

①支撑和固定雕刻作品的主体。在食品雕刻中，食雕作品主体部分大都比较重，而雕刻的原材料主要是些瓜果蔬菜，其质地脆嫩、易碎，强度不够。因此，要给主体部分加上底座，以支撑主体的重量。②突出主体，使雕刻作品的高度增加，也使主体部分显得更加显眼。③食雕底座和装饰物能提高食雕作品的整体艺术效果，使作品的主题鲜明、突出。如雕刻龙的题材作品时，一般都要雕刻云彩或浪花，这样的搭配才能把龙的那种腾云驾雾、翻江倒海的气势很好地表现出来。④有利于构图。能使雕刻作品整体完整，各部分连接自然。特别是一些大型的雕刻作品，往往是很多个雕刻部件组成的，而要把这些雕刻部件很自然地组合在一起，往往需要借助山石、花草、云彩、浪花等来完成。⑤调节雕刻作品的色彩。在食品雕刻中，由于原材料和雕刻表现形式等原因，食雕作品大多色彩比较单一，不够丰富。因此，可以通过食雕底座和装饰物的色彩将整个食雕作品的颜色设计得更加丰富，更加漂亮。

（二）底座和装饰物的雕刻方法

①将底座、装饰物和雕刻作品的主体一起直接雕刻出来，这种方法要充分利用原材料的形状、大小和长短。其优点是：整体感强，比较完整；其缺点是：雕刻难度较大，但是效果不一定最好。②将底座、装饰物和雕刻作品的主体分别雕刻出来，最后再组装成一个完整的雕刻作品，这是一种常用的雕刻方法。其优点是：设计作品时可以少受原材料的限制，使雕刻作品的内容和表现形式丰富多彩、自由灵活，雕刻作品主体时也会比较简单、方便。③先将食雕作品的主体和底座一起雕刻出来或是雕刻一部分底座出来，然后再雕刻一部分底座和装饰物。这种方法是前面两种方法的结合，也是一种常用的雕刻方法。这种方法可以充分地利用原材料，同时能降低雕刻作品主体雕刻时的难度，也能使雕刻作品的内容和表现形式更加丰富、灵活。

（三）底座、装饰物和作品主体搭配要领

①雕刻作品的主次要分明，主体要突出，装饰物只能起到陪衬主体的作用，不能喧宾夺主；②底座的底部要雕刻得稍大一点，这样雕刻作品才不会出现头重脚轻、放置不稳的现象；③底座、装饰物和作品主体要有机地结合，最好能与作品主体部分建立起某种联系，不要出现互不搭调的情况。以下是一些雕刻题材常用的搭配技巧：

猛禽类：古松、怪石、云彩、高山、水浪等。

家禽类：篱笆、蔬菜、草虫、山石等。

水禽类：荷叶、水草、芦苇、睡莲、假山等。

仙鹤：古松、云彩、荷花、荷叶、假山等。

凤凰：牡丹花、太阳、云彩、山石等。

孔雀：花草、假山、树木等。

兽类：假山、云彩、树木、花草等。

（四）中国传统绘画画诀

1．景物搭配宜忌

虎宜深山大泽，切忌傍依大树。羊必平川草原，莫要深山大川。

雁要平沙芦荻，花间丛林不宜。虫鸟要傍花木，最忌与兽杂处。

竹兰要以石缀，茅舍要会柳翠。宫室要多梧桐，旅店常带鸡月。

2．古人绘画配景口诀

树势参差方为美，远流断续是良工。云烟穿聚升腾势，野径迂回道六通。

竹叶暗藏禅堂意，松柏楼阁气势雄。庭院更宜朱栏小，村店鸦噪意更浓。

山景最好松揽翠，野渡酒帘一点红。画中美景说不尽，千万不要样儿重。

二、底座和装饰物雕刻实例——假山石

（一）假山石相关知识介绍

假山石在自然界中分布广泛，在我们的身边随处可见。它们形状各异，姿态万千。"石本无性，采后复生"，正是通过人们的智慧和艺术创造，使普通假山石具有了很高的观赏价值。在食品雕刻中，假山石是非常重要的底座和装饰物，主要分为：斜纹山石、直纹山石、横纹山石、圆纹山石、孔洞山石。

（二）假山石雕刻实例

1．孔洞类假山石雕刻实例

原材料：红薯。

雕刻工具：雕刻主刀、V形戳刀、U形戳刀、拉刻刀、砂纸、502胶水等。

制作步骤：①把红薯切成厚块，根据假山的形状粘接出假山石的大型；②用不同大小型号的戳刀和拉刻刀雕刻出假山石的局部；③用砂纸打磨光滑假山石，再细部刻画成型；④给雕刻好的假山石装饰和点缀上一些小的花草或水浪，使其整体效果更加完美。

2．直纹、斜纹类假山石雕刻实例

原材料：南瓜。

雕刻工具：雕刻主刀、V形戳刀、U形戳刀、拉刻刀、砂纸、502胶水等。

制作步骤：①将南瓜切成厚片，按照假山的形态粘接出假山的大型；②用主刀、戳刀和拉刻刀等工具交替使用雕刻假山石的纹路和形态；③用砂纸打磨一下假山石，再细部刻画成型；④给雕刻好的假山石装饰和点缀上一些祥云、太阳或古树，使其整体效果更加完美。

3．横纹假山石雕刻实例

原材料：老南瓜。

雕刻工具：雕刻主刀、V形戳刀、U形戳刀、拉刻刀、砂纸、502胶水等。

制作步骤：①将红薯切成厚片，按照假山的形态粘接出假山的大型；②用主刀、戳刀和拉刻刀等工具交替使用雕刻假山石的纹路和形态；③用砂纸打磨一下假山石，再细部刻画成型；④给雕刻好的假山石装饰和点缀上一些花草，使其整体效果更加完美。

（三）假山石雕刻的要求和要领

①要雕刻出斜纹山石、直纹山石、横纹山石、圆纹山石、孔洞山石的各自特征和特点；②假山石的脉络转折、来龙去脉要刻画清楚，切忌线条杂乱无章；③假山石前后层次要错落有致，互相穿插，防止整体零碎，不紧凑；④雕刻假山石的多种刀具要交叉使用，根据假山石的特点雕刻成型；⑤雕刻好的假山石一定要经过正确而恰当地精心打磨，才能体现出最佳的效果。

三、底座和装饰物雕刻实例——浪花

（一）水浪花的形态

浪花是指水波浪互相冲击或拍击在别的东西上破碎、激起的水点和泡沫水花。其形状变化多样，有大有小，既气势磅礴，又恬静柔美。在食品雕刻中，水浪花在形态上主要分为浪尾、浪身、浪头和水珠。浪花是非常重要的底座和装饰物。

（二）水浪花的雕刻

原材料：南瓜、白萝卜。

雕刻工具：雕刻主刀、V形戳刀、U形戳刀、拉刻刀、砂纸、502胶水等。

制作步骤：①用南瓜原料粘接并画出水浪花的大型；②用主刀雕刻出水浪花的浪头、浪身和浪尾；③水浪花细部刻画，用砂纸打磨成型；④雕刻出水珠，并组装成型。

四、底座和装饰物雕刻实例——古树

（一）古树相关知识介绍

古树是指树龄在100年以上的老树。生长100年以上的树已进入缓慢生长阶段，干径增粗极慢，形态上给人以饱经风霜、苍劲古拙之感；而那些稀有、名贵或具有历史价值、纪念意义的树木则称为名木。世界上的长寿树大多是松柏类、栎树类、杉树类、榕树类树木，以及槐树、银杏树等。古树、名木以其历史文化丰富、姿态奇特美观、观赏价值极高而闻名。如中国黄山的"迎客松"，以历史事件而闻名的泰山岱庙中的汉柏，是汉武帝封禅时所植，以传说异闻而闻名的陕西黄陵轩辕庙内的"黄帝手植柏"，等等。

在我国的传统文化中，古树代表不屈不挠、健康长寿、生命力旺盛等意义，所以，古树是食品雕刻中经常用到的一类题材。主要雕刻的古树有古松树、古柏树、古梅树等。雕刻时，先雕刻树干，再雕刻树叶，最后再组装成型。其中，树干的雕刻造型是最难的部分，一般先画出古树的树干，然后用雕刻的方法进行制作。

（二）古树雕刻实例——古松

原材料：南瓜、红薯等。

雕刻工具：雕刻主刀、V 形戳刀、U 形戳刀、拉刻刀、砂纸、502 胶水等。

制作步骤：①取一块去皮的南瓜原料，画出古松的枝干大型；②用主刀雕刻出古松的树干大型；③用不同型号的拉刻刀雕刻出古松树干上的树皮花纹和疤痕；④雕刻出松树的松叶，其形状有：扇形、半圆形、椭圆形、针形等；⑤将古松组装成型。

第七章　瓜类、面点与人物雕刻

第一节　瓜类的雕刻

一、瓜雕的基本知识

（一）瓜雕的概念

食品雕刻中的瓜雕是高档宴席和宴会的高级美食工艺菜品。瓜雕类雕刻是果蔬类雕刻中的一种，是运用特殊刀具和雕刻刀法、手法将瓜类原料（如西瓜、长南瓜、南瓜、冬瓜等）雕刻成瓜灯、瓜盅、瓜篮、瓜船、瓜罐、瓜盒、龙舟等容器类食品雕刻作品的一种食品雕刻方式。其中，瓜灯、瓜盅、瓜篮的应用较为广泛。瓜雕主要是利用瓜皮与肉质的颜色对比来表现图案和主题，瓜雕作品基本上保持了瓜类原料原来的形状。瓜雕的表现形式有：浮雕、镂空雕、套环雕、透明雕等。在一个瓜雕作品中常以多种表现形式存在。

《山家清供》是南宋时期的一部重要烹饪著作，其中就讲到在宋时有一个人将香橼对切开，做成两只杯子，在香橼皮上雕刻上花纹，并且用它温酒给客人品尝，其味道特别香醇且雅趣横生。这应该是现代的冬瓜盅、西瓜盅之类的瓜雕类雕刻的雏形。瓜雕艺术发展的鼎盛时期是明、清时期。扬州兴起瓜雕的热潮，开始以瓜灯居多，后瓜刻盛兴。《扬州画舫录》中有"取西瓜镂刻人物、花卉、虫鱼之戏"，其表现的内容、雕刻的刀法和作品的构思都达到了相当的高度。

随着社会的发展和人们生活水平的不断提高，瓜雕类雕刻技术也随着食品雕刻艺术的不断提高而进一步得到发展和创新。

（二）瓜雕类雕刻的特点

①瓜雕类雕刻的技术难度相对比较简单、容易。瓜雕主要是在各种瓜类原料的表面上进行雕刻，而且多以浅浮雕和套环的形式出现。②瓜雕类作品相比其他果蔬雕，其表现形式特别，特色非常的突出，容易引人注目，装饰席面效果好。③瓜雕能够用来表现情节比较丰富、细腻的作品。瓜类原料质地细腻，软硬适中，便于雕

刻，因此，在刻画一些复杂的细节时就比较容易。④瓜雕类作品能增加菜点的可食性以及菜点的色彩和香味。瓜雕的原材料本身就是可以食用的，而且具有特殊的香味和色彩，在和菜点搭配时能使菜点的质量更加完美。⑤瓜雕要求作者不仅雕刻技法精湛，而且要有良好的美术修养，是集雕刻与绘画于一体的雕刻艺术。因此，对于有绘画功底的雕刻者来讲，掌握瓜雕技巧就更加容易。⑥瓜雕类作品实用性强，作品不易变形、变色。

（三）瓜雕常用的工具

瓜雕的主要雕刻工具就是一些果蔬雕刻常用的工具。但由于雕刻形式以及雕刻方法上的独特性，因此，也有一些特有的雕刻工用具。主要有：

1. 戳线刀（刻线刀）

戳线刀是一种外形比较特殊的雕刻工具，主要用于戳线条和瓜雕时制作套环。由于其设计独特，因此，雕刻出的线条很容易做到粗细、宽窄、厚薄一致。

2. 分规

分规是圆规的一种，其区别是，分规的两个脚都是金属尖。主要用于在瓜类原料上定位、画圆、画平行线以及确定雕刻物体的比例

3. 薄金属汤勺

在瓜雕中主要用来掏挖瓜瓤，将瓜的内部挖空、挖净。

4. 画线笔

主要有：墨水笔、水溶性画笔、圆珠笔等，主要用于瓜雕时在原料上描绘图案。

（四）瓜雕主要的雕刻技法

1. 平面雕

平面雕是瓜雕中最简单实用的一种雕刻方法。就是用刻线刀或戳刀直接在原料上戳出较浅的线条图案，如山水、花鸟、鱼虾等。平面雕分为阳文雕和阴文雕。

2. 高浮雕

高浮雕是在原料的表面雕刻出向外凸出的图案，由于图案凸出的高度比较高，因此，图案的立体感较强。主要使用主刀进行雕刻，某些地方也可用戳刀雕刻。

3. 镂空雕

镂空雕是把掏空了瓜瓤的瓜类原料表面的某一部分戳透镂空的一种雕刻技法。镂空的部分一般是图案空余的地方，主要用于瓜灯的雕刻制作。

4. 套环雕

套环雕是用一种特殊的刻线刀，雕刻出各种套环，形成似断非断的效果。套环雕也是一种特殊的镂空雕。

5. 组合雕

组合雕是将上面几种雕刻方法组合运用。现在多数的瓜雕作品都包含了好几种

雕刻技法。

（五）瓜雕制作步骤

1. 构思

就是根据宴会的性质和菜点的内容设计出合适的瓜雕作品，包括原料的选择、表现的形式、主题思想以及主要雕刻内容的确定等。

2. 画图

就是将构思好的内容在雕刻前先画在瓜的表面上，通常是先在瓜类原料上确定瓜盖、瓜身和瓜座，然后把瓜身均匀地分成 3 个或 4 个面，再在每个面上画出边框，最后在边框内画出设计好的图案内容。

3. 雕刻

这个过程就是将画好的图案内容用雕刻的方法表现出来，这是瓜雕最重要的一个环节。

4. 揭盖、掏瓤

就是雕刻好图案内容后将瓜盖揭开，并把瓜瓤挖空或留一定量的瓜瓤。

5. 雕刻底座

瓜雕主体雕刻好后需要给其雕刻一个底座。底座的主要作用是固定瓜雕的主体，使瓜雕作品更加完美。

6. 浸泡

雕刻好的作品需要在水中浸泡约 15 分钟，并整理瓜环和其他细节。

7. 组装瓜雕作品

将瓜盖、瓜身和底座组装在一起。为了使整体效果更好，也可以在作品的周围搭配一些小的雕刻配件。

（六）瓜雕的雕刻要领和注意事项

1. 选料要好

要求原料新鲜，大小合适，表皮光滑、平整、完整，颜色均匀、鲜浓，没有花纹。

2. 作品构思要好

要求主题明确、合理，雕刻内容与宴会的主题或菜点的性质搭配恰当。

3. 加强美术修养，提高绘画的能力

瓜雕有一种说法就是画得好，不一定作品质量就好，但是画不好，最后的作品质量肯定差。

4. 雕刻时，注意力要求集中，下刀要稳健，刀路要流畅

雕刻时，先雕刻主体部分，然后才是其他部分；先是重点部分，然后才是一般部分。

5. 画图前，原料要洗干净，并把水擦干

雕刻时，应在原料下垫上湿毛巾，可防止在转动原料时打滑。

6．揭盖、掏瓤

揭盖、掏瓤的时候，要根据作品的需要确定瓜瓤掏挖的程度比如，雕刻西瓜灯的时候，就要求留一部分红瓤，以便内衬蜡烛或电子灯具。

7．雕刻底座的大小要合适

底座占盅体的1/3，盅盖占盅体的1/3，底座的颜色和内容要与瓜身的颜色及瓜身的内容风格一致。

8．雕刻图案前

雕刻图案前，可将图案拓于瓜体上再进行雕刻瓜雕的内容主要是常见的艺术字或较复杂的图案。比如，剪纸、皮影、贴画、窗花、年画、刺绣、素描、简笔画、吉祥图案等都是很好的瓜雕图案素材。

二、瓜雕实例——瓜盅、瓜灯、瓜篮

（一）瓜盅、瓜灯、瓜篮的相关知识介绍

简单的瓜盅主要由盅和底座两部分构成。盅又分盅体和盅盖，雕刻者要根据瓜盅的结构特点和造型特点，从瓜盅的整体布局、图案设计和点缀装饰3个方面进行，一般作为盛器或独立作为观赏性食品工艺品。

瓜灯的雕刻与瓜盅极为相似，但瓜灯是纯观赏性的食品工艺品。将瓜瓤按需要掏出，便于内置灯具，多采用镂空或用透明雕的方法。镂空的雕刻方法是在瓜的表皮做图案后再在合适的部位镂空，使光线透射出瓜外。透明雕的雕刻方法是先在瓜的表皮做图案后用刀具将瓜的内壁刮薄，便于在外边看到瓜体内部朦胧的光。

瓜篮属于纯观赏性的食品工艺品，其作用是盛装食品或鲜花等，一般由瓜篮和底座两部分组成，可分为设计、布局、雕刻、整理、点缀装饰等方面。

（二）瓜灯和瓜篮结合作品的雕刻过程

原材料：椭圆的墨绿皮大、中、小西瓜3个。

工用具：平口刀、手刀、U形戳刀、V形戳刀、戳线刀。

制作步骤：

1．雕刻瓜雕的底座部分

取较大的西瓜，切1/3，用戳线刀瓜口线，并雕成如下图案后浸泡入水中。

2．雕刻瓜灯部分

①取中等大小的西瓜，戳刻出瓜口线，分成两个观赏面和两个侧面。将图案拓于其中一个观赏面上，去净余料；②在另一观赏面刻上双层套环，将两个侧面做成简单的交叉套环；③去掉上下两个盖，掏瓤后浸泡于水中，整理成如下图形。

3．雕刻瓜篮部分

①取较小的那个西瓜，设计出瓜篮的图案，进行镂空和刻环；②去掉多余部分，

用戳刀刻出若干西瓜线条，用小 U 形刀戳出若干孔，线条插入小孔做成花篮的边；③用 U 形戳刀沿花篮的提手戳，去余料，用水浸泡后整理成型。

4．瓜篮、瓜灯和底座组装成型

要求底座、瓜灯和瓜篮摆放在一条中心线上。

5．对瓜雕作品整体进行装饰和整理

（三）成品要求

①图案设计美观，简洁明快，寓意美好，象征荣华富贵；②底座和盅体的比例为 1.2∶1，底座宽度宽于盅体，整体感觉重心稳当而协调；③盅体雕刻技法多种并用，刀法娴熟，设计巧妙。

（四）操作要领

①最好选墨绿色皮面的西瓜，这样使图案显得清爽而不杂乱；②所用刀具必须锋利，否则有毛边容易断；③瓜灯去瓜瓤时要保留 0.5 厘米厚的瓜瓤；④出套环时，要先去瓤后泡在水中从瓜内部往外推出层次；⑤底座的瓜瓤要留下，贴瓜瓤用手刀进刀，保证露出的瓜瓤平滑；⑥花篮的瓜瓤要留下插花用，可省去花泥；⑦初学者可以备 502 胶水粘接断的瓜环；⑧做浮雕时，空白部位可根据需要用较细的砂纸打磨；⑨盅体、底座和瓜篮必须摆放在一条中心线上。

第二节　面点的雕刻

面塑，俗称面花、礼馍、花糕、捏面人，是汉族民间传统艺术之一，以糯米面为主料，调成不同色彩，用手和简单工具，塑造各种栩栩如生的形象。旧社会的面塑艺人"只为谋生故，含泪走四方"，挑担提盒，走乡串镇，坐于街头，深受群众喜爱，但他们的作品却被视为一种小玩意儿，是不能登上大雅之堂的。如今，面塑艺术作为珍贵的非物质文化遗产受到重视，小玩意儿也走入了艺术殿堂。捏面艺人，根据所需随手取材，在手中几经捏、搓、揉、掀，用小竹刀灵巧地点、切、刻、划，塑成身、手、头、面，披上发饰和衣裳，顷刻之间，栩栩如生的艺术形象便脱手而成。

一、面塑的起源与发展

（一）面塑的起源

据史料记载，中国的面塑艺术早在汉代就已有文字记载，经过几千年的传承和经营，可谓是历史源远流长，早已是中国文化和民间艺术的一部分。也是研究历史、考古、民俗、雕塑、美学不可忽视的实物资料。就捏制风格来说，黄河流域古朴、粗犷、豪放、深厚；长江流域却是细致、优美、精巧。

从新疆土鲁番阿斯塔那唐墓出土的面制人俑和小猪来推断，距今至少已有1340多年了。南宋《东京梦华录》中对捏面人也有记载，那时的面人都是能吃的，谓之为"果食"。而民间对捏面人还有一个传说，相传三国孔明征伐南蛮，在渡芦江时忽遇狂风，机智的孔明随即以面料制成人头与牲礼模样来祭拜江神，说也奇怪，部队安然渡江并顺利平定南蛮，而从此凡执此业者均供奉孔明为祖师爷。

简单地说，面塑就是用面粉加彩后，捏成的各种小型人物与事物。面塑上手快，只需掌握"一印、二捏、三镶、四滚"等技法，但要做到形神兼备却并非易事。

（二）面塑的特点

面塑艺术的特点：①颜色丰富，形态多样；②体积较小、便于携带；③材料便宜，制作成本比较低廉；④可长期存放。

经过面塑艺人长期摸索，现在的面塑作品不霉、不裂、不变形、不褪色，因此为旅游者喜爱，是馈赠亲友的纪念佳品。外国旅游者在参观面人制作时，都为艺人娴熟的技艺、千姿百态栩栩如生的人物形象所倾倒，交口赞誉。

（三）面塑的流派

1. 山西面塑

面塑按其使用功能可分为两类，一类是专用于收藏的面塑，另一类是可以食用的面塑。用于收藏的面塑通常用精面粉、糯米粉、盐、防腐剂及香油等制成，而用于食用的面塑则用澄粉、生粉等制成。

山西民间有个习俗，那就是逢年过节、婚丧嫁娶以及其他喜庆时日，都要捏制面塑以示庆祝。面塑，民间俗称"面人""面羊""羊羔馍""花馍"等。各地叫法不一，形态也各有特点。这些面塑，大都出自农村、乡镇、城市家庭妇女之手。尤其是农历七月十五的"中元节"，几乎家家都要用面粉塑制诸如人物、动物、花卉、翎毛、瓜果等花样繁多、技艺精湛的面塑。

山西面塑以上等白面为原料，经过揉面、造型、笼蒸、点色而成。一般面塑，造型夸张、生动，用色明快、大方、风格粗犷、朴实、简练，并富有雅拙的美感，有着鲜明的民间和地方特色。

山西春节面塑造型简洁浑厚、朴实雅洁，是自然崇拜、宗教思想、心理意识、造型语言的综合凝聚物。造型一般是外形整洁，内蕴饱满丰富，既有几何直线形式，又有饱含秦汉遗风的适合纹样，还有更加具象的独具民间造型风格的人物、动物、植物形象。将各种不同的造型意识融合一体构成了独特的民俗节日内容，形成了特殊的民间艺术形式。

2. 菏泽面塑

"天下面塑出穆李。"据碑文记载，清咸丰二年江西弋阳的米塑艺人王清原、郭湘云来到穆李村，与当地的花供艺人郝胜、杨白四合作，把米塑与花供技艺结合起来，形成了今天的"曹州面人"。从此，"曹州面人"脱离民俗功用，成为一种集观赏和把玩于一体的民间工艺品。除了生动形象、粗犷、豪放、乡土气息浓的艺术风格外，"曹州面人"的长久保存期，也是其另一魅力。

在面塑艺术的发展过程中，穆李村面塑艺人走南闯北，影响全国，逐渐形成了三大流派，即山东菏泽的李派、北京的汤派、上海的赵派。三派各具特色，而菏泽李派一直独占鳌头。

3．上海面塑

上海面塑已有百余年历史。最负盛名的当推被人称为"面人赵"的上海著名面塑艺术家赵阔明。赵阔明，生在北京。他出身贫苦，从小卖苦力，做过堂馆、小贩、轿夫、车夫等。平时爱好打拳、唱戏。19 岁起捏面人，25 岁就与北京东城"面人汤"（汤子博）齐名，32 岁在天津被人誉为"面人大王"。20 世纪 30 年代，他到上海，结识上海民间面塑艺人潘树华，并吸收潘树华的艺术之长，使技艺进一步提高，终成为全国著名的面塑艺术家。

他的创作题材广泛，内容以传统戏剧和神话传说为主。作品人物形象逼真，面部刻画细致，衣纹简练概括，神态生动，色彩鲜艳丰富，被称为"立体的画，无声的戏"，在国内外享有很高声誉。

二、面塑的原料及常用工具设备

面塑的原料及工具非常普通，可以购买也可以自己制作，下面简单地介绍一些原料和工具。

（一）面塑用的原料

1．低筋面粉

低筋面粉简称低粉，又叫蛋糕粉，日文称为薄力粉。低筋面粉是指水分 13.8%，粗蛋白质 8.5%以下的面粉，通常用来制作蛋糕、饼干、小西饼点心、酥皮类点心等。做海绵蛋糕选用低筋粉，因低筋粉无筋力，制成的蛋糕特别松软，体积膨大，表面平整。

2．糯米粉

糯米浸泡一夜，水磨打成浆水，用布袋装着吊一个晚上，待水滴干了，把湿的糯米粉团饼碎晾干后就是成品的糯米粉。当然，在超市也能买到现成的糯米粉，它可以制作汤团、元宵之类的食品和家庭小吃，以独特的风味闻名，是面塑不可缺少的原料。

3．丙酸钙

丙酸钙是世界卫生组织（WHO）和联合国粮农组织（FAO）批准使用的安全可靠的食品与饲料用防霉剂。丙酸钙与其他脂肪一样可以通过代谢被人畜吸收，并供给人畜必需的钙，这一优点是其他防霉剂所无法相比的。丙酸钙是白色轻质鳞片状晶体，或白色颗粒、粉末，略有特殊气味，在潮湿空气中易潮解，易溶于水，微溶于乙醇。丙酸钙对人体几乎无毒性，贮于干燥阴凉的库房中，贮运时要防雨、防潮。以丙酸为原料，用氢氧化钙中和而制得。

4. 甘油

又称丙三醇，是无色、味甜、澄明的黏稠液体。能从空气中吸收潮气，也能吸收硫化氢、氰化氢和二氧化硫。难溶于苯、氯仿、四氯化碳、二硫化碳、石油醚和油类。丙三醇是甘油三酯分子的骨架成分。当人体摄入食用脂肪时，其中的甘油三酯经过体内代谢分解，形成甘油并储存在脂肪细胞中。

5. 蜂蜜

是蜜蜂从开花植物的花中采得的花蜜在蜂巢中酿制的蜜。蜜蜂从植物的花中采取含水量约为80%的花蜜或分泌物，存入自己第二个胃中，在体内多种转化酶的作用下，经过15天左右反复酝酿各种维生素、矿物质和氨基酸丰富到一定的数值时，同时把花蜜中的多糖转变成人体可直接吸收的单糖葡萄糖、果糖，水分含量少于10%后存贮到巢洞中，用蜂蜡密封。

6. 盐

盐分为单盐和合盐。单盐分为正盐、酸式盐、碱式盐，合盐分为复盐和络盐。其中酸式盐除含有金属离子与酸根离子外还含有氢离子。碱式盐除含有金属离子与酸根离子外还含有氢氧根离子。复盐溶于水时，可生成与原盐相同离子的合盐；络盐溶于水时，可生成与原盐不相同的复杂离子的合盐—络合物。

7. 香油

又称芝麻油，麻油，是从芝麻中提炼出来的，具有特别的香味，故称为香油。按榨取方法一般分为压榨法、压滤法和水代法，小磨香油为传统工艺水代法制作的香油。芝麻油色如琥珀，橙黄微红，晶莹透明，浓香醇厚，经久不散。可用于调制凉热菜肴，去腥膻而生香味加于汤羹，增鲜适口；用于烹饪、煎炸，味纯而色正，是食用油中之珍品。

（二）面塑用的工具

面塑工具（面塑刀）是采用优质亚克力、不锈钢等材料精心设计、手工精细打磨，再经过高亮度抛光而成。面塑工具的塑刀刀尖、角度，都是针对面塑作品的制作需要而特别设计的，设计合理的专业面塑工具让操作者如虎添翼，既提高了工作效率，使作品更逼真、细腻，又可以让制作更得心应手、事半功倍。面塑工具里面包含大小型号不同的塑刀（又叫拨子）、滚子、衣纹刀、亚克力擀面棒、面塑压板、两面齿梳子、小剪刀、U形戳刀、水晶排笔、专用彩绘笔等，把这些经过特殊设计制作的（塑刀）工具，再配置一些在面塑制作过程中需要用到的辅助工具，统称为面塑工具。

1．塑刀

是面塑制作中最主要的工具之一，用优质亚克力、不锈钢等材料制作。根据制作者的使用习惯，配置大小型号不同的塑刀（又叫拨子），一般长度为15～18厘米，宽度1.4～2.5厘米，一般是一头较宽，一头尖细，较宽的一头两边的斜面可作刀刃，可以切眼睑、切嘴巴、切拇指、切发丝等，也可以用来切割面片或条状的面团。也有一头钝圆一头尖的，可以用于压眼眶、眉骨轮廓、眼角、嘴角等，尖端可用来压挑之用。大号的面塑工具可用于制作大型面塑作品，小号的面塑工具可用与制作小型和微型面塑作品。

2．滚子

是圆棒形状，可以用大小不同的型号，一端尖细，一端圆滑光润的。在面塑时用于人物、卡通的开脸，压出眼窝、袖口、山石，以及人物、动物的肌肉等。

3．压板

一般有两种尺寸，一种是8厘米×18厘米，一种是10厘米×15厘米，一侧呈刀刃状。主要用来压面塑人物的衣服，衣带，还可以用于压面塑人物的衣服片、薄片、花瓣、搓圆条、细条，或者切割面片等。

4．剪刀

制作面塑人物时用于剪头发、衣服片、手指，脚趾等。

5．梳子

用于制作面塑人物佩戴的项链或编织物的花纹等。

三、面塑面团的配方及面团的调制方法

面塑面团的好坏，直接影响着作品的制作和储存，各地因气候不同、手法不同，面团的配方也有所不同，下面介绍几种配方及调制方法。

（一）面塑面团的配方及调制方法

第一，面粉250g、糯米粉50g、食盐25g、防腐剂15g、甘油25g、开水300g。

所有原料放在盆中拌匀，用开水均匀浇烫，并不停搅拌把面揉匀，蒸45分钟至熟，揉匀放凉，用保鲜膜包裹醒面放置最短一周，加食用色素即可。

第二，冬季和面的配方为：精面粉1500克、糯米粉1000克、精盐200克、防腐剂100克、香油250克。

其制作手法为，将面粉、糯米粉、精盐、防腐剂放在盆中和匀，再徐徐倒入开水并用筷子搅拌，然后将面团反复揉搓，直至达到"三光"效果——面光、手光、盆光。用手将面团压成薄片，上笼蒸约45分钟取出来，迅速将面片与香油揉和均匀，再放入塑料袋中，用毛巾裹好，将面团静置24小时后，即可用食用色素进行调色。

第三，面粉 250g、精盐 10g、蜂蜜 10g、防腐剂 20g、糯米粉 60g、开水 300g。

先将面粉盛入盛器内，用事先备好的开水把防腐剂冲开，然后倒入面粉中搅拌，在此同时加入精盐、蜂蜜，再次搅拌均匀后用手在盆内搓揉到感觉面粉很润为止，可把和好的面团分成几份（如馒头大小）放入蒸锅内蒸或煮 20～30 分钟，拿出来后再进行揉搓，用保鲜膜或密封的塑料盒装好。这种面粉称为本色面，可保存 6 个月左右，可随时取用。

第四，面粉 130g、糯米粉 65g、食盐 10g、丙酸钙 20g、甘油 60g、水 155g。

将水倒入盛器后，依次将盐、丙酸钙、甘油放入水中拌匀；再将糯米粉、面粉依次倒入水中进行搅拌，直至无面粉颗粒，均匀光滑呈面糊状即可；将搅拌好的面糊倒入塑料袋中，放入锅中蒸 1 个小时后，取出晾凉后，揉成团状备用。

（二）解决面团干裂问题的办法

初学面塑者在和面时，由于对原料的用量比例及制作手法掌握不好等原因，容易出现下列问题：

1. 面团过干

这会造成面塑各部件之间不易粘接。出现这种情况的主要原因是和面时水加得过少或面粉加得过多。但如果发现问题已出时切不可再加水揉和，只能用 502 胶或白乳胶对部件进行黏接。

2. 面团太软

指面团失去了骨力。主要是因和面时水或糯米粉加得过多所致。其解决的办法是：将面团置于阴凉通风处，吹至面团不黏时即可。

3. 面团弹力过大

指无法刻画面塑的细微部分。如用塑刀刚压好的眼窝，面团马上又会弹起恢复原状等。解决办法很简单，面团和好后立即入笼蒸熟即可。

4. 制好的面塑作品存放时出现干裂或生虫长毛

加入精盐和香油或甘油后，有增加面团筋力、使面团不开裂绽口的作用。因此，只要和面时将上述两种原料放够，并与其他原料充分揉匀，即可防止作品干裂。至于作品生虫长毛，则是防腐剂用量不足所致。

（三）面塑面团的调色

面塑面团的调色一般是食用色素，食用色素在食品添加剂销售点可以买到。

食用色素，是色素的一种，即能被人适量食用的可使食物在一定程度上改变原有颜色的食品添加剂。食用色素也同食用香精一样，分为天然和人工合成两种。按其溶解性可分为水溶性和非水溶性两类。合成色素色泽鲜艳，着色力强，性能稳定，不易褪色，而且用量较少，相对来说，价格便宜。

第三节　人物的雕刻

人物类的雕刻在食品雕刻中是难度相对比较大的，学习起来比较困难，但是，人物又是我们平时接触最多、最熟悉的，对于各类人物的高矮、胖瘦、美丑也能比较容易地鉴别出来。因此，在学习人物类雕刻时我们可以把自己或是朋友作为模特来观察学习。特别是再结合中国绘画实践中总结的一些规律，把这些知识用在人物的雕刻学习中，就会取得比较好的效果。在人物类雕刻学习中，要做到五官准确、表情传神、身体比例恰当。

在食品雕刻中，雕刻的人物对象主要是神话传说中的各类人物以及古代美女和英雄人物等，如寿星、罗汉、仙女、关公、老人、幼童等。

一、人物类雕刻的基础知识

（一）中国人物绘画中与食品雕刻有关的知识

在中国悠久的绘画历史进程中，历代画家总结出了许多画人物的规律，而这些规律在食品雕刻中同样可以借鉴，并加以运用，这对我们学好人物类的食品雕刻有非常大的帮助，是必须掌握的基础知识。

1. 三停五眼看头型，高矮再照脑袋衡；罗汉神怪不在内，再除娃娃都能行

意思是说，正常人头部的五官比例关系可以用"三停五眼"来概括。而对于人的身高比例则可以用头的长度来衡量。具体来讲就是，"三停"就是自发际线开始到眉毛、自眉毛到鼻尖、自鼻尖到下巴这 3 部分的距离是相等的。"五眼"指的是从正面看，左耳边缘到右耳边缘的距离正好是 5 个眼睛的长度。两只眼睛的位置在整个头部高度 1/2 横线上，两眼之间的距离正好是一个眼睛的间隔。但是，小孩子和罗汉神怪要除外。比如，小孩子的眼睛位置就在头高 1/2 横线的下边，他们的五官距离比较短。

2. 头分三停，肩担两头；一手能捂半张脸，立七坐五盘三半

意思是说，一个成年男人的两肩宽度正好是其头部宽度的两倍（女人的肩膀宽度要稍窄一些）。一个人手的大小与其半张脸的大小相仿。成年人站立的身体高度大约为 7 个头的长度，坐立时的身高约为 5 个头的长度，而盘腿坐时的身高约为 3 个半头长。但是，这个比例使人显得比较矮小，因此在雕刻绘画中已经很少采用，一般都是按照 8 个头长的比例来雕刻绘画，特别是女性的身高，这样的比例可以使女性看起来更加苗条和漂亮。

3. 古人关于人物绘画方面的比例关系描述

①面分三停五眼，身分腰膝肘肩。先量头部大小，再量肩有多宽。再看手放何处，袖口必搭外臀。袖内上臂贴肋，肘前必对肚脐。腰下突出是肚，肚下至膝两数。再往下数是脚跗。正看腹欲出，侧看臀必凸。立见膝下纹，仰见喉头骨。手大脚大不算坏，脑袋大了才发呆。

②三停五眼看头型，横宽竖长好定位。人体比例头为尺，站七坐五蹲三半。肩宽能容三个头，一手能捂半张脸。双手垂直至股中，袖口必然搭外臀。肩肘腰膝是关键，切勿轻心要记准。袖内上臂贴肋骨，肘弯正与肚脐平。腹部位置在腰下，至膝还有两个头。再往下数是脚跗，站立地面稳又稳。眼角下弯嘴上翘，笑口常开乐陶陶。嘴角下弯眉紧皱，愁苦人儿免不了。心情畅然手捋须，春风得意喜气扬。气怒狠者眉拱张，霸气必然在脸上。手抱头者心惊慌，心虚胆怯鬼祟祟。若想画作能传神，画好眼睛是根本。人体比例须掌握，基本常识要记牢。观察生活多实践，深入钻研必有效。

4. 古人关于人物表情绘画方面的技巧总结描述

①若要人脸笑，眼角下弯嘴上翘。若要人愁，嘴角下弯眉紧皱；②怒相眼挑把眉拧，哀容头垂眼开离，喜相眉舒嘴又俏，笑样口开眼又眯；③威风杀气是武将，舒展大气是文官。窈窕秀气是少女，活泼稚气是顽童。

（二）古代不同人物头部结构

人物的头部是人物类雕刻的关键，一个人最后是美丑还是胖瘦，包括气质风度、喜怒哀乐等都主要是通过人物头部来体现的。人物头部主要包括眼、耳、鼻、嘴、眉毛、头发、胡须以及发型、装饰物品等，其中，五官的位置在头部也有一个比较准确的比例关系。

人的头部是左右对称的，这点在雕刻的过程中一定要特别注意。其中，人物的眼睛是一个球形，嵌在左右两个眼窝内。从侧面看，眼睛在鼻子高度的1/3处，外边罩着上下眼皮。一般来讲，人的上眼皮比下眼皮宽得多，并且要比下眼皮高一点。上下眼皮相交的地方就是眼角，分内外两个。两个眼角高低变化因人而异，但是左右必须是对称的，否则只是一点误差都会让人感觉不美观。

眉毛的长短、粗细、浓淡变化主要根据人物的不同身份来确定。如眉毛：男女不同、老少不同、武将和文官不同等，但是，眉毛在靠近鼻梁的一段一般都是向下，而眉梢则稍向上。

嘴主要是包括人中、上下嘴唇、嘴角和牙齿等。口裂线位于鼻尖到下巴的1/3处。一般上嘴唇比下嘴唇高而宽，棱角分明，嘴角的大小，牙齿是否外露跟人物的表情有关。

鼻子在五官的中央，主要由鼻梁、鼻翼和鼻尖组成。其中鼻尖是人物面部最高的地方。耳朵和下颚是处在同一直线上的，无论怎样都不会变化。耳朵的位置与鼻子位置平齐且长度相当，耳孔在头部的中心点上，耳朵在耳孔后边一点。

人物的发型、装饰物品以及胡须等因人而异，差别较大。

（三）不同人物手部的形象结构

在人物类的雕刻中，除了人体头部暴露在外边以外，手就应该是暴露在外最多的了。因此，雕刻好手对于雕刻好人物就显得非常重要。伸开手掌，可以看到其中指占整个手长的一半，拇指指端接近食指的中节，小手指端与无名指的第一关节相齐。从手背看去，中指的长度要超过手长度的一半（现代人与古代人的手是一样的）。

青年男性的手显得有刚硬度，线条方而直；老年男性的手显得干枯，清瘦、皮肤皱纹多；青年女性的手显得纤细、柔软、优美，手指关节不太明显；小孩子的手显得有肉感、短粗、线条圆润，手有可爱的感觉。

二、实用古代女性雕刻实例——仙女

（一）古代女性雕刻相关知识介绍

食品雕刻中的女性雕刻题材绝大多数都是古代的优美传说或神话故事，如"嫦娥奔月""天女散花""麻姑献寿""昭君出塞""贵妃醉酒""貂蝉拜月""西施浣纱""霓裳羽衣舞""桃花飞燕""吹箫引凤"等。而国外的，如"白雪公主与七个小矮人""卖火柴的小女孩""美人鱼"等。

古代美女身体较窄、削肩，其最宽部位为两个头的宽度，腰宽小于一个头长，从膝部向下雕刻小腿时可以刻意雕刻得稍长一点，肚脐位于腰线以下，乳与脐相距一个头长，肘位于脐线偏上一点。服饰主要以裙、袍、斗篷为主。

（二）仙女的雕刻过程

主要原材料：南瓜。

主要雕刻工具：主刀、拉刻刀、戳刀、502胶水等。

制作步骤：

1. 雕刻仙女的头部

①取质地紧实的南瓜原料一段，修整成上部约大的圆柱形，并把大的一端修整圆；②在原料的表面绘出仙女面部、发型的轮廓以及中分线、三停五眼等；③用拉刻刀或戳刀把面部的大型雕刻出来；④在鼻尖和下巴之间用主刀削刻一刀，使鼻尖高于其他部位；⑤用U形戳刀或是U形拉刻刀在眉心与鼻尖1/3处雕刻出眼线的大型；⑥确定眉框、鼻梁的位置，并用戳刀或拉刻刀雕刻出鼻梁的大型；⑦用拉刻刀雕刻出眼睛的鼓包，并用砂纸打磨光滑；⑧在鼻尖处切一刀，用拉刻刀雕刻出鼻尖、鼻翼和鼻孔；⑨用主刀在鼻尖与下巴1/3处雕刻出嘴裂线，用拉刻刀雕刻出上下嘴唇；⑩用V形戳刀雕刻出发型的大型，并戳出发丝；⑪确定双眼的位置，并用主刀把眼睛雕刻出来；⑫把脸颊旁边的料去掉，使其五官突出来，并粘接上另雕

刻的耳发、耳坠、头花、发卷、风簪等。

2. 仙女身体躯干部分的雕刻

①将雕刻好的头部按要求粘接在雕刻身体躯干的原料上；②在原料上按比例画出身体的大型图案；③雕刻出身体的大型，并粘接上双手；④雕刻出脖颈和衣领；⑤雕刻出衣服的大型，并雕刻出衣服上的衣纹和褶皱；⑥确定裙摆上的衣纹和褶皱大型，并雕刻出来；⑦雕刻出双手，并将雕刻好的仙女脚下的原料用主刀雕刻出祥云；⑧另取南瓜原料雕刻鸟翅膀一对，粘接在仙女的肩膀后边。组装完成作品。

（三）仙女雕刻成品要求

①作品整体神态饱满、端庄、沉稳。比例恰当，形象生动；②刀法和雕刻手法娴熟，作品完整而少刀痕，无破皮现象出现；③在细节的处理上详略得当，重点突出。

（四）仙女雕刻的要领和注意事项

①雕刻前，对古代美女的形态特征、特点以及服饰等要熟悉；②准确把握女性的结构比例，要符合我国古代对美女的审美要求；③雕刻过程中要做到详略得当，重点部位要精雕细刻，比如头部的雕刻；④服饰的雕刻可以简单一点，但是要表现出轻薄、随风舞动的感觉；⑤女性的身材可以偏瘦、偏长，但是绝对不能偏短；⑥雕刻过程中，在刀具的使用上主要是用戳刀和拉刻刀，这样可以减少刀痕和破皮的现象发生；⑦雕刻过程中，要善于使用砂纸进行打磨，最好是选用细一点的砂纸；⑧多采用零雕整装的方法进行雕刻，这样雕刻难度相对较低，但是效果仍然很好。

三、实用人物类雕刻实例——寿星

（一）寿星相关知识介绍

寿星是中国神话中的长寿之神，原为福、禄、寿三星之一，又称南极老人星。秦始皇统一天下后，在长安附近杜县建寿星祠。后寿星演变成仙人名称。明朝小说《西游记》写寿星"手捧灵芝"，长头大耳短身躯，《警世通言》有"福、禄、寿三星度世"的神话故事。古人以寿星比作长寿老人的象征，常衬托以鹿、鹤、仙桃等，象征长寿。

福、禄、寿三星中的寿星老人，一身平民装扮，慈眉善目，和蔼可亲。但在古代，他却曾经是地位崇高的威严星官。现在的寿星老人形象，已从一位威严的星官，演化为了最和蔼可亲的世俗神仙。寿星形象也发生了相应的改变，最突出的改变要数他硕大无比的脑门儿。寿星的大脑门儿，与古代养生术所营造的长寿意象紧密相关，比如丹顶鹤的头部就高高隆起，再如寿桃是王母娘娘蟠桃会上特供的长寿仙果，传说是三千年一开花，三千年一结果，食用后立刻成仙长生不老。或许就是因为种种长寿意象融合叠加，最终造就了寿星的大脑门儿。

福、禄、寿三星，起源于远古的星辰自然崇拜，古人按照自己的意愿，赋予他们非凡的神性和独特的人格魅力，在民间的影响力很大。人们常用"福如东海，寿比南山"祝愿长辈幸福长寿。道教创造了福、禄、寿三星形象，迎合了人们的这一心愿，"三星高照"就成了一句吉利语。

（二）寿星的雕刻过程

主要原料：南瓜。

主要雕刻工具：主刀、拉刻刀、戳刀、502胶水等。

制作步骤：

1. 寿星头部的雕刻

①取质地紧实的南瓜原料一段，修整成上部约大的圆柱形，并在原料上画出寿星的脑门和中分线、三停五眼等；②用拉刻刀和 U 形戳刀把寿星的头部大型雕刻出来；③用小号拉刻刀雕刻出寿星的长眉毛和眼眶的大型；④用主刀雕刻出寿星的鼻子和上嘴部；⑤用主刀雕刻出寿星的眼睛和下嘴；⑥用拉线刀雕刻出寿星的胡子大型，并刻出发丝；⑦雕刻出寿星的耳朵，并把脸颊旁边的料去掉，使其五官突出来。

2. 雕刻寿星的躯干和四肢以及龙头拐杖、葫芦、寿桃、仙鹤、祥云假山等，并组装成型

①将雕刻好的头部按要求粘接在雕刻躯干的原料上边；②按比例和要求在原料上粘接两块原料，用作雕刻寿星的上肢部分；③雕刻出身体的大型；④雕刻出脖颈和衣领，并雕刻出衣服上的衣纹和褶皱；⑤另取原料雕刻出龙头拐杖、葫芦、寿桃、仙鹤、祥云假山等配件并组装成型。

（三）寿星雕刻成品要求

①作品整体形象生动，比例恰当，神态饱满、端庄、和蔼可亲；②寿星脑门大而突出，慈眉善目，长眉、长须、笑容可掬；③雕刻刀法和雕刻手法娴熟，作品完整，少刀痕；④在细节的处理上做到详略得当，重点突出。

（四）寿星雕刻的要领和注意事项

①雕刻前，对寿星的形态特征、特点以及服饰等要熟悉；②雕刻过程中，准确把握寿星身材矮、粗、胖的形态特征；③雕刻中，要做到详略得当，重点部位精雕细刻；④寿星服饰的雕刻可以简单一点，要里得比较宽大；⑤雕刻过程中，在刀具的使用上主要是用戳刀和拉刻刀，这样可以减少刀痕和破皮现象的发生；⑥寿星雕刻多采用零雕整装的方法进行雕刻，这样雕刻难度相对较低，但是效果很好。

第八章　食品雕刻的教学与发展

第一节　分阶段教学在食品雕刻教学中的应用

为了培养学生的专业技能，在食品雕刻教学上需要以学生为主，提高教师教学能力和学生个人能力。食品雕刻具有较强的艺术性，能够让人们在品味食物的同时感受艺术之美。在当今物质丰富的社会背景下，食品雕刻是中高级餐饮的重要外显，院校需要为学生提供更好的就业条件，提高食品雕刻教学效率。院校的烹饪专业对于学生实用性技能的培养，尤其在食品雕刻方面，主要注重雕刻的步骤、开刀及实际操练方面，而忽视了对于学生艺术性的培养。食品雕刻本身是一门艺术，也是中式食材烹饪的开发。在培养学生的过程中，需要注重学生的基本功，并在此基础上提开学生食品雕刻的技术水平。在实际的教学过程中，教师除了让学生掌握必要的雕刻手法和刀法，自身还要通过新颖的教学手段，充分发挥学生的想象力和创造力。

一、食品雕刻教学初级阶段

在食品雕刻初期，需要合理选择练习品种。在课程教学之前，很多学生对于直刀的握刀姿势、力度和角度无法准确把握，如果让学生选择一些难度较大的作品练习，则很容易让学生失去创作信心，而如果作品难度过低，也无法激发学生的学习热情。因此，应当合理选择训练品种和强度。学校可以花卉教学为案例，制定教学计划，选择训练品种。①雕刻花卉是烹饪专业学生应掌握的基本功，通过各种刀法、刀技训练，能够为后期食品雕刻打下坚实的基础。②确定训练品种为半开放月季，这种月季需要综合运用旋刀法和直刀法。另外，菊花主要是通过抽刀法来完成。这两个品种所需的刀法是学生应掌握的基本功，也是难点所在。为了能够巩固学生的基本功，拓展练习品种，需要不断变化花卉种类，使学生保持学习积极性和学习兴趣，遵循循序渐进的教学原则，逐渐增加练习的难度。

二、食品雕刻教学训练阶段

在训练阶段，主要是让学生学习临摹雕刻，把握一些食品雕刻作品的轮廓，进一步巩固学生的基本功，掌握食品雕刻品种的主要方法。在临摹初期需要围绕主题进行实物观察，并进行感性认知，比如在进行鸟类教学时，教师需要带领学生去花鸟集市场观察各种鸟的姿势和类型，再进行临摹雕刻，这种方法相比传统的课堂教学，能够将作品更加生动形象地展示给学生，激发学生创作热情，并且能够使学生在雕刻过程中，与所观察的实物进行比较，使作品更加生动自然。在该阶段，首先需要选取临摹雕刻的代表作品，作品内容需要突出重点和难点，在观察摹雕作品之后就要进入正式的摹雕训练。在具体的课堂教学中，由于食品雕刻作品内容较广，如果没有遵循教学规律，对所有的作品进行临摹，那么在有限的时间内很难实现高效率教学。因此，在摹雕过程中，需要对作品进行划分，实行分类教学的方式。在每类作品中选取一些代表品种作为创作范例，突破教学中的重难点，以点带面，最终能够触类旁通。比如，在进行鸟类教学过程中，可以以仙鹤作为案例，通过观察仙鹤的头部以及身体角度变化，得出鸟类身体的变化规律。比如，丹顶鹤颈部长短、眼睛及翅膀形状存在较大差异，在摹雕时要注意这些方面。在人物雕刻过程中，可以仕女或者渔翁作为摹雕对象，训练学生对于男女体型特征的把握，便于掌握人物动态变化。通过分类教学的方式，选取一些代表性的摹雕作品，能够实现举一反三。除此之外，还需要充分利用现代教学设备进行精讲多练，在摹雕过程中，需要转变传统的教学模式，提高教学质量。传统食品雕刻教学过程中往往是教师课堂演示，学生模仿雕刻，但这样对于教学的一些细节和重难点很难——突破，学生无法准确观察作品特征，演示时间长，实验效果不佳，无法实现精讲多练的目的。为了能够解决课堂演示和练习的突出矛盾，可以利用电子设施制成课件，将操作中的一些技巧和重难点放大，放慢速度，这样可以准确直观地向学生展示，并对雕刻的步骤以图的形式进行总结，给学生留出更多空余的时间进行练习。

三、食品雕刻教学创作阶段

采用分类教学的方式，能够使学生系统掌握不同的食品雕刻造型，不仅限于摹雕各类作品，还可以对作品进行综合处理分析，以达到融会贯通的目的。因此，在实际教学过程中，应当注意培养学生对于食品雕刻的创新意识，逐渐由单纯临摹进入自由创作阶段。食品雕刻课程知识和艺术文化一样，需要给学生更多练习的机会，以提高艺术素养。①在进行食品雕刻创作过程中，应当充分激发学生的创作思维，可以让学生阅读一些古典文献，体会文学意境，感受色彩美、艺术美、文字美，体悟作者的思想和审美情趣。比如，在进行世界文明史的学习中，尤其对古埃及文明的学习过程中,创造文明之光的作品可以选用白萝卜进行金字塔的雕刻,用玉米面模仿沙漠,用胡萝卜雕刻骆驼队。从历史的角度表达个人的观点,进而拓展食品雕刻的创作思路。②学习与学科相关的知识。在食品雕刻教学过程中,可以系统性学习一些绘画构图的知识,了解色彩的表达方式,可以将京剧的变脸与传统的瓜雕相结合,创造具有民族特色的脸谱,进而能够使食品雕刻技术与京剧艺术完美结合。在教学实践中,有的学生将瓜雕与剪纸结合,或者在瓜雕作品中融入了书法和绘画艺术。在学习花卉组合阶段,可以利用投影仪将优秀的插花作品展示给学生,并加以评论,同时从艺术、文学角度对插花创作规律进行总结,在课后可以带领学生参观花卉市场,设计食品插花作品,使学生能够将插画的技巧完美融合在花卉类的食品雕刻中,提高学生的审美和综合创作能力。③将复杂的作品化整为零。在针对一些高难度的作品时,可以采用总分总的方式将复杂的作品分解为小作品,进行分层教学,之后再加以组合,在雕刻人物构象时可以将人分为三部分,即头部、身体、装饰物。在进行风景组合时,可以分别对小桥、亭楼进行组合构图,然后将这些元素进行巧妙组合。

食品雕刻属于艺术性的学科,学生的创造性是艺术创作的动力,对于同一个艺术造型来说,不同学生可以利用自己独特的思维方式和创意赋予作品不同的内涵,这就是在食品雕刻过程中创造的魅力。在日常课程训练过程中,需要培养学生的创造力,鼓励学生大胆创新,无论是造型、情境、构架还是刀法、技巧,都需要有自己独特的想法,不能让学生仅仅进行造型模仿而缺乏思考创新。除此之外,无论是刀工还是造型设计,让学生按照内心所想完成作品创造才是关键的,让学生多动手。教师在一旁指导,要及时纠正学生一些技术性问题,不能将自己的想法强加给学生。在实际训练过程中,可以采取分组的形式进行小组比赛,通过评分选出公认度高的作品,并由学生讲述设计思路。另外,还可以通过手机、相机等设备记录思路新颖、意境深远作品的制作过程,然后播放给大家,并进行点评,鼓励学生参加不同类型的设计比赛,提高自己的眼界。只有通过实际训练才能够达到以赛促学、促教的目的,使学生快速提高操作能力。要想让学生掌握好食品雕刻这门课程,关键是要培养学生的学习兴趣,找到让学生对该学课感兴趣的点,充分调动学生积极性和创造性,使学生全身投入课堂教育,更好地掌握食品雕刻技能。在实际操作过程中,要培养学生对艺术造型的敏感性,提高学生的艺术修养,激发学生的兴趣。可以让学生观看一些世界顶尖食品,雕刻视频,实际观摩一些烹饪师傅的食品雕刻过程,这样可以有效激发学生的学习兴趣。在这个过程中,教师需要对整个艺术造型进行实时讲解和介绍,能够让学生欣赏造型的同时,体会艺术背后的精神境界逐渐培养造型艺术修养。

第二节　项目教学法中食品雕刻学习兴趣的培养

在食品雕刻课程中教师运用项目教学法，要注意学生的特点与知识接受能力的差异，充分考虑学生的现有文化知识、认知能力和兴趣等。食品雕刻需要较高的动手操作能力、手脑之间良好的协调性和创新能力，是培养学生认知感和实践能力的一门课程；同时又是与其他学科相互渗透的一门课程，学生需掌握其他学科的一些专业知识，如美术中素描的造型能力、空间感，色彩关系及想象力和创造性，雕塑中的雕刻技能、技法，音乐中的节奏感、韵律感和抒情性，国学中的文学修养等。食品雕刻是我国饮食文化的一个重要组成部分，其栩栩如生的作品不但能烘托宴会主题，活跃气氛，更能使宾客得到艺术享受。为了让烹饪专业学生适应工作岗位的需求，更好地掌握一门精湛的技艺，在设计项目的过程中，教师要站在学生的角度考虑，根据学生的实际水平来设计每一个模块，针对不同程度的学生来设计不同层次的练习，也就是说，项目要有层次感，确立任务，细化到人，以激发学生浓厚的学习兴趣，切实提高学生的技能水平，真正实现教学与社会需求零距离接轨。

一、精心设计项目，激发学生兴趣

要从解决问题，学习知识技能，激发学生的学习动机，发展学生的思维能力、想象力以及自我反思的能力出发，创设可行的问题情境。兴趣是一个人获得知识、开阔视野、推动学习的一种强劲的内部驱动力。学生对所学课程的重视程度，决定了其学习态度和兴趣。兴趣可激发学生强烈的求知欲望，特别是在新课程理念下，要做到关注学生，让学生在体验中学习。这就要求我们必须在课堂上乃至课外时时刻刻做到呵护好学生的学习兴趣。

（一）创设教学情境，激发学生兴趣

食品雕刻具有很强的实践性，在教学过程中老师往往只注重技术的教学，专业技能的传授，采用"师徒式"的教学方法，单纯地依靠教师的讲解、演示、辅导来进行，上课伊始直入主题，这样枯燥的教学并没有做到新课程理念所倡导的关注学生，往往很难激发学生的学习兴趣，学生时常在雕刻作品遇到挫折时失去兴趣。因此烹饪教师的课前导入至关重要。

图片或者视频欣赏是食品雕刻常用的课前导入方法。布鲁纳说过："学习是一个主动的过程，使学生对学习产生兴趣的最好途径就是使学习者主动卷入学习，并从中体现到自己有能力来应付外部世界。"在进行教学设计时，尽量让学生在教师的引导下自己提出任务，把学生被动接受任务转化为主动建立任务，真正实现让学

生自主探索、主动学习。进而为完成这些任务而"需","需"才"索","索"才"教",把传统的"教学"变为"求学""索学"。通过主动式任务驱动的教学,任务由学生自己发现提出,在已有知识水平上量身打造。不同层次的学生提出不同层次的任务,不要提出超出自己想象力与知识水平不符的任务,保证任务的可行性。同时任务的持续性实现了学生学习的连贯性,更易实现"跳一跳摘果子",更易保持学生的兴趣与关注,比如在图片的欣赏之中可以观察到花卉的花心和花瓣或者动物的外形特征等。在观看图片或者视频之前可以预设问题。比如"你想从几方面考虑去设计、制作一个菜肴盆饰作品",让学生在欣赏、观看中不断思考并加以记录需要考虑的方面。接着把个人的观点在小组内部进行讨论。他们自信地在课堂上进行交流时,充分地体验到了自主学习的快乐。在图文并茂之中让内容变得生动直观,形象逼真,学生学习的兴趣必定盎然,学习起来也就有滋有味了。

(二)开展现场雕刻"秀",确立任务主线

项目教学法最显著的特点就是采用"以学生为主体,教师为主导"的实践教学模式,改变了以往"教师讲,学生听"被动的"填鸭"教学模式,创造了学生主动参与、自主协作、探索创新的新型创新实践教学模式。项目教学模式要求教师必须明确自己所担当的角色,认识到学生的知识不是靠教师的灌输被动接受的,而是在教师的指导下,由学生主动建构起来的。教师是学生所学知识的领路人,也是激发兴趣者,教师的专业技能魅力是不可忽视的。在一开始教授理论知识之前,当他们静静地坐下来之后,先让学生看教师食品雕刻"秀"的视频,确立本堂课的任务:学生看到一个个萝卜、土豆渐渐地变成了一朵朵绽放的花朵或是一个个栩栩如生的小动物时,对作品投以赞叹、羡慕的眼光,从中老师很明显地感受到了他们那种迫不及待想要学习食品雕刻的心情,他们学习食品雕刻的兴趣第一次得以激发。与此同时他们的心里不免会产生第二种想法:我能雕刻得像他们这样好吗?此时应该对学生给予积极的鼓励,比如:"只要对自己充满信心,加上足够的耐心和细心,我相信咱们班每一位同学都会学得很成功的。"坚定的信心对在课堂上激发学生兴趣可起到推波助澜的作用。

二、在项目实践体验中,稳定学习兴趣

(一)教学设计,循序渐进

食品雕刻具有较强的艺术性和观赏性,要让学生从对食品雕刻不感兴趣到产生学习的兴趣,再让他们从不想动手到会动手,稳定他们的学习兴趣,首先要求教师对课程进行合理设计,要理论和实践相结合,采用理实一体教学模式,先让学生进行基础的刀法切和削练习,如让学生将萝卜切成正方块,再削成圆球,在操作的同时对相关的理论知识进行介绍,使学生有成就感,从而对雕刻产生兴趣。再如在教授雕刻花卉时,先用戳的手法雕刻梅花,再学习雕刻两层的太阳菊。这样循序渐进

地学习技能，学生在学习的时候感到轻松，觉得稍微努力一下就能达成目标，并不是高不可攀，或者难以想象等。因此，学生对本课程的学习会产生浓厚兴趣。

（二）项目教学，平等关系

民主、平等而和谐的师生关系是保证师生合作、共同进步的先决条件。要让学生对教师所教的课程有浓厚的兴趣，就应建立起平等的师生关系，和学生交朋友。一切教育都应以民主、平等、和谐的师生关系为基础。在教育中，师生之间虽然角色不同，但人格和地位是平等的。如果教师在教学过程中处处都以长者的身份去压学生，甚至使用讽刺、挖苦的语言，师生之间容易产生心理隔膜，学生就会讨厌这样的教师，也会讨厌这个教师任教的学科，学习兴趣就会因此而丧失殆尽。教师应对自己的学生有亲切感和信任感，多和学生在一起谈心交流，参加学生的实践体验活动。在他们遇到困难时，要满腔热情地帮助他们，鼓励他们克服困难，取得成功。

在教授梅花的雕刻时，学生第一次拿起 U 形刀进行戳刻实践操作。笔者走到学生中间时看到有一个女生的梅花戳了一朵又一朵放在操作的案板上，每朵梅花的花瓣都向上竖立着。此时老师就拿起刀具给她示范雕刻了一朵梅花，放在学生雕刻的梅花旁边并提问到："你觉得我们俩雕刻的梅花有什么不同，再看看你的胚体和我的有什么不同呢？"学生一看两个胡萝卜胚体，立刻发现了自己的胚体上面凹下去一个深深的坑，而老师的胚体上却是浅浅的一个坑。她立刻说："好像我的握刀、进刀的姿势不对"。顺着学生主动发现自己的问题之势，再一次用规范的握刀、进刀姿势手把手地给她校正。学生在教师的亲手指导下又雕刻了一朵梅花。看着自己雕刻的美丽的梅花，她的脸上露出了灿烂的笑容。从学生充满成功的喜悦之中，老师也感觉到了这是兴趣的支柱使然。

（三）鼓励学生，稳定兴趣

我国古代教育家孔子说过："知之者不如好之者，好之；者不如乐之者。"要学生达到"乐学"，必然要使他们有成功感。追求成功是人类共有的天性。即使是一点一滴的进步，也能使学生感到愉快，是学生愿意继续学习的一种动力。在课堂上教师要善于抓住每一个切入点，运用生动的、鼓励性的语言，及时稳住学生的学习兴趣，从而激发学习成功的动机。比如，我们在雕刻大丽菊时，雕刻好的成型图片上展出的作品是用 V 形刀和白萝卜雕刻的一朵大丽菊。学生们会提出问题："老师，能不能用土豆以及 U 形刀来雕刻呢？"这时教师应该及时表扬他，比如说："你问得很好，而且你的想法完全可以尝试。"同时我们可以借助掌声进行鼓励。学生听到这些肯定和赞扬的声音，就会沉浸在欢乐之中，他们的大脑皮层就会处于兴奋、活跃的状态，学生的学习兴趣也会被有效地激发出来。如果学生在课堂上有回答不出来的问题，老师不能直接批评，因为这样会打击学生对技术探究与实践的积极性，使学生刚激发出的学习食品雕刻的兴趣一落千丈，导致整天混日子，做一天和尚撞一天钟。老师应该给学生们更多的鼓励，对他们在学习上，尤其是在实践操作方面遇到的挫折或失败要有一颗鼓励的心。

例如，在一次食品雕刻课上，学生们在尝试雕刻菊花。老师在巡视指导的过程中发现有个学生把菊花的第一层和第二层中间的废料去除得太多了，导致两层花瓣中间的距离相隔太远，显得花瓣之间不够紧凑。老师就用同伴的口吻说："你的菊花心和花瓣都戳刻得很不错，如果你在第二次用平口刀去废料时用刀小点，去除的废料会少些，两层花瓣之间会显得比较紧凑。"学生在听到朋友般的建议后，马上说了一句："老师，我觉得也是，我现在再雕刻一朵更加漂亮的菊花。"简单的一句表扬既指出了学生作品中的误区，又给了她坚定的信心，稳住了她浓厚的兴趣。

三、改变评价方式，延续学习兴趣

改变以往教师单一评价的方式。学生完成项目后应该自评和互评。学生自评不仅有利于学生的自主学习，而且可以改进课程或教学的设计，其作用是重视学生学习主体，重视学生的反思，以促进学生的发展。学生互评让学生对学习成果进行共享，从学生的角度发现问题以及提出改进意见。教师要引导学生尽量客观地从正面进行相互评价。在课堂中，要鼓励学生对自己及他人进行评价，采用激励性的评语，尽量从正面引导。在评价过程中，学会欣赏自己及他人，提高自信心。这也是学习过程的一种巨大的推动力，使学生对食品雕刻的兴趣得以延续。

（一）课堂教学，有效评价

新课程背景下的食品雕刻教学提出了会动手、能设计、爱劳动的目标要求。课堂教学中的评价也应关注学生的终身发展。因为设计或制作者的作品还很不完善，如果我们都是用"很好""OK"等语句进行赞美，那么学生在赞美声中会自以为已经尽善尽美了，就会失去深层探究的欲望，失去创造的良机。因此，教师在鼓励的同时应该给予适当婉转的点拨，让学生对设计要求、技术要点等进行深度探究，提高其技术素养。每个作品完成以后都要进行评价，评价有利于学生及时进行自我调节，也有利于教师对教学效果及时反馈。

如在食品雕刻课程中小组创新作品菜肴盆饰的制作中，学生设计并制作好后进行展示交流，有一个小组设计并制作了一个以"鱼趣"为主题的菜肴盆饰作品，他们在规定的白色盘子上用白萝卜雕刻了两条纯白色小鱼，雕刻得比较细致，但直接放在了白色盘子之上。学生在互评中给予很好的评价，但这个作品是否很好呢？大家知道白色的盘子上面直接放白色的点缀物是没有层次感的，于是老师把作品拍摄后用多媒体进行展示，结果白色大屏幕与白色的盘子连成一体了，很难区分出作品。因此老师在点评时婉转地指正："你的设计和雕刻作品都非常棒，如果能考虑食雕原料的取料原则——因造型取材、因形取材、因色取材，那是不是更好？想一想，能不能想个办法使作品更突出呢？"经过点拨，学生们很快回答说："可以在底部放一些绿色原料或把白萝卜换成胡萝卜等雕刻小鱼。"这样让学生在教师婉转的点拨中觉察设计作品的缺陷，引导学生从实际角度考虑、设计、制作自己的作品。学生根据实际情况又对作品进行了修改，看到修改过的作品，老师和同学都给予热烈的掌声。那个小组同学说了一句话："相信我们以后还会创作出更优秀的作品。"从简短的话语中我们不难看出他们的学习兴趣将会在今后的生活、学习中得以增强、延续。

（二）课堂以外，经典评价

学生从对自己作品的评价到对他人经典作品的评价，在技术素养的层次上来说是向上跨了一个大的台阶。对经典作品的评价安排在学生学完雕刻技法并能雕刻出大型作品后，是为了开阔视野进行的一种更深层次鉴赏与评价，同时为学生今后走向社会打下良好的基础。在评价中要告知学生：一件成功的雕刻作品，既要充分体现道德风尚等社会美，还要充分体现其本身的造型、色彩、意境等艺术的美，也往往能够反映出我们民族文化和时代风貌。评价作品时要注意作品的意境，例如："寿宴"餐桌中央，以"松鹤延年""老寿星"等雕刻作品加以渲染宴会，表示对寿者的良好祝福：在"喜宴"中，配以"龙凤呈祥""鸳鸯戏莲""孔雀牡丹"等雕刻作品，表现出对新人美好生活的住院。而"蝶恋花"则往往表现出小巧柔和、淡雅、细腻、轻盈、绚丽的美。美的事物往往是以和谐、协调、统一为特点，食品雕刻也正符合美的表现形式和内在。它利用可雕蔬菜、水果色彩、质地的特殊性能，刻出形态各异、色彩斑斓的花卉。多种象形雕刻，构成了自然、人物等性格特征，体现出事物的美，把人们带到一个深邃的艺术境界。这样从评价作品中可以更进一步提升学生的学习兴趣，使他们沉醉于作品意境之中，不断地延续他们的兴趣。

项目教学中学生的学习兴趣是在一定条件的影响下发展的，需要多方面的呵护。兴趣在发展过程中会有变化，而且影响变化的因素又十分复杂，所以兴趣会出现反复涨落的现象，这是很自然的。最重要的是，教师要随时注意学生学习兴趣的状态，及时采取有效措施，不断激发他们的学习兴趣，稳定住学生的学习兴趣，从而更好地延续他们的学习兴趣，让学生从心底里爱学食品雕刻，更好地学习食品雕刻。

第三节　信息化教学在食品雕刻教学中的应用

国家在"十三五规划"中提出，到 2020 年，信息化教学将贯穿到教学教育中，全国基本上会实现教育信息化教学。实现信息化教学能够形成对传统教学模式的创新，形成具备中国特色的中国式教育，让我们国家的教育更好地和国际水平接轨。

信息化教学有很多的作用，而在食品雕刻工艺教学中使用信息化教学，可以更加直观地表达出教学内容，激发学生的学习积极性、自主学习的能力和创造力等等，能够更好地达到教学的目的。

一、信息化教学在食品雕刻工艺中的应用

（一）辅助预习

信息技术教学方便学校进行统一管理，管理教学的方式也可以通过信息化进行。一般情况下，学校基本上都建立了自己学校的教育平台，研究各种新的教育渠道。在食品雕刻工艺课中，教师会提前做好有关食品雕刻工艺的视频教学课程，上传到教学教育平台上，学生通过手机电脑等各种移动设备观看视频教学，在课前辅助学生预习，观看整个过程了解雕刻工艺中的重点难点。其实从艺术的角度来说，食品雕刻工艺也是一种艺术品。因此教师可以利用信息技术把制作完成的各种艺术作品做成精美的画册、相册，通过文字的点缀让其成为艺术，通过展示给学生，可以激发他们的学习兴趣课创造能力，学习之后自己进行创造。这个阶段提供助学的信息化手段有：Flash 动画、PPT、电子相册、微信公众号、云课堂、云盘、手机教学软件。这些教学软件不仅仅方便有效而且存储空间大，完全满足食品雕刻工艺教学。

（二）提高教学效率

利用信息化教学完成食品雕刻工艺教学，能够取得以下成绩：①利用信息化教学设备，直观全面展示教学内容，直观展示食品雕刻工艺重点难点，有助于学生学习以及课后实践。②利用信息化设备，教师可以拍摄下每个学生的操作步骤和学习步骤，通过对学生的实时监控，教师可以对其进行点评。在食品雕刻工艺中，有的学生完成的作品优秀，可以回放他的操作步骤给全班同学看，指导全班同学虚心学习他的优点和长处。对于作品不好的同学，要虚心指导引领。这个方式有助于学生更加直观全面地学习。③通过信息化教学使学生在任何场所任何时间都可以教学，同时教学的内容不再局限于教材和教师传授的知识，而是在课外通过信息化设备无限延伸，并且向国际化方向发展。同时在教学中有任何困难都可以及时与教师沟通交流，提高了学习效率。④教学模式的不断创新，教师可以通过信息化技术来对学生完成教学，同时可以把学生优秀的作品放在各个网站上进行学习交流。而对于学生来说，创办各种比赛，创建各种交流活动能激发他们的创造能力，在食品雕刻工艺中展现出不同的创造力，同时在信息化技术的交流中更加完成了对学生的教学，使教学教育达到更高的层次，完善学生与教师之间的和谐关系。

二、在食品雕刻工艺中信息化教学的应用

（一）改善传统教学的不足，继承创新

信息化技术是新型教育手段，但是本质上并不是对传统教育模式的全部抛弃，而是立足在传统教学模式的基础上创新教学模式，保证传统的教学模式和新型的教学模式相互补充。比如传统的教学模式过于"慢"，而信息化技术追求"快"，两者形成对比，就需要不断地适应改进，需要"慢"的工艺就"慢一点"，而需要"快"的地方就"快一点"，两者相互结合有助于食品雕刻工艺的完成更加高效，达到教学的目的。

食品雕刻工艺有待提高。信息化技术在食品雕刻工艺中的运用。最大的体现就是教学方式更加方便快捷，更加现代化。那么就对食品雕刻工艺者提出了更高的要求，要求食品雕刻工艺者要创新烹饪方式与烹饪理念，在采用创新的方式教学。传统的烹饪方式有一定的局限性，一部分的烹饪师傅观念陈旧，不愿变革，导致食品雕刻工艺进步缓慢。因此要求烹饪师要与时俱进，提高自己的见识和水平，创新烹饪方式和工艺，利用信息化技术更好地完成教学。

（二）协作团队发展食品雕刻工艺

仅凭个人的力量是无法创新发展烹饪，是无法保证食品雕刻工艺能够在当代社会完美快速发展的，只有在团队合作不断努力下才可能完成这样的创新，因此在现阶段的食品雕刻工艺教学中，要不断学习中外的烹饪方式和教学模式，在创新教学模式的基础上也要创新烹饪方式。信息化教学在不断的发展之中，同时对于我们国家来说是机遇也是挑战，在信息化不断的发展中，需要格除破旧观念，继承我们国家传统烹饪技术中优秀的部分，在继承传统的基础上创新新的发展模式，建立专业的团队和专业人士，广纳天下人才，发挥中国地大物博人口众多的特点，吸收各方面对烹饪的看法意见，以此来提高烹饪技术，完善信息化教学质量。

综上所述，信息化技术对推动食品雕刻工艺有很大的促进作用，不仅仅是有利于我们国家的烹饪发展，更好地走向国际化；还有利于在教学中完成信息化教学模式的不断改革。但是总体上来说，我们国家的信息化教学还有很长的一段路要走。

第四节　烹饪职业的素质教育

一、烹饪专业课程中素质教育的必要性

职校生也是社会主义事业的接班人，是祖国未来高素质的建设者和劳动者。对

职校生进行素质教育，培养他们正确的劳动态度和劳动习惯，提高学生的实践能力和动手能力，既是素质教育的要求，又是培养社会主义现代化建设的高素质人才的重要途径。

（一）素质教育是适应时代发展要求的教育

1．现代中国人无法逾越的道德困境

现代中国人生活在新旧道德的历史交替期，承受着新旧道德冲突，一面被新生活所吸引，一面又被旧心态所禁锢，陷入无法回避的道德困境。其一，道德评价失范。人们受到双重标准或多元标准的影响，似乎无论哪一种标准都有一定的"道理"，而任何一种标准的背面，又都可找到反向标准，它同样具有存在的合理性。这种情况，使得当今道德评价变得模棱两可，常常陷入自相矛盾的窘境。其二，价值取向紊乱。道德评价失范必然导致道德选择迷惘和价值取向紊乱，使人们普遍对自己所承担的社会角色丧失信心和诚心，职业道德失去了昔日的稳定性，严重干扰着人们的敬业精神和工作质量，使各种社会工作低效率。其三，各式各样的非道德主义泛滥。非道德主义指这样一种行为取向，即反对任何道德约束，主张放任自流，用虚无主义来对待社会提倡的道德理想和行为规范。非道德主义的实质是极端个人主义和颓废主义的结合体。其四，道德教育苍白无力。道德教育缺乏一致性，道德理想与现实生活的矛盾，严重降低了道德教育的水准和影响力。

2．素质教育是我国改革开放和经济发展的需要

随着社会主义市场经济体制的确立，使得我国社会生产和社会生活发生了前所未有的变化。人们的思想观念和价值取向也发生了变化，人的主体地位得到更充分的体现，社会对于人才、人的素质提出了新的要求，社会的发展和变革呼唤教育的改革和发展。职业教育必须通过自身的变革来主动适应社会的需要。全国职业教育工作会议上指出：职业教育是国民教育体系和人力资源开发的重要组成部分，是广大青年打开通往成功成才的大门的重要途径。要着力提高人才培养质量，弘扬劳动光荣、技能宝贵、创造伟大的时代风尚，营造人人皆可成才、人人尽展其才的良好环境，努力培养数以亿计的高素质劳动者和技术技能人才。我们意识到，"世界范围的经济竞争、综合国力竞争，实质上是科学技术的竞争和民族素质的竞争。谁掌握了新世纪的教育，谁就在 21 世纪的国际竞争中处于战略主动地位。"

（二）素质教育是学生全面发展的需要

科学发展观的核心是以人为本，其目标是实现人的全面发展。以人为本体现在育人上就是"以学生发展"为本，体现在教育的主体上就是"以学生为本"。中职学生全面发展其含义仍然是党的教育方针中明确规定的：德、智、体、美的全面发展。坚持以人为本是教育的本质、手段和方法，促进学生全面发展是中职教育的目的。

1．学生全面发展是培养现代社会高素质人才的需要

当今时代，社会竞争日益激烈，中职毕业生能否迅速地适应社会并为社会发展做出自己应有的贡献，不仅取决于他们的专业知识和能力，更取决于学生的健全人格、健康个性、自我管理能力、人际沟通能力等。自主与创新素质较高的人，就能游刃有余，立于不败之地。学生自主管理模式正是符合培养全面发展的人才的要求，它能促进学生主动修身、主动求知、主动劳动、自主管理、主动健体、主动参与、主动发展。这与素质教育要求学生达到"六个学会"，即学会做人、学会求知、学会劳动、学会生活、学会健体、学会审美的内容和目标是吻合的。

2．学生全面发展是快变、巨变的时代发展的需要

微软总裁比尔•盖茨曾说："微软离破产永远只有 18 个月"。企业唯有以不变应万变才能发展生存，不变是创新，包括管理、技术、产品等方面的创新，而创新靠的是人的创造力。而自主管理便建立了这样一种机制，一种自我更新的机制，通过下移管理重心，充分放权，激发每一个学生的能动性和创造性，提供一个让学生自我发展，不断学习，主动创新的环境。

3．学生全面发展是促进学生身心发展的需要

随着身体的迅速发育，中职学生的自我意识明显加强，独立思考和处理问题的能力不断提高，不论是在个人生活的安排上，还是对人生、社会的看法上，都开始有了自己的见解和主张。对于老师、长辈的讲解和说教，或书本上现成的结论，他们不太轻信和盲从，除非有事实证明或逻辑的说服力。他们对许多事物都敢于发表个人的意见，并敢于坚持自己的观点，这是一个主动寻求自己的主体性的时期、一个自我努力建构社会主体的过程。因此，培养其自主管理能力是非常适时和必要的。

4．学生全面发展是提高学生自我教育能力的需要

从根本上说，管理或引导中职学生进行自主管理，目的并不在管理本身，而是要让学生在更好的环境中受到教育。引导学生自主管理，形成自主管理的习惯，是培养其自我教育能力的基本途径。引导学生自主管理，有时可以取得意想不到的效果，因为他们更熟悉自己周围的同学和伙伴，一旦他们积极行动起来，便能找到解决问题的适当的办法，对培养学生敏锐的观察力和较高水平的组织、协调能力是非常有帮助的。

教育的最终目的是培养社会所需要的合格人才。怎样才算是合格人才呢？那就是具备现代化的、合理的智能结构，还应该具备独立完善的人格的人才。实行自主管理，有利于学生认识自我，了解他人，加强人与人之间的合作意识，为培养"社会化"人才打下坚实的基础。越是善于自我管理的学生，越是具有责任感和全局观念。

（三）素质教育是当前餐饮业的需要

中国改革开放已经走过了波澜起伏的40年，在这40年里中国餐饮业伴随着改革的浪潮也经历了三次飞跃式发展。中国餐饮经历了从洋快餐抢滩中国市场到非典的冲击，再到食品安全事件（苏丹红事件、福寿螺事件）的影响，中国餐饮业在冲击中，实现销售额不断增长。但是，随着社会经济的发展，餐饮业的竞争越来越激烈，餐饮业从业人员的自我约束、修养的自我提高显得特别重要。

1. 厨师队伍不稳定，影响企业的发展

餐饮行业是人员密集性行业，同时也是流动性最大的行业，餐饮行业员工的高流动率一直是困扰企业管理者的难题。在其他行业，正常的人员流失一般应该维持在5%～10%，而作为劳动密集型企业的餐饮行业，其流动率最高不应该超过15%。但据一项中国旅游协会开发培训中心对国内23个城市33家5星级饭店人力资源的查询拜访，近5年来，饭店员工的平均流动率高达23.95%，餐饮部分的流动率更是高达28.64%以上，而且随着饭店业竞争的日趋激烈，员工的流失率一直居高不下，并有继续攀高的趋势。这种状况对于企业和个人都是弊大于利。

2. 菜点流派不同，影响创新和发展

中国饮食文化经过千百年的积淀，形成了不同的流派。但是，随着社会的变迁，时代的进步，社会资源需要共享的时候，中餐的发展却仍然固守传统。每个菜系和流派的厨师都受到传统的影响，产生了隔阂，很少交流，各自为战，自诩老大，于是当优点和缺点同样明显的时候，菜点无法进一步融合和发展。因此，流派的局限在一定程度上阻碍了餐饮业的进一步前进。另一方面，由于包厨制、师徒制、厨师长负责制等因素的影响，厨师之间自然形成帮派，你不服我，我不服你，最后两败俱伤。

3. 遵守国家法律法规，提倡绿色烹饪

野生动植物资源是人类的共同财富，保护野生动植物资源是人类文明的象征。但野生植物资源的稀缺性、个别人的猎奇心理以及经济利益的驱动等因素常常让一些缺乏职业道德的厨师心动。他们不顾国家法律法规，偷偷烹制野味，图谋个人私利。甚至还有厨师为了降低成本，不惜采用地沟油、劣质原料、过渡投放添加剂，制作对人体有害的食物等。

二、烹饪职业素养要求

随着餐饮业的发展，现代厨师行业也散发出无比的活力，那么，作为一个现代厨师来说，应当具备一些什么样的职业素养，才能符合市场的发展和定位呢？

（一）培养厨艺与厨德意识

1. 如何培养厨师优秀的厨德

优秀的厨师必须具备良好的厨德，培养好的厨德才能使厨师走向成功，在行业内有所建树。所以说，厨德是当好一名厨师的根本。如何在方寸灶台上培养好厨德呢？良好的厨德主要包括以下四方面的要素：一是要热爱行业，立足本职。只有热爱烹饪这一行，才可潜心做好这一行，只有立足厨师本职，才会在工作中不断获得喜悦、获得成功。一名厨师从学徒到成功要经历从水杂、解功、配菜、站炉等不同岗位的漫长磨炼，每一岗位的工作都是在为做好一名厨师打基础，每一岗位锻炼的过程都必须立足本职，不怕脏、不怕累、不能急于求成，这是培养厨德的根本。二是要踏实工作、精益求精。做厨师来不得半点虚假，每道菜品都须经过严格的工序，省一道工序，菜品就达不到质量的要求，同时，食客的口味在不断变化，厨师做菜也必须顺应变化，寻求创新。三是要谦虚谨慎，持之以恒。中国烹饪源远流长、博大精深，对每一位从业者来讲都没有止境，不是在大赛上取得了金奖，在行业内被授予了大师称号就可以高枕无忧，停滞不前了，必须持之以恒，做到胜不骄、败不馁。四是要亲和同行，尊重前辈。人民饮食质量的提高，在于烹饪水平的提高，烹饪水平的提高，在于烹饪同行的共同努力，厨师之间相互研讨、相互帮助、相互勉励，才可推动行业的共同进步。同时，我们要认识到大部分菜品的原形都是前辈们创造留下来的，我们的技艺是前辈们经验的积累，所以要尊重前辈，学习前辈，亲和同行。

2．如何培养厨师精湛的厨艺

厨艺是厨师立足的关键。要成为一名优秀的厨师，必须拥有精湛的技艺。比如一名优秀的厨师，不但要精通本帮菜，还必须旁通其他菜系。如何才能拥有精湛的厨艺？一是学艺要从零做起。学艺是一个艰苦的、长期的过程。学海无边，不要半途而废或停滞不前，从最基本、最基础的做起，一步一个脚印，要有一股永不知足的钻劲。特别是现在饮食消费日新月异，顾客消费的多样化，更加要求厨师立足传统，不断创新。厨师学艺要融会贯通，取长补短，博采众长，在理论和实践操作方面全面发展。二是要以博大胸怀传艺，要为烹饪事业发扬光大做贡献，不能将自身的烹饪技艺视为个人财富，要毫无保留地将自我所知传授给热爱本职、热爱行业的学艺者，对一些勤奋好学，有发展前途的学生、徒弟要多培养。

3．厨艺与厨德兼修

厨师的厨艺厨德有其特殊性，即其所制作的菜点是供人吃的，不仅和人民群众息息相关，而且直接关系到消费者的生命安全与身体健康。厨艺高不等于厨德高，厨德高不等于厨艺高，两者不能画等号。在市场经济条件下，加强对厨师的道德教育尤为重要。因为市场经济引发了各种矛盾和多元化的利益之争，导致一些人片面追求个人利益、企业利益和小团体利益而忽视了更广泛的人民利益和国家利益。所以，在要求树立社会主义荣辱观的新形势下，作为一个厨师，应该厨艺精，厨德高，又有文化修养，达到"德艺双馨"。

（二）提高厨师的社会能力

职业学校培养学生的目标是提高学生的综合职业能力，其中社会能力是综合职业能力的一个方面，一般包括与人的交流与合作的能力；组织与完成任务的能力；独立与责任心等方面的内容。

1．什么是社会能力

社会能力是指适应社会、融入社会的能力。社会能力包括社会技能、情绪情感因素和自我管理三部分。社会技能是指与他人进行积极社会交往的技能。社会技能一般包括交往的技能、倾听的技能、非言语交往技能、辨别和表达自己情感的技能、自我控制技能、识别团体特征的技能等。情绪情感因素是指个体控制与调整自身情感与情绪的能力，这些情感和情绪是由个体以不为社会接受的方式进行活动所产生的。自我管理是指控制和协调自我行为的能力，包括自我教育、自我调整、自我评价和自我强化。自我管理不仅意味着控制自己的行为，对自己的行为负责，还包括通过设计自己的管理行为去实现既定目标的能力。

对烹饪专业的学生来说，在校期间应重点提高的社会能力主要有交往与合作能力、塑造自我形象的能力、自我控制能力、反省能力、抗挫折能力、适应变化能力、收集和处理信息的能力、组织执行任务的能力、推销自我的能力、谈判能力、竞争能力和创新能力等。因为，烹饪专业是劳动密集型的，工作任务需要团队共同完成，所以，社会能力显得非常重要。

2．注重培养学生的社会能力

（1）学生在校期间，要有加强社会能力的意识

中国有句话叫作"笨鸟先飞"。当一个人在某方面能力比较欠缺时，很可能会有意识地朝这方面去加强，这样欠缺的能力也会随之一点一点地变成我们的强项。对于中职学生来说，适应社会、融入社会的能力比较差，那么我们就要甘愿做只"笨鸟"，在自己职业生涯开始以前，珍惜自己的在校生活，有意识、有目标地训练和提高自己适应社会、融入社会的能力。比如我们可以利用寒暑假的时间多参加一些社会活动，以此来增加自己的社会阅历，加强人与人之间的交流与沟通等。这都能加强中职学生社会能力的培养。

（2）学校要适当开展一些社会能力训练课程

每所中职学校可能都比较注重专业课程的传授，当然这对于学习本领、掌握技能的学生来说是必需的，但是只有高超的专业水平、没有各方面综合的社会能力的人很难在社会上立足，即使有了块立足之地估计发展前景也不广阔。所以中职学校对于在校学生要适当开展社会能力训练课，采取多种多样的教育形式，包括角色扮演游戏、创造性游戏、旅行、聚会、会议、各种实践活动等，让学生在学习中、游戏中、快乐中掌握知识、加强能力。

社会能力是我们在现行教育体系中所欠缺的部分，因此，我们应该学习、加强，

有条件的话还可借鉴国外的一些培养学生社会能力的经验与建议，全面提高学生社会交往的能力和适应社会的能力，使全面发展的教育要求得到真正落实。

（三）厨房人员的素质要求

厨房在对岗位选配人员时，首先应考虑各岗位人员的素质要求，即岗位任职条件。选择上岗的员工要能胜任其工作履行其职责，所以，要认真细致地了解员工的基本情况，尽可能照顾员工的意愿，充分发挥其聪明才智，为企业做出更大的贡献。同时，要避免因人设岗、照顾人情关系等不良现象，以免为厨房的生产和管理埋下隐患。

1. 总厨师长的素质要求

①文化程度：具有普通院校大专以上或同等学力。②专业知识：具备良好的思想品质，严于律己，有较强的事业心，忠于企业，热爱本职工作。有良好的体质和心理素质，对业务精益求精，善于人际沟通，工作原则性强，并能灵活解决实际问题。具有餐饮专业知识，通晓中西餐烹调学、食品营养卫生学，熟知餐饮相关的法律法规和制度，且具有计划、监督、营销、人事、服务、工资、食品成本控制、保养和卫生的知识。③任职经验：有5~10年厨房管理工作经验，熟悉中西餐制作工艺。

1. 部门厨师长的素质要求

①文化程度：具有大专以上或同等学力。②专业知识：熟知餐饮业各项法规制度及本部各项规章制度，具有严谨的工作态度和高度的责任感；熟悉不同菜系风味的特点；熟知特色原料、调料的性能、质量要求及加工使用方法；熟悉现代烹饪设备的性能；熟知菜肴的制作工艺、操作关键及成品质量特点；懂得食品营养的搭配组合，掌握食物中毒的预防和食品卫生知识；懂得色彩搭配及食物造型艺术，掌握一定的实用美学知识；了解不同地区客人的风俗习惯、宗教信仰、民族礼仪和饮食禁忌，有一定的语言表达能力；熟知成本核算和控制方法，具有查看和分析有关财务报表的能力；了解原材料的状况和采购计划；有较强的组织协调能力；有创新能力；有培养新人的能力。③任职经验：有5年以上厨房管理工作经验，精通一个菜系、旁通两个以上菜系的制作工艺。

3. 部门领班的素质要求

①文化程度：具有中专以上或同等学力。②专业知识：接受过餐饮烹调的专业培训，懂得成本核算、原料管理。熟知餐饮业的各项法规及部门各项规章制度；有高度的主人翁责任感、严谨的工作态度和良好的人际关系；有一定的组织能力和坦荡的胸怀，对人对事公正无私，不计个人利益。③任职经验：有3年以上厨房工作经验，精通一个菜系以上的制作工艺。

4. 各岗位厨师的素质要求

①文化程度：具有中专以上或同等学力。②专业知识：熟知餐饮业卫生法规，

具有较高的职业道德水准，吃苦耐劳，听从指挥，能与同事和平相处，具有较强的敬业精神；具有创新精神。③任职经验：有 3 年以上的厨房工作经验，精通一个菜系的制作工艺。

5．其他岗位人员的素质要求

①文化程度：具有初中以上文化程度。②专业知识：熟悉岗位工种的操作要求，了解餐饮业卫生和厨房各项制度，吃苦耐劳，听从指挥，能与同事和平相处，具有较强的敬业精神。③任职经验：有 1 年以上厨房工作经验。

三、烹饪职业兴趣

每个人都有独特的性格，这就是个性。这种个性决定了人的思维方式和行为准则。可以说，个性左右了人们的志趣所在、职业前程和人际关系。个性构建并影响着我们和他人的生活环境。无论人们是否意识到，在更深的心理层面上，往往是个性导致了人们走到现在这个境界，也导致了人们生活中的各种遭遇和机遇。作为管理者，要善于了解身边不同人才的职业个性，不同的人有不同的专业特长，有的人有一定的美术功底，擅长造型，他适合从事果蔬雕刻；有的人擅长刀工，他适合从事切配或冷拼，只有使每个人扬长避短，把合适的人放在合适的岗位上，才能产生最佳效益，才能使人才与企业实现双赢。

（一）职业兴趣

1．职业兴趣

（1）兴趣

兴趣是一个人积极探索某种事物的心理倾向，是人的一种感觉倾向、认知倾向、行为倾向，是人职业的重要引导者。

（2）职业兴趣

职业兴趣是一个人积极探究某种职业或者从事某种职业活动所表现出来的特殊个性倾向，它使人对某种职业给予优先的注意，并具有向往的情感。例如，在伊拉克战争中，各国记者深入伊拉克冒着生命危险做报道，许多记者因此献出了宝贵的生命。中国中央电视台的报道组也冒着战争炮火几进几出巴格达，表现出对自己职业的强烈兴趣和责任。那么，职业兴趣在职业活动中起哪些作用呢？

（3）职业兴趣在职业活动中的作用

第一，职业兴趣影响职业的定向和选择。研究证明，人们的早期兴趣，对未来的职业活动起着准备的作用，许多人日后的职业选择，正是其早期兴趣影响的结果。职业兴趣不仅使人对某种职业具有向往的情感，而且对他的行为产生定向作用，使人据此去选择某种职业，并以从事这种职业为快乐。学习烹饪专业的学生，绝大多数学生在选专业的时候都对烹饪存有浓厚的兴趣，有的是喜欢烹饪职业，在家里也经常做饭；有的看中此专业是朝阳专业，毕业后能有好的工作；还有的是看好烹饪专业是品牌专业，能学习到更多的知识和技能。

第二，职业兴趣能够促进智力开发和潜能的挖掘。一个人如果对某种职业感兴趣，他在学习和工作中就能全神贯注，积极热情，富有创造性地完成工作，即使困难重重也决不灰心丧气，而是想尽办法战胜困难，这样必然能促进智力的开发、潜能的挖掘。

第三，职业兴趣能提高工作效率，充分发挥主观能动性。职业兴趣是引起和持续注意的重要内在因素。当一个人对其所从事的工作产生兴趣时，枯燥的工作也会变得丰富多彩、趣味无穷，使人的认识过程和活动过程不再是一种负担。有资料表明，对自己工作有兴趣的人，就能够发挥他全部才能的 80%～90%，并且能较长时间保持高效而不感到疲劳。而对工作缺乏兴趣的人，只能发挥其全部才能的 20%～30%，且容易精疲力竭。生活中的事实证明，职业兴趣是职业成功的动力和源泉。

2．职业兴趣的形成与发展阶段

（1）职业兴趣是在家庭、学校、社会的影响下通过职业的接触、了解、认识逐渐形成的

人的成长方方面面都要受到家庭的影响。一是有意识地向子女灌输对某种职业的评价和看法，甚至进行专门技能的培养与训练；二是家庭经济条件、父母及家庭其他成员的文化程度、思想水平、职业等因素形成的家庭氛围和心理状态，对子女产生潜移默化的影响。学校的影响主要来自学校教师的思想品德、兴趣爱好和专业知识，而学校开展的职业指导教育对学生职业兴趣的培养起着重要的促进作用。社会的影响主要是朋友、熟人的职业及关于职业方面的评论，还有社会舆论的导向，都会影响着人的职业兴趣形成。但是，不管家庭、学校、社会这些外在因素的影响有多大，最终还要通过个人对职业的理解与认识，才能形成职业兴趣。

（2）职业兴趣形成、发展主要经历有趣、乐趣、志趣三个阶段

1）有趣

有趣是职业兴趣的初级阶段。这是由于被一时新奇、表面的现象所吸引而产生的兴趣。这种兴趣是短暂的、直观的、盲目的。例如，今天看到歌星在舞台上演出很潇洒，于是觉得自己做一名歌手很不错；明天看到某电视剧中演员的表演很感染人，又能一夜走红，便梦想成为一名演员；后天看了足球赛，又会萌发当一名职业足球运动员的想法。这种兴趣来得快，消失得也快，属于职业兴趣的有趣阶段。

2）乐趣

乐趣是在有趣基础上发展起来的兴趣。这是亲自参与并对某一职业领域有了深入了解或在职业活动中取得了一定的成绩，进而发展到乐趣的水平。这种兴趣具有专一性、自发性和持久性的特点。比如有的人做了环卫工人后，才真正体会到环卫工人是城市的美容师，是社会发展和人民生活不可缺少的职业，从而努力工作，并以做好本职工作为乐趣；烹饪专业的学生，个别学生入学前并不完全了解烹饪专业

的特点，而是跟随其他学生盲从，开始学习后，在学习中取得了成绩，职业兴趣逐步得到发展。这就是职业兴趣发展中的乐趣阶段。

3）志趣

志趣是由乐趣经过实践的锻炼发展而来的，是职业兴趣的高级阶段，它与人的崇高理想和坚强的意志相联系。例如，爱迪生、爱因斯坦、李四光、华罗庚之所以能在科学上有那么大的成就，与他们年轻时就已确定的志趣有关。志趣具有社会性、自觉性和方向性等特点，这是一种高尚的兴趣，对人的工作学习有巨大的推动力。

3．职业兴趣的培养

现实生活中，我们可以凭兴趣寻找自己喜欢的职业，怎样培养兴趣呢？首先要认识自己未来要从事职业的社会价值。职业只有分工不同，没有贵贱之分，任何职业都是社会发展所不能缺少的，可以设想一下，我国社会哪个职业是没有意义的呢？

就个人的发展和成就而言，仅有发展方向的不同，不存在高下之分，成功不在于从事哪种职业，而在于是否从事了创造性的劳动。所以，我们要相信"三百六十行，行行出状元"。我们可以看到，科学技术、教育、卫生、商业服务、工业、农业等各个领域、各岗位都有"状元"，社会职业中的任何岗位都大有可为。只要我们自己有干好工作的决心和本领，有百折不挠的执着精神，就能干一行、爱一行、专一行，就可以在平凡的岗位上干出不平凡的事业，从而实现自己的人生价值。烹饪专业的学生毕业后，通过自己的奋斗许多人取得了非凡的成绩。

其次，参加有目的的职业实践学习，体验职业的乐趣。人不是生而知之的，知识、才干和经验都要在工作实践和刻苦学习中获得。学习不仅要从书本上学，而且要在实践中学。通过职业实践活动能深入了解、认识职业的社会价值、特点等，并体验它的乐趣。在烹饪专业课教学活动中，学生有一定的时间在校内的实操间练习，另外，学校还要安排专业实习和顶岗实习，进行有组织、有目的的社会实践。这些都是了解职业、体验职业并从中认识自我、发展职业兴趣的极好机会。

再次，培养广泛而有中心的职业兴趣。现代社会要求人的职业兴趣应是广泛兴趣与中心兴趣相结合。因为广泛的职业兴趣能减少人们在职业选择上受到的限制，在职业有变动时也能较快地适应新的职业。但切忌被动多变，过去的兴趣不断由新兴趣代替，这样将一事无成。中心兴趣能使人专注于自己的本职工作深入钻研，并容易有所发展，成就一番事业。但如果职业兴趣狭窄或只有中心兴趣，也不能适应现代社会对职业兴趣的要求，应扩展自己的兴趣。郑州市商业技师学院为了扩展学生技能面，采取了"一精一通一熟悉"的教学模式，就是让学生在学习好本专业技能的前提下，对相关专业也必须知道和熟悉，这样就可以使学生有更广泛的就业机会。

4．职业兴趣的分类

依据兴趣与职业的关系，把人的兴趣划分为以下十类。

①喜欢同工具、器具或数字等事物打交道；②喜欢与人打交道；③喜欢有规律的工作；④喜欢帮助别人；⑤喜欢从大局着眼；⑥喜欢研究人的行为、举止和心理状态；⑦喜欢分析、推理、测试之类的活动；⑧有想象力和创造力，喜欢挑战和创新；⑨喜欢运用一定的技术、操纵制造产品或完成其他任务；⑩喜欢制作能看得见摸得着的产品。

（二）烹饪职业对从业者兴趣的要求

不同的职业有不同的职业兴趣要求，职业兴趣一旦形成，就同时具有了一份职业责任，职业兴趣是职业活动成功的动力和重要条件之一。

1．要认识未来要从事的职业的社会价值

厨师以其独特的职业优势，成为国家解决就业问题的一个重要突破口：当前我国餐饮业发展迅猛，成为国民经济发展最快的行业，它有利于建立和完善社会主义市场经济体制；有利于加快经济发展，提高国民经济素质和综合国力；有利于促进经济结构的调整，改善投资环境和社会再生产条件；有利于扩大就业领域和就业人数，活跃城乡经济，缓解就业压力，保证社会和谐；有利于提高人民生活水平，改善生活质量，达到小康标准。

2．提高厨师的专业文化素养

因为中国历史的种种原因，大部分厨师文化水平较低甚至从未读过书，有的甚至连自己的名字都不会写。他们学厨基本上是以师带徒的方式，这在很大程度上制约了烹饪的快速发展。而现代社会飞速前进，对传统烹饪业提出了更高的要求，没有一定文化知识，就无法利用现代媒体，如报纸、杂志、互联网等传播方式快速补充知识，也可以说没有文化知识必将被社会淘汰，这是不争的事实。所以，作为现代厨师不仅要从师傅那里学到技术，还要多学文化知识，使自己成为一个"通才"和"杂家"。只有这样不断学习新的知识，才能不断提高自身的文化素质和竞争力。

3．提高厨师的创新意识和能力

厨师要在哪些方面进行创新呢？主要有两个大的方面：一是观念创新，二是厨艺创新。观念创新是最难的一种，因为旧的操厨观念是经历数千年积累形成的，它有一定的继承性和普遍性，现在已严重影响了我们的创造力和思维的产生，并制约了对新形势的判断能力和接受能力。观念的落后同时也限制了主观能动性的发挥，所以作为现代厨师必须要打破旧的观念，对任何事物都要抱着去粗取精、开拓创新的精神，要与时俱进，否则，必然会被社会和历史淘汰。培养厨师的职业兴趣，永葆进取精神是职业和行业的要求。

四、烹饪职业性格

人的性格千差万别，或热情外向，或羞怯内向，或沉着冷静，或火爆急躁。职业心理学的研究表明，不同的职业有不同的性格要求。虽然每个人的性格都不能百分之百地适合某项职业，但却可以根据自己的职业倾向来培养、发展相应的职业性格。不同性格特征的人员，对企业而言，决定了每个员工的工作岗位和工作业绩；对个人而言，决定着自己的事业能否成功。在职业心理中，性格影响着一个人对职业的适应性，一定的性格适于从事一定的职业；同时，不同的职业对人有不同的性格要求。因此，在考虑或选择时，不仅要考虑自己的职业兴趣，还要考虑自己的职业性格特点。

（一）职业性格

1. 性格

性格是指一个人在对待客观事物的态度和行为方式中所表现出来的比较稳定的个性心理特征。人的性格是千差万别的。心理学家依据不同的标准，把性格分为不同的类型。

2. 职业性格

职业性格是人们在长期特定的职业活动中所形成的对职业的态度和行为方式中所表现出来的比较稳定的个性心理特征。

由于职业之间存在着差异，职业对性格的要求也多种多样。因此，职业性格类型的划分各不相同，而且这种划分也是相对的，在实际生活和工作中具有某种典型职业性格的人只是少数，多数人是综合型的。

（1）变化型

能够在新的或意外的工作情境中感到愉快，喜欢工作内容经常有些变化，在有压力的情况下工作得很出色，追求并且能够适应多样化的工作环境，善于将注意力从一件事转移到另一件事情上去。

（2）重复型

适合并喜欢连续不断地从事同一种工作，喜欢按照一个固定的模式或别人安排好的计划工作，爱好重复的、有规则的、有标准的职业。

（3）服从型

喜欢配合别人或按照别人的指示去办事，愿意让别人对自己的工作负责，不愿意自己担负责任，不愿意自己独立作出决策。

（4）独立型

喜欢计划自己的活动并指导别人的活动，会从独立的、负有责任的工作中获得快感，喜欢对将要发生的事情作出决定。

（5）协作型

会对与人协同工作感到愉快，善于引导别人按客观规律办事，希望自己能得到同事的喜欢。

（6）劝服型

乐于设法使别人同意自己的观点，并能够通过交谈或书面文字达到自己的目的。对别人的反应具有较强的判断能力，并善于影响他人的态度、观点和判断。

（7）机智型

在紧张、危险的情况下能很好地执行任务，在意外的情况下，能够自我控制、镇定自若，工作出色。在出差错时不会惊慌，应变能力强。

（8）自我表现型

喜欢表现自己，通过自己的工作和情感来表达自己的思想。

（9）严谨型

注重细节的精确，愿意在工作过程的各个环节中，按照一套规则、步骤将工作过程做得尽善尽美。工作严格、努力、自觉、认真，保质保量，喜欢看到自己出色完成工作后的效果。

（10）公关型

对周围的人和事物观察得相当透彻，能够洞察现在和将来。随时可以发现事物的深层含义和意义，并能看到他人看不到的事物内在的抽象联系。

（二）烹饪职业对从业者职业性格的要求

烹饪从业人员应具备的职业性格要求主要表现在以下几个方面。

1．积极乐观的工作态度

要成为一名合格的职业厨师，必须拥有对工作的自信。对工作严谨认真并不等于无法从中获得乐趣。每一个经验丰富的主厨都有从紧张刺激的工作中获得乐趣的经验：每当夜幕降临之时，就是最繁忙工作到来之时，厨师们个个埋头苦干，团结协作，后厨演奏着烹饪交响乐。若不投入其中，又怎会感受到那份激情呢？积极乐观的厨师干起活来效率也会提高，而且动作干净、利落、安全。

2．团结协作的能力

后厨是由多个环节组成的，厨师工作具有明显的集体协作性。一个员工出现问题有可能传递到下一道工序，即使没有传递，下一道工序的修正所花费的时间和成本也远远大于标准操作流程。这就需要员工之间团结协作，能够以大局为重，不计较个人得失，具备良好的合作意识。

3．不厌其烦，经受磨炼

通常，大部分岗位每天的工作内容都基本一致。有一位受人尊敬的烹饪大师，曾经说过这样的话：只有当您把一道菜做过1000遍以后，您才能真正懂得如何做好这道菜。任何东西都不能代替年复一年的实践经验。通过书本和学校学会的烹调原理只是为您提供了一个好的开端，要想成为一名卓有成效的厨师，您就要实践实践再实践。

4．敢于接受变化和挑战

厨师每天面对着不同的客人，虽然工作的内容大体相同，工作标准也基本一致，但在实际工作中，不同的顾客有不同的需求，甚至同一个顾客的需求和生活习惯也是不断变化的，因此厨师需要根据顾客的需求以及环境的变化，能够较好地调整自己的心态，即使刚刚被顾客投诉过，也要努力地继续工作。

5．精益求精的质量意识

后厨工作无小事，小事即大事。小事见学问，细微见功夫。好坏食品的区别只有一点：制作质量的差别。有做得好吃的烤鸭，有做得不好吃的烤鸭。因此，不管时间多么紧张，都应该按照操作标准要求，做好每一件工作，不能有半点的马虎。

进入 21 世纪以来，中职教育作为我国教育体系中的一个组成部分，为国家培养了大批建设人才，发挥了十分重要的作用，为我国的就业做出了突出贡献。国家对中职教育也给予了大力支持，《国务院关于加强职业培训促进就业的意见》，明确提出了建立职业培训工作新机制，健全面向全体劳动者的职业培训制度。在 2011—2020 年，我国计划新培养 350 万名技师和 100 万名高级技师，使技师和高级技师总量达到 1000 万人。

五、烹饪职业就业形势与就业必备素质

就业是民生之本，是人民群众改善生活的前提和基本途径。在由计划经济体制向社会主义市场经济体制转变的过程中，我国的就业制度和就业机制发生了重大变化，国家改变计划经济体制下统包统配的就业制度，逐步过渡为市场经济条件下的市场就业。实行国家促进就业、市场调节就业和劳动者自主择业的市场就业新机制。

（一）烹饪专业就业形势分析

随着我国国民经济稳步发展，人民生活水平日益提高，促进了我国旅游业的蓬勃发展，餐饮行业的专业化、市场化、国际化的特点日趋突显，各类餐饮企业应市而生。而从业人员素质低下及人才紧缺的现状，已成为制约餐饮行业迅猛发展的瓶颈。市场对烹饪高学历的专业技术人才已呈现出供不应求的状况，另外随着人们对健康和营养卫生的重视，营养配餐等职业人才也很紧缺。因此本专业具有广阔的职业发展前景。

1．餐饮行业迅速发展，烹饪专业备受青睐

改革开放至今，餐饮业一直作为中国增长最迅速的行业之一，引领着国内消费市场。我国餐饮业正向现代化、产业化、国际化方向迈进，对餐饮人才需求越来越大。究其原因，一是随着经济的发展，人民生活水平的提高，全国旅游行业发展迅

猛，特别是北京奥运会和上海世博会之后，全国旅游业呈现快速发展势头。二是随着我国居民消费水平的快速提高，人们追求品牌店、特色店和名牌餐饮企业的势头更加明显，个性化特色经营突出，品牌、特色餐饮深受青睐。市场需求不断提高，餐饮服务形式更趋多样化。休闲餐饮、浪漫餐饮、沙龙餐饮、旅游餐饮、娱乐餐饮、会展餐饮、网络餐饮、邮递餐饮等新形式的餐饮会更多地进入人们的生活，我国餐饮业的多元化发展、国际化进程将不断加快。三是连锁经营形式快速发展，企业户均规模不断扩大。

可是，面对国内餐饮业良好的发展态势，餐饮业人才状况却发生了变化，空前的"人才荒"成为阻碍餐饮业发展的最大问题。国家餐饮行业调查显示，未来 5 年，中国厨师需求总量 400 多万。据《大洋新闻报道》，广州、深圳年薪 80 万元人民币高级厨师难聘。目前我国厨师总数已逾千万，这样一个庞大的队伍，在我国产业工人中占了一个相当大的比重。但是，相对于 14 亿中国人来说，这个数量还远远不够，在国际上中餐厨师也是缺口最大的行业之一，厨师已经成为很多有志青年高度认可的热门高薪职业。

2. 餐饮企业"微利时代"的到来，使高薪受到影响

当前我国国情表明，微利时代已经来临。电荒、地荒、民工荒以及环保、原材料、政府服务成本的增加，种种迹象表明中国经济正处在一个要素成本急剧上升的阶段，加之企业全球化的竞争日益加剧，导致很多行业的暴利时代终结了。经济领域的转变无疑是整个社会变革的一部分，而每一次社会变革都不可避免地伴随着人们深刻的思想变革。那么，伴随着社会变革，从而影响着经济领域时代变革的思想究竟是什么呢？纵观近些年国内一股股的投资热潮，房地产热、汽车热、手机热、牛奶热……每一股热潮初涌，众企业都是群情激昂、趋之若鹜，而当市场日渐成熟、热度退去后，有谁能够全身而退？

餐饮业利润急剧下滑使行业面临严峻形势。从各行业领军企业的经营数据与往年横向对比来看，行业发展形势非常严峻。大型快餐连锁企业上半年同比增幅维持在 10%左右，新门店扩张完成计划比例仅为 20%~30%，本土快餐品牌利润不及8%。正餐企业借助于食品产业和新产品研发的驱动，增速明显放缓，广东地区甚至出现企业因营业不足，费用不减，而无奈关闭门店的现象。火锅企业上半年的翻台率普遍达到历史最低，尽管有企业通过向种养殖业、食品加工等方向转型，但企业的利润率不断下降似乎成为无法改变的势头。从所调查的品牌餐饮企业反映的情况来看，虽然不同企业发展进度、面临问题不一，但从可比口径来看，单店经营的效益放缓成为大势所趋。依靠规模效应实现的企业跨越性增长能否继续复制，需要重新思考。

3. 提高素质破解瓶颈，回归正常餐饮新秩序

改革开放至今，我国餐饮业正向现代化、产业化、国际化方向迈进，对餐饮人

才需求量越来越大。中国烹饪协会调查报告显示，餐饮企业人才的匮乏成为最大短板，空前的"人才荒"成为阻碍餐饮业发展的最大问题。经初步调查，目前中国餐饮业从业人员近 2000 万人，厨师 700 余万名。目前在酒店餐饮人员结构中，餐厅服务及管理人员占总比例的 52.66%，厨房厨师及管理人员占 47.34%；目前酒店餐饮的从业人员，初中及以下学历约占总人数的 24%，高中学历的约占总人数的 71%，大专学历（包括进修取得的学历）的占总人数的 4.66%，本科学历的占总人数的 0.34%。据中国餐饮业十大发展趋势解析，我国餐饮业从业人员缺口是 20 万人，尤其是高素质技能型人才的缺乏将是我国餐饮业未来的发展制约因素。从以上的统计得知，在现有的餐饮从业人群中，高素质技能人才的严重缺乏已成我国餐饮行业发展的瓶颈。据统计，现全国有 350 万家餐饮网点，为社会提供 1800 万个就业岗位，每年也至少新增岗位 160 万个。

中等职业学校烹饪专业，培养具备与本专业相适应的文化水平和良好的职业道德，掌握本专业基础理论知识和专业技术理论知识与基本工艺技能，具有较高综合素质、较强实践能力，较快适应餐饮企业及相关行业、部门生产、建设、管理、服务等第一线工作需要，富有创新精神的技术应用型专门人才。烹饪专业就业方向，一是餐饮业，例如酒店、宾馆、餐厅、饭堂等。岗位群有楼面服务员和厨房。具体的工作岗位有大厅服务员、包厢服务员、豪包服务员、楼层经理、传菜员、打荷、烧烤厨师、中点师、西点师、热房领班、夜班厨师、早班厨师、汤锅厨师、扒板厨师、炸锅厨师、冷房领班、冷房厨师、扒房领班、扒房厨师、日料厨师、韩料厨师等。二是自主创业，例如自办小餐厅、烧烤店等。

从反馈信息和实际调查可以看出，餐饮行业人员就业非常容易，但做好做精比较困难，提高从业人员素质势在必行。要求从业人员除了具备相应的专业知识之外，还必须有相应的综合素质。

（二）烹饪专业学生就业的必备素质分析

随着社会的发展，顾客对饮食的要求越来越高，改变了过去只求温饱的愿望，发展到今天对饮食营养、饮食文化追求的局面，这样对厨师也有了更高的要求。

一是过硬的知识结构。掌握烹饪工艺与营养专业的基础知识、基本理论和实践技能，掌握各大菜系的基本理论与实践操作技术。

二是较强的能力结构。能操办大中型宴会，并设计宴席菜单和提供技术支持的能力，能创新菜品，具有美食方面的审美和艺术鉴赏能力。

三是适应社会的能力。包括团结协作的能力，勇于创新的能力，独立分析问题和解决问题的能力，厨房管理能力，语言表达能力，学习能力，沟通、社交能力。

四是强大的素质结构。爱岗敬业精神，吃苦耐劳，虚心向学，踏实诚恳，拼搏进取，善于与人合作，坚持不懈，较强的组织与管理能力等。

第五节　食品雕刻的发展问题

食品雕刻就是把各种具备雕刻性能的可食性原料，通过特殊的刀法，加工成形状美观，吉庆大方，栩栩如生，具有观赏价值的"工艺"作品。其花样繁多，取材广泛，无论古今中外，花鸟鱼虫，风景建筑，神话传说，凡是具有吉祥如意，寓意美好象征的，都可以用艺术的形式表现出来。

食品雕刻是我国烹饪技术中不可缺少的一个重要组成部分，它用于菜肴，美化宴席，烘托出良好的气氛，是一种造型艺术，不论是国宴还是民间宴席，恰当地使用都能显示其艺术的生命力和感染力，人们得到物质的享受同时，也能得到艺术的享受。目前社会上对食品雕刻艺术的功能，价值和地位等，在认识上还不尽一致，食品雕刻艺术在发展中还有不少问题，食品雕刻的可持续发展是目前亟待解决的问题。

一、现代食品雕刻的问题

（一）原料浪费严重

烹饪艺术，归根到底是吃的艺术，或者说是以味觉享受为主体的艺术，不同于其他以观赏性的为主的艺术品。原料的最大价值是食用价值，并非观赏价值。所谓"目食"用眼睛"吃"，纯属颠倒错乱，实在不可取。一些精美的食品雕刻作品用掉了几道甚至十几道菜的原料，从席面上撤下来，最后都下了垃圾桶，材料的浪费，难以计算，消费者多掏了腰包却得不到实惠。

（二）食雕作品泛滥成灾

食品雕刻作品的运用应在一些喜庆宴席，如结婚、祝寿、逢年过节、婴儿百天、商店开张之类，需要喜庆气氛，搞点雕刻作品，烘托一下，无可厚非，但也仅仅是点到为止，不宜过渡。现在的问题是食品雕刻泛滥成灾，在一些宴席上，几乎到了无菜不雕的地步。无论何时，宴席都是供人吃的。中国美食欣赏五要素，虽然包括色、形、香、味、器，但核心在味上，其余都为味而展开，不能本末倒置，喧宾夺主。

（三）借鉴多于创造，雷同多于创新

食品雕刻的设计与制作借鉴了其他许多艺术门类：如绘画，雕塑，工艺美术，建筑艺术，书法，手工，插花等。这些艺术门类在食品雕刻作品的运用使其更加完美。但现代的许多雕刻作品直接照抄，照搬一些艺术作品，将其作为食品雕刻作品，使其食品雕刻作品趋于工艺化更像是工艺品。有的甚至不适当引入牙雕，玉雕的某些手法，向繁难琐细方面发展，这样不仅限制了食品雕刻作品的创造，而且失去了

食品雕刻作品的作用与意义。

（四）行业研究方面的问题

点击各大食雕网站，翻阅各类食雕书籍，我们会发现里面的雕刻作品都趋于工艺品的方向发展。这不难让我们看出一个问题，食雕整个行业的研究方向出了错误。更多的追求艺术性，走工艺美术的道路，而忘记了食雕原本的作用，进入了一个误区。例如，我们点击网络上食雕作品或在书店出售的各类食雕图书都出现同样的问题：食品雕刻脱离了烹饪的土壤独立存在，有些作品根本与美食无关起不到装饰美化菜品的作用。这样的问题同时也导致了学习者在学习上出现了问题，只向繁难琐细方面发展，却不知以简胜繁的道理，导致了食雕技术在行业上推广缓慢。同时这些让大众在对食雕认识上出现了错误，认为食雕就是用食物原料制作各种工艺品，并让大众感觉到技术难度非常大，很难在大众中推广。其实这些问题也正是食雕行业中一些所谓大师故意炒作自己的结果，为了获得更多的名利，将其渲染成艺术大师，将食雕作品制作成艺术品，其他人也逐一效仿，渐渐形成了行业研究上的问题。只研究怎样制作食雕工艺品，而忽视了其根本的意义与作用。

二、食品雕刻的发展与创新

（一）发展与创新的原则

1. 巧妙借鉴其他艺术形式

食品雕刻是烹饪艺术的重要组成部分，作为一种艺术形式或者说是一种边缘艺术，其设计与制作应借鉴其他的一些艺术门类：如绘画（工笔画鸟、工笔人物、吉祥图案、装饰画、油画等），雕塑（如石刻、泥塑、现代树脂塑、石膏、模塑等），工艺美术（如陶艺、青铜器、漆画、木雕、玉雕、牙雕、石雕、根雕等），建筑艺术（如城墙、桥梁、寺塔、宫殿、亭台楼阁、现代建筑等），书法，手工（如纸花、绢花、草编等），插花，美术字，橱窗设计，工艺美术等等。将这些艺术形式有运用美学思想结合食品雕刻的特点巧妙地运用到其中，而非照抄照搬，使其分别与传统形式，创造新的境界。

2. 食品雕刻的以简胜繁

简从繁中出，简是经过作者在繁复的物象中，通过认真的观察，精心的选择发现的美，提炼精选而成。所以，此"简"不简，含义是深刻而丰富的。如同话不在多而在精，"水不在深，有龙则灵"。食品雕刻，以巧妙的构思，灵活的手法，简练的刀法，快速雕刻出简练的作品：线条流畅，造型生动，形象逼真，逗人喜爱，让人驻足，流连忘返，给人以启迪。这就是以简寓繁的力量和效果。

在食雕作品中，从花卉到动物，从建筑物到人物，都能采用和做到以简寓繁。简，就是简明扼要，抓住重点、难点、特点，把繁杂的变成简单的、精炼的、简洁的。如雕刻月季花，一般是五个花瓣，为了加快雕刻速度和增加花色品种，可以减为三个花瓣，这样雕刻出的月季花，照样艳丽多姿，不影响使用和观赏。食雕花篮，可繁可简。繁者，花篮的提手、篮沿、篮体、篮底、篮座均要雕刻出不同的柳条纹、竹编纹等；简者，以甜瓜花篮为例，五刀即出瓜篮，时间半分钟都用不了。瓜篮可供观赏，可当盛器，可点缀菜肴，可做菜肴，可供食用。如"迷你瓜篮"等，简而不俗，简而不多。再如雕刻大虾，游泳足本来是两排，每排五条，雕刻时，将其减少一排；步足两排，每排的五条减为三条。既便于雕刻又不影响作品效果。仙女组装式衣褶的雕刻，可采用白菜叶、生菜叶等组装。既简单快捷又自然生动，人物寿星眼睛的雕刻，可简为大写的"三"。在这里，如果用四笔或用两笔，都无法表达三笔所体现的艺术效果。可见食雕以简寓繁的含义。从其中又可悟出这样的道理，简单往往是最好的。

3．雕刻作品的以少胜多

有句俗话："友不贵多，得一人可胜百人：友不论久，得一日可喻千古"。雕刻作品的以少胜多，不仅作品简练，还能增加作品意境。正如三位学生同时画一个古寺，第一位画了寺院的全景：第二位画了古寺的一角：第三位只是画了通向深山的石阶路，一个和尚在溪边打水。显然第三位是最好的，因为"景愈藏，境界愈大"。食雕作品"龙头"和"全龙"，意境就不一样。龙头，有古诗曰："神龙见首不见尾"。龙身，龙尾藏在天空很高很远的云中，这就有意境了。食雕作品《干枝梅》，不必雕刻很多的梅花。"万花敢向雪中出，一树独先天下春。"古诗《早梅》有一句："前村深雪里，昨夜一枝开"，原句是"数枝"，用"一"更深刻的点染出了梅的早意。可见食雕作品的以少胜多，是独具魅力的。

4．作品组装的以少胜多

食品雕刻是一种艺术，作品的组装也是一种艺术，它能使作品艺术在生产艺术。即通过组装使作品更富情趣，更有意境，更耐人寻味，让人观之一目了然。这其中的妙处，就是"以少胜多"。以食雕花卉的组装为例，如月季，牡丹，玫瑰等雕刻后，可组装花篮，花盆，花瓶等，但花儿数量不一定多，有时一两朵，反而更具艺术性和观赏性，更有效果。"行家伸伸手，便知有没有"。这是通过组装反映作者的技艺：从含义和意境上也是如此，"送你一枝花"，可以表达不同的含义："万绿丛中一点红"，能让人浮想联翩。就像"一枝红杏出墙来""红杏枝头闹春意"一样，一个"出"字，道出了花儿迷人的生机：一个"闹"字，使花儿的活力倍增一样。清代诗人陈后山称："一花香千里，更值满枝开"。所以，食雕作品？组装的以少胜多，虽仅以花朵为例，便足以证明，含义广泛，功夫深厚，深入浅出，化繁为简，让观赏者更能得到感染和启迪。

（二）发展与创新的具体表现形式

1．走形式简单，实用性强的道路

食品雕刻作品作为一个配角，走形式简单的路线，应起到一个绿叶衬鲜花的作用。像冷菜的围边，热菜的盘饰。所摆盘的内容相对来说很简单，随意几刀一朵小花配上几片绿叶，装饰在盘边有清晰，明快，简洁之美，更突出实用性。切雕制作的鸟兽虫鱼，并不要求特别精的逼真，而是简单的抽象神似即可。这种简单的切雕非常节省原料，一根胡萝卜最多可制作十几件雕刻作品，降低了食雕作品的成本。这些简单的装饰，难度不大，但要做到形象贴切也实为不易，这就要求厨师要有一定的美术功底，熟练的刀法，方能让菜肴与装饰搭配得体。

2．向标准化、规范化产业化发展

用于点缀盘饰的作品应以出品规范为发展方向。一方面这有赖于食雕专业人士的不断探索，另一方面也有待于食品机械制造商的共同研发，并在此基础上走一条产业化发展之路。例如模具在现代食品雕刻中的使用，不仅在技术上是一种创新，而且简便快捷，将其作品项标准化、规范化、产业化的方向发展。如在制作冰雕时，就用到了模具。现代的琼脂雕、盐雕、巧克力雕也正在向这方面发展。

3．发挥食品原料本身所具有的特点，以诱人食欲为发展方向

食品原料多种多样，一些原料或半成品，成品本身具有有天然的色泽和光泽，一些原料或半成品，成品还具有极佳的延伸力和可塑性。因此在设计和制作食雕作品时，应充分发挥原料的长处，结合合理的操作技法，扬长避短，在视觉享受的基础之上，突出可食性，以引发美食欲望为最终目的。例如：精美的水果雕造型美丽又具有可食性，应做重点研究。

4．注重整体效果

食雕作品并非是纯欣赏作品，因此盘饰作品应注意与菜点的统一，切忌喧宾夺主。另外，筵席作品还应注意与筵席主题，整体风格的统一，切忌南辕北辙，牛头不对马嘴。至于说食雕作品用于橱窗模型时，也注意与餐厅设计以及其他饰物的统一，切忌天马行空，风马牛不相及，此即所谓的"大局观"是也。

5．食雕艺术应培养和产生一批专业人才

特别是职业学校烹饪专业的学生更具备适应市场需要的专业技术，实际教学过程中应从严要求，根据学生自身的具体情况给学生指出合理的发展方向。那么就要求学生应至少应具以下几方面的素质：具备美学基础；掌握一定的雕塑技法；了解食品原料及半成品、成品特点及性能；掌握一定的烹饪技能。

不过，具备以上几方面的综合素质的人才目前在？烹饪界还有如凤毛麟角，因此对烹调专学生的选才和有目的地培养就更显重要。

食品雕刻是我国烹饪文化的瑰宝。在筵席中起着非常重要的作用，它可以美化菜肴，烘托宴会气氛。现在的食品雕刻技术还没形成具体的理论体系，食品雕刻技术还存在很多的问题，在创作和使用上还有很多地误区。因此如何解决食品雕刻技术的问题，食品雕刻技术向何方向发展的问题就至关重要。

　　食品雕刻技术作为烹饪技术的分支在发展过程中还依赖于烹饪行业的整体发展，还应顺应烹饪行业的整体要求，还应符合人们的审美观点。食品雕刻发展与创新的道路应力求向简洁，明快，实用性强的方向发展，具有食品雕刻的特点，达到美化宴席、陪衬菜肴、烘托气氛的作用，使其走上健康发展的道路。

参考文献

[1] 赵洪猛. 食品雕刻图解 [M]. 西安：西安电子科技大学出版社，2017.

[2] 吴忠春. 食品雕刻与围边工艺 [M]. 杭州：浙江大学出版社，2017.

[3] 王国仕，杨林超. 食品雕刻 [M]. 上海：上海交通大学出版社，2017.

[4] 丁永继. 食品雕刻技艺 [M]. 兰州：甘肃科学技术出版社，2017.

[5] 张建国. 中等职业教育中餐烹饪专业课程改革新教材食品雕刻技艺 [M]. 北京：北京师范大学出版社，2017.

[6] 思逸. 食雕技艺 [M]. 杭州：浙江科学技术出版社，2017.

[7] 贾勇斌. 食品雕刻技艺实训基础 [M]. 宁波：宁波出版社，2016.

[8] 王波. 食品雕刻与盘饰制作 [M]. 北京：阳光出版社，2016.

[9] 王亮，王杰，丛军. 烹饪、饭店服务与管理专业系列创新教材食品雕刻与盘饰 [M]. 济南：山东人民出版社，2016.

[10] 周毅. 周毅食品雕刻面塑全步骤破解版下 [M]. 北京：中国纺织出版社，2016.

[11] 周毅. 周毅食品雕刻面塑全步骤破解版上 [M]. 北京：中国纺织出版社，2016.

[12] 凌红妹. 食品生物工艺专业改革创新教材系列食品雕刻与盘饰 [M]. 广州：暨南大学出版社，2016.

[13] 周毅. 周毅食品雕刻人物篇 [M]. 北京：中国纺织出版社，2016.

[14] 周毅. 周毅食品雕刻花鸟篇 [M]. 北京：中国纺织出版社，2016.

[15] 周毅. 周毅食品雕刻盘头篇 [M]. 北京：中国纺织出版社，2016.

[16] 杨旭. 冷菜制作工艺与食品雕刻基础 [M]. 北京：旅游教育出版社，2016.

[17] 袁乐学. 食品雕刻 [M]. 西安：西北工业大学出版社，2015.

[18] 韦昔奇，陈书伟，张贵. 食品雕刻 [M]. 成都：四川科学技术出版社，2015.

[19] 赵子余. 食品雕刻技术 [M]. 北京：中国劳动社会保障出版社，2015.

[20] 蔡广程. 冷拼与食品雕刻 [M]. 北京：知识产权出版社，2015.

［21］强东星. 食品雕刻实训指导书［M］. 南京：江苏凤凰教育出版社，2015.

［22］董道顺. 食品雕刻项目化教程［M］. 北京：中国人民大学出版社，2015.

［23］卫兴安. 食品雕刻图解［M］. 北京：中国轻工业出版社，2014.

［24］董宝谊. 食品雕刻［M］. 昆明：云南人民出版社，2014.

［25］周雅斌. 食品雕刻［M］. 北京：清华大学出版社，2014.

［26］周毅. 食品雕刻系列食品雕刻［M］. 北京：中国纺织出版社，2014.

［27］赵福振. 食品雕刻与盘饰［M］. 北京：中国商业出版社，2014.

［28］罗桂金. 冷拼与食品雕刻［M］. 北京：电子工业出版社，2014.